劈接的操作步骤

1.修整砧木

2.确定嫁接位置

3.锯断砧木

4.削平锯口

5.劈开砧木

6.用楔辊楔开劈口

劈接的操作步骤

7.切削接穗

8. 用塑料条绑扎接口

9.塑料条打结

10. 嫁接完成

合 接

“T” 字形芽接

劈 接

插 皮 接

蜡封接穗的操作步骤

1.接穗剪切

2.剪切好的接穗

3.熔化石蜡

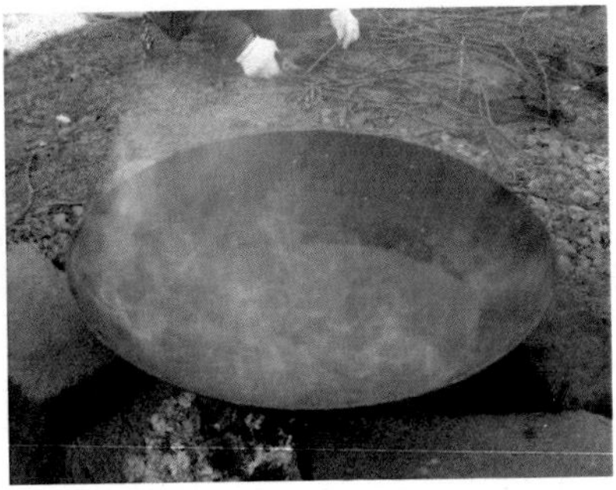

4.可以蜡封接穗

5.蜡封接穗

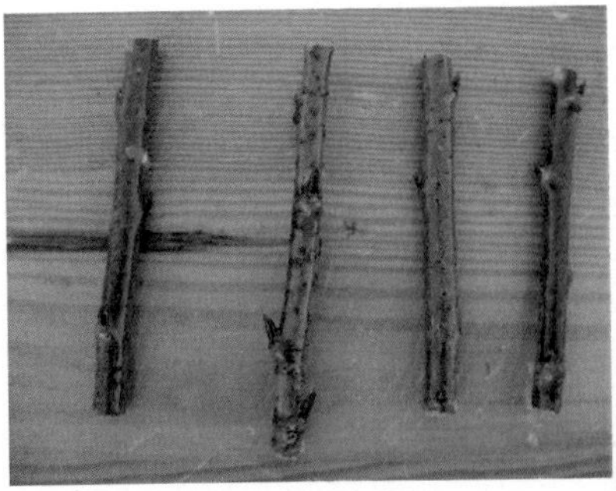

6.蜡封好的接穗

现代园林绿化实用技术丛书

XIANDAI YUANLIN LÜHUA SHIYONG JISHU CONGSHU

林木嫁接技术图解

李友 主编

LINMU JIAJIE JISHU TUJIE

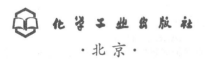

化学工业出版社

·北京·

本书详细介绍了林木嫁接的技术，共分为5个章节。第1章主要介绍林木嫁接的概念；嫁接成活的原理以及影响嫁接成活的内部因素和外部因素；影响嫁接成活的各因素之间的关系。第2章介绍树木嫁接之前的准备工作，包括砧木的准备：砧木的选择、繁殖和培育；接穗的准备：接穗的选择、采集和贮藏；嫁接工具和材料的准备等各项嫁接之前的准备工作。第3章介绍林木嫁接方法和技术，包括枝接技术、芽接技术和根接技术等。第4章介绍了19种果树的嫁接技术和各种果树目前常用的优良品种。第5章介绍了18种园林树木（14种观花树种、4种彩叶树种）的嫁接方法，还介绍了特殊造型树种以及盆景树木的嫁接方法。本书内容通俗易懂，图解细致，形象直观，可操作性强。可供广大从事林业、园艺工作的人员和有关农林院校师生阅读参考。

图书在版编目（CIP）数据

林木嫁接技术图解/李友主编. —北京：化学工业出版社，2015.2（2023.5重印）
（现代园林绿化实用技术丛书）
ISBN 978-7-122-22733-1

Ⅰ.①林…　Ⅱ.①李…　Ⅲ.①林木-嫁接-图解
Ⅳ.①S723.2-64

中国版本图书馆CIP数据核字（2015）第007087号

责任编辑：漆艳萍　　装帧设计：孙远博
责任校对：宋　玮

出版发行：化学工业出版社
（北京市东城区青年湖南街13号　邮政编码100011）
印　　装：北京七彩京通数码快印有限公司
850mm×1168mm　1/32　印张10½　字数271千字
2023年5月北京第1版第9次印刷

购书咨询：010-64518888
售后服务：010-64518899
网　　址：http://www.cip.com.cn
凡购买本书，如有缺损质量问题，本社销售中心负责调换。

定　　价：39.00元

编写人员名单

主　　编：李　友

参编人员：袁福锦　吴文荣　祁永琼　徐凌彦
刘　亮　姜开梅　李永文　张云美
秦兰亭　刘　琴　杨净云　李卫琼
李自强　林汴君　郑永雄　梁鹏伟
童春梅　左燕淑

前言 PREMISE

嫁接是林木育苗工作中的一项重要技术，在林木的良种繁育、品种改良和品种优化中起着关键性的作用。林木中果树的优良品种、园林花木中的优良观赏品种以及一些经济林木的优良经济特性，如果采用播种的方式进行有性繁殖，各类用途的林木就不能保持其品种的优良特性，失去品种原有的经济特性和观赏特性；而通过扦插、压条、分株等营养繁殖方式培育的苗木，虽然能够保持品种特性，但苗木质量差、无主根、寿命短等，在生产上价值不高。通过嫁接的方法繁殖的苗木，既利用了砧木发达的根系和对环境较强的适应性，最大限度地发挥嫁接品种的优良特性，而且有些砧木还能够将嫁接品种的优良特性放大，有时还会通过砧木与接穗的相互影响而产生一些更加优良的特性。因此，嫁接在林木良种繁育中起着不可替代的作用。

本书从嫁接成活的基础、嫁接各要素及他们之间的关系、嫁接部位的保湿方法等方面向读者详细阐述了嫁接成活的关键要素；在阐述各种嫁接技术时，用嫁接技术操作步骤图与文字配合详细介绍各种嫁接技术和方法的操作要点，分析不同嫁接技术成活的要点；常见林木嫁接技术部分从嫁接的品种选择、砧木的选择、接穗的选择和贮藏、嫁接技术的采用、嫁接时期等方面阐述目前常见果树、观赏花木的嫁接技术。读者通过阅读本书，经过不断的尝试，就能够很好地掌握各种嫁接技术和方法，嫁接成活率也会很高。另外，各地的嫁接技术人员在掌握了现有的嫁接方法和技术之后，还应该根据当地的实际情况，进行一些新的嫁接技术和方法的尝试和创新，力求做到让嫁接技术更好地为人类的经济发展作贡献。

本书将各种文献中阐述的嫁接技术按嫁接的类型进行了编排，并将许多实际嫁接的结果和各地嫁接技术人员的成功经验进行了归纳、分析和总结，编入其中，希望能够对林木育苗的嫁接技术人员有所帮助。同时也希望通过该书与广大的林木嫁接技术工作者进行交流，也希望广大读者对书中疏漏之处给予批评和指正。

编者

2014年11月

目录 CONTENTS

第1章 林木嫁接基础

1.1 林木嫁接概述

1.1.1 嫁接的概念

嫁接是指人们有目的地利用两种植物能够结合在一起的能力，将一种植物的枝或芽接到另一种植物的茎（枝）或根上，使之愈合生长在一起，形成一个独立植株的繁殖方法。供嫁接用的枝、芽称为接穗或接芽；承受接穗或接芽的植株（根株、根段或枝段）叫做砧木。用枝条作接穗的称为枝接，用芽作接穗的称为芽接。通过嫁接繁殖所得的苗木称为嫁接苗。嫁接苗与其他营养繁殖苗所不同的特点是借助于另一植物的根，因此，嫁接苗为“它根苗”。

1.1.2 嫁接的意义

嫁接繁殖是林木育苗生产中一种很重要的方法。嫁接繁育的苗木除了具有其他营养繁育苗的共同特点外，还具有其优缺点，还具有其他营养繁殖所无法起到的作用。

1.1.2.1 嫁接繁殖的作用及优点

（1）保持植物品质的优良特性，提高观赏价值　林木嫁接繁殖所用的接穗，均来自具有优良品质的母株上，遗传性稳定，在园林绿化、美化上，观赏效果优于种子繁殖的植物。用种子繁殖的后代或多或少都会出现形状分离的现象，而且在授粉受精过程中，尤其是异花授粉树种，后代的分离更为突出。

如榆叶梅，用种子繁殖的后代，在树形上，有的呈现乔木状，有的为小乔木，有的为灌木状；开花数量方面，有的开花多，有的开花少；在花朵大小方面，有的花大，有的花小，有的为单被花，有的为重瓣花；在花色方面，有白色、浅粉红色、深粉红色之分。因此，用种子繁殖的榆叶梅，不能保持优良品种的特性，达到园林绿化和观赏的需求。如要培育深受人们喜爱的榆叶梅品种，数量多、花大、重瓣、较深粉红色、花期长的品种，通过嫁接的方法可以实现，在具有优良品种特性的成年榆叶梅树木上采取接穗，进行嫁接，就可以培育出性状整齐一致的优良品种。

观赏林木中一些具有优美树形的种类，均是用嫁接的方法繁殖的。如垂枝形树种中的龙爪槐、龙爪榆、龙爪枣、垂枝桑、垂枝碧桃、垂枝樱花、垂枝榆叶梅等，都是通过嫁接的方法繁殖培育出的具有较高观赏价值的树种。

嫁接能保存植物的优良性状，这在果树生产上已经广泛应用。长期以来，大部分果树一直都用嫁接的方法进行。虽然因嫁接后不同程度受到砧木的影响，但基本上能保持母本的优良性状。

（2）增加抗性和适应性　嫁接所用的砧木，大多采用野生种、半野生种和当地土生土长的种类。这类砧木的适应性很强，能在自然条件很差的情况下正常生长发育。它们一旦被用作砧木，就能使嫁接品种适应不良环境，以砧木对接穗的生理影响，提高嫁接苗的抗性，扩大栽培范围，如提高抗寒、抗旱、抗盐碱及抗病虫害的能力。例如，酸枣耐干旱、耐贫瘠，用它作砧木嫁接枣，就增加了枣适应贫瘠山地的能力；枫杨耐水湿，嫁接核桃，就扩大了核桃在水湿地上的栽培范围；毛白杨在内蒙古呼和浩特一带易受冻害，很难在当地栽植，用当地的小叶杨作砧木进行嫁接，就能安全越冬；君迁子上接柿子，可提高抗寒性；苹果嫁接在海棠上可抗棉蚜；碧桃嫁接在山桃上，长势旺盛，易形成高大植株；嫁接在寿星桃上，形成矮小植株；将柑橘无病毒的茎尖嫁接在无菌培育出来的无病毒实生砧木上，可培养无病毒柑橘无性系。

（3）提早开花结实　嫁接能使观花观果树木及果树提早开花结

果，使材用树种提前成材。嫁接促使观赏树木及果树提早开花结果的原因，主要是接穗采自已经进入开花结果期的成龄树，这样的接穗嫁接后，一旦愈合和恢复生长，很快就会开花结果。例如，用种子繁殖板栗，15 年以后才能结果，平均每株产栗子 1～1.5 千克。而嫁接后的板栗，第二年就能开花结果，4 年后株产就可达 5 千克以上；柑橘实生苗需 10～15 年方能结果，嫁接苗 4～6 年即可结果；苹果实生苗 6～8 年才能结果，嫁接苗仅 4～5 年即可结果。在材用树种方面，通过嫁接提高了树木的生活力，生长速度加快，从而使树木提前成材。“青杨接白杨，当年长锄扛”就是指嫁接后树木生长加快、提前成材而言。

(4) 克服不易繁殖现象　林木繁殖中的一些植物品种由于培育的目的，而没有种子或极少种子繁殖，扦插繁殖困难或扦插后发育不良，用嫁接繁殖可以较好地完成繁殖育苗工作。如园林树木中的重瓣品种，果树中的无核葡萄、无核柑橘、柿子等。

(5) 培育新品种　嫁接选育新品种，表现在芽变育种；嫁接育种；进行无性接近，为有性远缘杂交创造条件三个方面。

① 利用“芽变”培育新品种　芽变通常是指 1 个芽和由 1 个芽产生的枝条所发生的变异。这种变异是植物芽的分生组织体细胞所发生的突变。芽变常表现出新的优良性状，如高产、品质变好、抗病虫能力增强等。人们将芽变后的枝条进行嫁接，再加以精心管理，就能培育出新品种。如“龙爪槐”就是利用国槐的芽变，经过嫁接选育出来的，具有枝条的下垂性；苹果中的“红星”品种是利用“元帅”品种的芽变，经过嫁接选育而成的。它和原品种相比，具有提前着色、色泽浓红鲜艳的优点。

② 进行嫁接育种　嫁接育种和嫁接繁殖虽然都要进行嫁接，但两者是两个不同的概念。嫁接繁殖是一个繁殖过程，它是运用嫁接方法，保持原有的优良性状，并增强适应能力和提早开花结果或成材。因此，嫁接繁殖基本不产生变异，不出现新性状。嫁接育种则是一个无性杂交的过程。它也运用嫁接方法，但它是要通过接穗

和砧木间的相互影响，使接穗或砧木产生变异，从而产生新的优良性状。要进行嫁接育种，就需要选定杂交组合，选择接穗和砧木。例如，选择系统发育历史短、个体发育年轻、性状尚未充分发育、遗传性尚未定型的植物作接穗，选择系统发育历史长、个体发育壮年、性状已充分发育、遗传性已经定型的植物作砧木，嫁接后，保持砧木枝叶，减少接穗枝叶。这样，就有可能使砧木影响接穗，使接穗产生某种变异。在变异产生之后，再通过进一步培育，就有可能育成一个新品种。

③ 进行无性接近，为有性远缘杂交创造条件　有性远缘杂交常有杂交不孕或杂种不育的情况，如果事先将两个亲本进行嫁接，使双方生理上互相接近，然后再授粉杂交，常能成功。例如，苹果枝条嫁接到梨的树冠上，开花后用梨的花粉授粉，获得苹果和梨的属间杂种。如不经过嫁接，便不能受精。

（6）恢复树势、救治创伤、补充缺枝、更新品种　衰老树木可利用强壮砧木的优势通过桥接、寄根接等方法，促进生长，挽回树势。一些名贵的大树和古树，其主干特别是基部即根颈部位，受到病虫害或野兽危害，引起树皮腐烂，也有的受到人为的机械损伤，受到这样的伤害后，如果不及时挽救，就可能造成这些百年甚至千年古树、名贵大树死亡，可利用桥接的方法，使上下树皮重新接通，从而挽救受到伤害的树木。如遭受病虫鼠害，使地下部分根系受伤而导致地上部分的衰老，这些日趋死亡的大树和古树，可以在其旁边另栽种一株砧木，把这棵砧木的枝干与衰老大树或古树的枝干接起来，使得砧木的根系代替受伤树木的根系，从而增强其恢复树势的能力。树冠出现偏冠、中空，可通过嫁接调整枝条的发展方向，使树冠丰满、树形美观。品种不良的植物可用嫁接更换品种。雌雄异株的植物可用嫁接改变植株的雌雄。

（7）可在同一砧木上进行多树种、多品种嫁接，达到一枝多种、多头、多花　嫁接还可使一树多种、多头、多花，提高其观赏价值。以上嫁接可以提高或恢复一些树木的绿化、美化效果。

(8) 加速一些优良品种的扩繁　为了适应林木行业发展的要求，相关部门以及一些苗圃，在一直不断地培育和引进优良品种，在自然界或栽培过程中也会产生一些具有优良特性的变异。如出现不少的彩叶树种（像金叶刺槐、红花槐、金叶金枝国槐、紫叶梓树、红叶臭椿、金叶栾树、红叶杨、金叶桧柏、金枝侧柏、金叶女贞、紫叶小檗、红叶石楠等），还有一些观花树种中的名贵品种，（像梅花、茶花、桂花、碧桃、月季、牡丹等），以及部分木本名贵药材和有价值的新能源木本植物都需要加速繁殖和发展。以上这些优良品种，大多数种类如果用种子繁殖，得不到整齐一致的新苗，而且大多数不能结实。只有通过无性繁殖的方法和手段，才能够保持品种的优良特性，有的树种可以用扦插的方法繁殖，扦插虽然繁殖系数大，但成苗时间长，而用嫁接的方法，可以利用1～2年生甚至多年生的砧木，由于砧木大，嫁接当年的生长量远比扦插苗要大，而且如用芽接法，一个芽就可以繁殖出一棵粗壮的苗木，其当年枝条又可以用作接穗，进行进一步的嫁接繁殖，这样，一年就可以扩繁几十倍。因此，嫁接繁殖是优良树木快速繁殖优良品种和新品种的重要方法。

1.1.2.2　嫁接繁殖育苗的缺点和不足

一般只有用于亲缘关系较近的植物之间的嫁接易于成活，要求砧木和接穗之间的亲和力强；有些植物不能用嫁接方法进行繁殖，尤其是单子叶植物由于茎的构造上的原因，嫁接较难成活；嫁接苗寿命较短；嫁接繁殖在操作技术上较为复杂，要求较高，费工费时。

1.2　林木嫁接成活的原理

接穗和砧木嫁接后能否成活，关键在于两者的组织是否愈合，而愈合的主要标志应该是维管组织系统的联结。嫁接能够成活，主要是依靠砧木和接穗之间的亲和力以及结合部位伤口周围的细胞生长、分裂和形成层的再生能力。

1.2.1 形成层的部位和特点

形成层是介于木质部与韧皮部之间再生能力很强的薄壁细胞层（图1-1～图1-3）。这层细胞具有很强的生活能力，也是高等植物生长活跃的部分。形成层细胞与根尖生长点的细胞相连接，在温度适宜的生长时期，能不断进行细胞分裂，向内形成木质部，向外形成韧皮部，使树木加粗生长。形成层的薄壁细胞层在林木嫁接成活过程中起着重要作用。

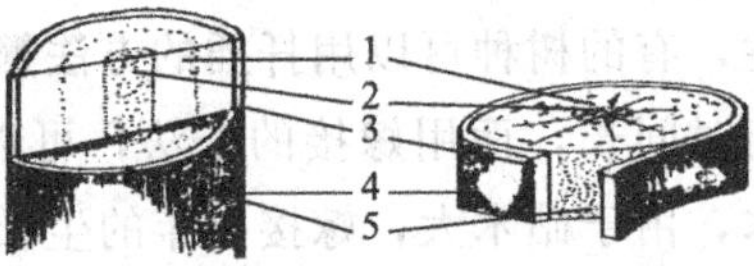

图1-1 枝的纵横断面

1—木质部；2—髓；3—韧皮部；4—表皮；5—形成层

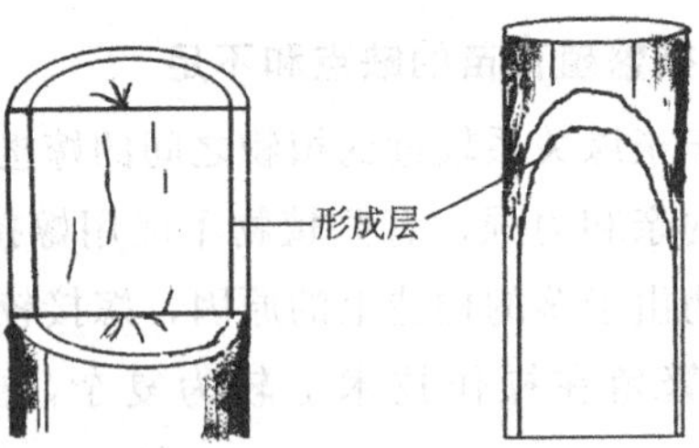

图1-2 茎形成层位置

1.2.2 愈伤组织的形成条件及愈合

1.2.2.1 愈伤组织的形成

愈伤组织是由伤口表面的细胞分裂而形成的一团没有分化的细

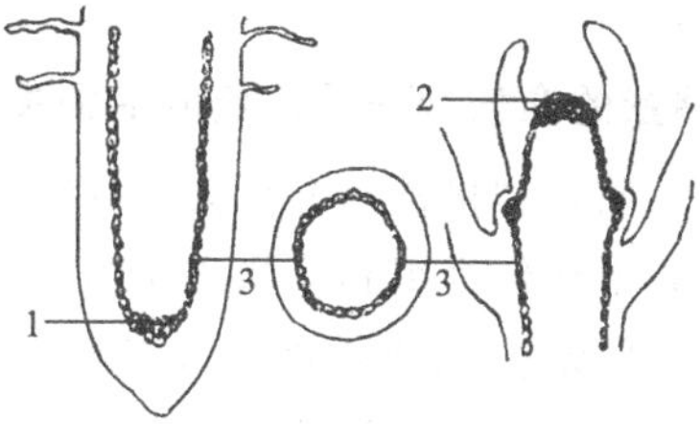

图 1-3　树木的生长区域

1—根尖；2—茎尖；3—形成层

胞，从表面上看是一团疏松白色的物质，表面不平滑，呈菜花状，在显微镜下观察是一团球形薄壁细胞（图 1-4）。愈伤组织细胞处于活跃的分裂状态，对伤口起保护和愈合的作用。在木本植物中，伤口附近形成层处产生的愈伤组织最多，活的韧皮部薄壁细胞也能形成少量的愈伤组织，木质部在远离形成层处不能产生愈伤组织。有的木本植物的髓部是生活的组织，也能形成部分愈伤组织。

图 1-4　愈伤组织位置

观察树木嫁接后伤口的变化，可以看到开始 2～3 天内，由于切削表面的细胞被破坏和死亡，形成一层浅褐色的隔离膜，有些单宁含量高的植物，褐色隔离膜更为明显。嫁接 4～5 天，褐色层逐渐消失，7 天产生少量的愈伤组织，10 天接穗的愈伤组织可达最高数量。砧木愈伤组织前期并不比接穗生长快，但 10 天后，由于根系和叶片能够不断供应营养，伤口的愈伤组织量比接穗多得多，促进了双方伤口的愈合。

1.2.2.2 足够量的愈伤组织是嫁接成活的关键

在树木嫁接时，砧木和接穗双方总会有空隙，但是愈伤组织可以把空隙填满。当砧木愈伤组织和接穗愈伤组织连接后，由于细胞之间产生包间连丝，使水分和营养物质可以初步得到流通。此后，双方进一步分化出新的形成层，新的形成层和砧木、接穗的形成层互相连接，并能形成新的木质部和韧皮部，使砧木和接穗之间运输水分和养分的导管和筛管组织互相连接起来，这样，砧木的根系和接穗的枝芽便形成了一个新的整体。

从以上原理看来，无论采用什么嫁接方式，都必须使砧木和接穗的形成层互相接触，接触面越大，接触越紧密，双方愈伤组织形成越多，嫁接成活率就越高。

在嫁接实践中，即使切削技术比较差，砧木和接穗之间的空隙比较大，但只要能保证形成大量的愈伤组织，能将中间空隙填满，也可使嫁接成活。因此，嫁接成活的关键是砧木和接穗能否长出足够的愈伤组织。

1.2.2.3 愈伤组织形成的条件

愈伤组织的形成要在一定的条件下才能够完成，如果不具备条件，愈伤组织很难形成。这些条件主要有：砧木和接穗要具有生活力；并在适当的环境条件下。

(1) 砧木和接穗具有生活力　愈伤组织形成的内部条件是砧木和接穗具有生活力，生长势强，发育充实，枝条内积累的养分充足。树木在休眠期有充足的养分回流到根系和枝条内，在萌发前或萌发开始时进行嫁接，其伤口形成的愈伤组织就多；在生长期嫁接时，同样要求砧木和接穗均发育充实，生长健壮，无病虫害，皮层较厚，能离皮，这样的砧木和接穗形成层薄壁细胞活跃，嫁接时愈伤组织容易形成，嫁接就容易成活。

砧木和接穗如果过于细弱，或者有病虫害，早期落叶，则愈伤组织形成较少，特别是接穗如果在运输过程中失水过多或者已经抽干，或者接穗在高温、高湿的条件下贮藏，枝条上的芽已经萌发或膨大，严重者皮层已变质发褐，这样的接穗不能或者很少能够形成愈伤组织，嫁接也就不能成活。生长期嫁接的接穗，最好现采现接，用新鲜的接穗。春季采接穗后立即蜡封后放在冷窖内，然后在几天内接完，对于贮藏时间较长的接穗要进行生活力的测定。

（2）温度 温度是愈伤组织形成和生长的重要外部条件，一般温度在10℃以下基本不会形成愈伤组织，在15～20℃时愈伤组织开始形成，但比较缓慢，在25℃左右愈伤组织形成和生长速度最快，30～40℃时愈伤组织形成和生长受阻，40℃以上愈伤组织停止形成和生长。

愈伤组织形成和生长的最适温度，不同的树种之间存在差异，杏树的愈伤组织形成和树种的最适温度在20℃左右，樱桃树、桃树和李子树在23℃左右最适，梨树、苹果树、山楂树、石榴树在25℃最适，栗子树、核桃树在27℃最适，枣树在30℃最适。不同树种形成愈伤组织所需温度的规律是：春季萌动早的树种，其愈伤组织形成所需的温度低一些；春季萌动晚的树种，愈伤组织形成所需温度就高一些。春季萌动较早的树种有山桃、山杏、梅花、樱花、月季等，萌动稍晚的树种有海棠、碧桃、梨树、苹果树等，萌动较晚的树种有核桃树、板栗树、柿树、枣树等。春季嫁接适合的时期要与树种萌动发芽的时间一致，有利于嫁接成活。夏季嫁接时，要避免高温，即温度在30℃以上、特别是在阳光直射下不利于愈伤组织的形成和生长，也就不利于嫁接的愈合成活。

通过测定和观察，杏树的愈伤组织在15℃时，已有明显生长，20～25℃时生长最快，30℃以上停止生长；苹果树在20℃时，才有明显生长，25℃时生长最快，35℃以上停止生长；枣树的愈伤组织在20℃时，才有明显生长，25～30℃时生长最快，35℃以上停止生长。

（3）湿度 湿度也是愈伤组织形成和生长的重要外部条件，当接口周围干燥时，伤口处水分蒸发较大，细胞会因失水而干枯死亡，细胞不能再分裂，也就不能够形成愈伤组织。在嫁接到成活约15天的时间内，要保持接穗的生活力，就必须保持接口处的水分，接穗不能因失水而死亡。

过去在春季枝接时，为了保持接口处的湿度，主要用埋土法，即用湿润的土壤将接口处掩埋，甚至把接穗也全部掩埋。这种方法保湿效果较好，但操作时较复杂，费时费工，而且不适合于高枝嫁接。20世纪60年代，开始出现塑料膜绑扎接口，随后出现蜡封以及蜡封和塑料膜同时使用的方法来保持接口的湿度。

(4) 空气　空气同样也是植物组织细胞生活必不可少的条件。有些树种在春季嫁接时伤口会流出很多伤流液，使伤口湿度过大影响通气，也就影响了愈伤组织的生长；生长期嫁接时会因雨水多使接口积水，也会影响嫁接成活。这就说明了空气也是愈伤组织形成和生长的必要条件。但嫁接时空气需要量并不是很多，用塑料膜或塑料袋包扎不会完全隔绝空气，愈伤组织也能正常形成和生长。

(5) 黑暗　黑暗不是愈伤组织形成的必要条件，但对愈伤组织的形成影响较大，一般来说，黑暗条件有利于愈伤组织的形成，黑暗条件下愈伤组织形成的速度要比光照下快3倍以上，黑暗条件下形成的愈伤组织又白又嫩，愈合能力强；光照条件下形成的愈伤组织容易老化，甚至会发展成绿色的组织，影响砧木和接穗的愈合。显微镜下观察，在黑暗条件下形成的愈伤组织细胞较大，排列疏松，处于分裂状态的细胞多；在阳光下形成的愈伤组织细胞体积小，排列紧密，处于分裂状态的细胞较少。需要指出的是，嫁接时，砧木和接穗愈合主要不在表面，如果嫁接技术较好，双方伤口结合严密，使连接部位处于黑暗条件下，芽接的形成层接触面都处于黑暗状态。当然，如果枝接时用黑色塑料膜包扎效果会更好。

1.2.3　影响嫁接成活的条件

影响嫁接成活的主要因素有砧木和接穗的亲和力，砧、穗质量，外界条件及嫁接技术等几个方面。

1.2.3.1 内部条件

（1）砧木和接穗的亲和力　亲和力是指砧木和接穗经过嫁接能否愈合成活和正常生长发育的能力。具体地说，就是接穗和砧木在形态、结构、生理和遗传性彼此相同或相近，因而能够互相亲和而结合在一起的能力。嫁接亲和力的大小，表现在形态和结构上，是彼此形成层和薄壁细胞的体积、结构等相似度的大小；表现在生理和遗传性上，是形成层或其他组织细胞生长速率、彼此代谢作用所需的原料和产物的相似度的大小。

嫁接亲和力是嫁接成活最基本的条件。不论用哪种植物，也不论用哪种嫁接方法，砧木和接穗之间都必须具备一定的亲和力。亲和力越高，嫁接成活率也越高，反之嫁接成活的可能性越小。亲和力的强弱与树木亲缘关系的远近有关。一般规律是亲缘关系越近，亲和力越强。所以，品种间嫁接最易接活，种间次之，不同属之间又次之，不同科之间则较困难。嫁接亲和力的强弱主要表现在以下几个方面。

① 砧穗亲缘关系越近，亲和力越强。

② 同品种、同种间嫁接称为“共砧”，亲和力最强（月季、桃、板栗、核桃等）。

③ 不同品种、不同种间嫁接称“异砧”，亲和力较差。

④ 同属异种间部分亲和力强（海棠接苹果，桃李杏接梅，紫玉兰接白玉兰）。

⑤ 同科异属间亲和力较小，但也有可活组合（枫杨接核桃，枸橘接蜜橘，女贞接桂花）。

⑥ 不同科间亲和力更弱，很难成活。

（2）砧木、接穗的生活力及树种的生物学特性　愈伤组织的形成与植物种类和砧、穗的生活力有关。一般来说，砧、穗生长健壮，营养器官发育充实，体内营养物质丰富，生长旺盛，形成层细胞分裂最活跃，嫁接就容易成活。所以，砧木要选择生长健壮、发育良好的植株，接穗也要从健壮母树的树冠外围选择发育充实的枝条。如果砧木萌动比接穗稍早，可及时供应接穗所需的养分和水分，嫁接易成活；如果接穗萌动比砧木早，则可能因得不到砧木供应的水分和养分“饥饿”而死；如果接穗萌动太晚，砧木溢出的液体太多，又可能“淹死”接穗。有些种类，如柿树、核桃富含单宁，切面易形成单宁氧化隔离层，阻碍愈合；松类富含松脂，处理不当也会影响愈合。

接穗的含水率也会影响嫁接的成功。如果接穗含水率过小，形成层就会停止活动，甚至死亡。一般接穗含水率应在50%左右。所以，接穗在运输和贮藏期间，不要过干过湿。嫁接后也要注意保湿，如低接时要培土堆，高接时要绑缚保湿物，以防水分蒸发。

此外，如果砧木和接穗的细胞结构、生长发育速度不同，嫁接则会形成“大脚”或“小脚”现象。如在黑松上嫁接五针松，在女贞上嫁接桂花，均会出现“小脚”现象。除影响美观外，生长仍表现正常。因此，在没有更理想的砧木时，在园林苗木的培育中仍可继续采用上述砧木。

1.2.3.2 外部条件

外界环境条件主要是通过影响愈伤组织的形成的形式而影响嫁接的成活，在砧穗亲和力较好的前提下，能否产生愈合组织是成活的关键。影响愈合组织形成的因素包括温度、湿度、光照、空气等，其中主要是温度和湿度。在适宜的温度、湿度和良好的通气条件下进行嫁接，则有利于愈合成活和苗木的生长发育。

（1）温度　温度对愈伤组织形成的快慢和嫁接成活有很大的关系。在适宜的温度下，愈伤组织形成最快且易成活，温度过高或过低，都不适宜愈伤组织的形成。一般说植物在25℃左右嫁接最适宜，但不同物候期的植物，对温度的要求也不一样。物候期早的比物候期迟的适温要低，如桃、杏在20～25℃最适宜，而山茶则在26～30℃最适宜。春季进行枝接时，各树种安排嫁接的次序，主要以此来确定。

（2）湿度　湿度对嫁接成活的影响很大。一方面嫁接愈伤组织的形成需具有一定的湿度条件；另一方面，保持接穗的活力亦需一定的空气湿度。大气干燥则会影响愈伤组织的形成和造成接穗失水干枯。土壤湿度、地下水的供给也很重要。嫁接时，如土壤干旱，应先灌水增加土壤湿度，使土壤持水量保持在14.1%～17.5%最有利于愈伤组织的形成。湿度过低使接穗干死，而过高则使接穗缺氧窒息，腐烂而死。

（3）光照　光照对愈伤组织的形成和生长有明显的抑制作用。在黑暗的条件下，有利于愈伤组织的形成，因此，嫁接后一定要遮光。低接用土埋，既保湿又遮光。

（4）空气（氧气）　砧、穗薄壁细胞分裂代谢作用需在有氧条件下进行，缺氧、分裂、代谢受抑制，影响嫁接成活。

（5）嫁接时期　砧木树液开始流动时，枝接较好。流动旺盛时芽接还由树种的生物学特性确定适宜嫁接时期。

（6）嫁接技术　技术准确熟练成活率高，反之低。在所有嫁接操作中，用刀的技术和速度是最重要的。

① 接穗的削面是否平滑　嫁接成活的关键因素是接穗和砧木两者形成层的紧密结合。这就要求接穗的削面一定要平滑，这样才能和砧木紧密贴合。如果接穗削面不平滑，嫁接后接穗和砧木之间的缝隙就大，需要填充的愈伤组织就多，就不易愈合。因此，削接穗的刀要锋利，削时要做到平滑。

② 接穗削面的斜度和长度是否适当　嫁接时，接穗和砧木间同型组织接合面愈大，两者的输导组织愈易沟通，成活率就愈高；反之，成活率就愈低。

③ 接穗、砧木的形成层是否对准　如上所述，大多数植物的嫁接成活是接穗、砧木的形成层积极分裂的结果。因此，嫁接时两者的形成层对得越准，成活率就越高。

嫁接速度快而熟练，可避免削面风干或氧化变色，从而提高成活率。熟练的嫁接技术和锋利的接刀，是嫁接成功的基本条件。

1.2.4 影响嫁接成活的各因素之间的关系

影响嫁接成活的因素很多，也很复杂，要求也各不相同。这些因素并不是孤立单独作用的，而是相互影响的，它们之间是一个对立统一的整体。因此，不仅要了解各个因素对嫁接成活的影响，还要掌握各个因素之间的主次关系、变化规律，根据不同的情况灵活应用，以达到嫁接成活的目的。

在具有亲和力的嫁接组合中，砧木与接穗的生活力是嫁接成活的决定性因素，如果砧木和接穗的生活力受到破坏，那么一切技术措施和适宜的环境条件都是无用的，都不可能嫁接成活。

在影响嫁接成活的各个外界环境因素中，温度、湿度、空气、光照和嫁接技术等各因素所起的作用并不是完全相同和平行的。实践证明，湿度这个因素起到决定性的作用，它直接影响温度、空气和嫁接技术所起的作用，也影响砧木和接穗的生活力。

(1) 湿度与温度的关系　有时春季进行枝接时，会受到晚霜和寒潮所造成的短期0℃以下低温危害，但可以通过嫁接后包扎、埋土的措施防止。春季低温使愈伤组织生长缓慢或不形成愈伤组织，但只要保持好湿度，维持砧木和接穗的生活力，当气温逐渐升高后，仍然可能愈合而成活，只是所需时间较长而已。

(2) 湿度与空气的关系　湿度过大，会造成空气缺乏的现象，使切口薄壁细胞核愈伤组织窒息而死；湿度过低，接穗干枯死亡，嫁接必然失败。

(3) 湿度与接穗的关系　只要很好地保持适宜的湿度，促进愈伤组织的形成增多，可填满嫁接技术的不足而使砧木与接穗之间产生间隙，嫁接仍然可能成活。

至于湿度与接穗生活力的关系就更是重要，没有一定湿度的保障，接穗很快干死，失去生活力，嫁接也就不可能成活。这也是在生产上嫁接失败常见的原因。由此可见，湿度是影响嫁接成活的外部因素中的主导因素。在生产中无论什么树种，用什么方法嫁接，都必须注意保持适宜的湿度，才能获得较高的嫁接成活率。

树木嫁接成活是各个因素共同作用的结果，影响嫁接成活的各因素之间的相互作用的关系见图1-5。

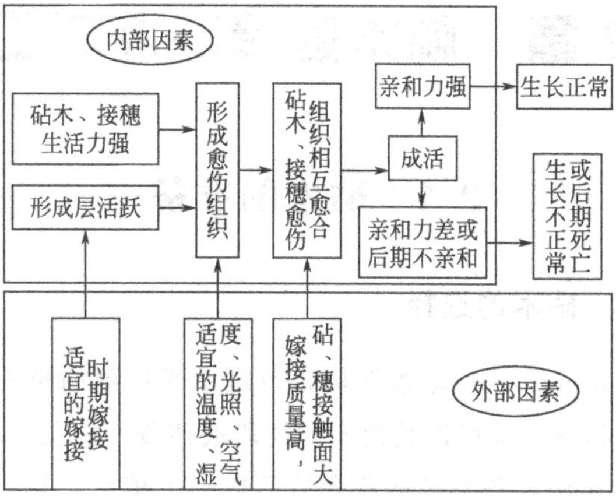

图1-5 影响嫁接成活的各因素之间的关系

第2章　林木嫁接的准备工作

2.1　砧木的准备

2.1.1　砧木的选择

砧木（rootstock）是指嫁接繁殖时承受接穗的植株，可以是林木的整株植株，也可以是树木的根段或茎段、枝段，起着固着、支撑接穗的作用，并与接穗愈合后形成一个植株，共同生长、发育、开花、结果，直至死亡。砧木是林木嫁接苗的基础，砧木的优劣对嫁接成活、园林树木的生长发育和开花结实以及提高观赏价值影响很大，因而，在林木嫁接之前，先要选择合适的砧木种类，然后再根据各种树种的特点因地制宜地培育嫁接所需要的砧木。

砧木对嫁接成活及嫁接苗顶端生长发育、树体大小、开花早晚、果实产量和质量、观赏价值等方面都有密切的关系，所以砧木的选择和培育是嫁接育苗的重要技术环节。在选择砧木时应该从以下几个方面进行。

2.1.1.1　砧木与接穗有较强亲和力

砧木与接穗的亲和力是嫁接成活的首要条件，是最为重要的必要条件。砧木与接穗亲和力要强，嫁接才能成活，嫁接成活后嫁接苗才能正常生长发育，达到嫁接的目的。如果砧木与接穗的亲和力不强或没有亲和力，那么，不管嫁接技术多好，外界环节多理想，嫁接依然不会成活。所以，在选择砧木时，首先要考虑的是它与接穗是否具有亲和力、亲和力是强还是弱。

2.1.1.2　适应栽培地区环境的能力强

砧木要对栽培地的环境要具有较强的适应能力，能够适应当地的气候条件和土壤条件，砧木本身要生长健壮、根系发达，对不良环境条件具有较强的抵抗能力，主要是要具有较强的抗寒、抗旱、抗涝、抗风、抗污染、抗病虫害等的能力。

2.1.1.3　对穗的生长、开花、结实有利

砧木对接穗的生长发育不能有不良的影响，主要是对接穗的生长、开花、结果、寿命等要具有良好的促进作用。如果嫁接后出现砧木对接穗产生不利的影响，嫁接就失去了繁育优良树木和品种的特性。

2.1.1.4　发育阶段年幼

砧木的发育阶段越小，对接穗的影响也就越小。因此，如果不让砧木对接穗产生较大的影响，就应该选择发育阶段年幼的砧木；如果要让砧木对接穗产生影响，并利用这种影响而达到某种目的（嫁接育种），这种情况下，砧木的发育阶段就应该是发育年龄较大的砧木。

2.1.1.5　繁殖技术简单，繁殖材料资源丰富

砧木的繁殖材料要来源丰富，并且数量充足，易于大量繁殖，繁殖方法简单易行。这样才能够较为容易地获得质量高、数量大的合格的砧木。

2.1.1.6　符合园林绿化的需要

要培育特殊树形的林木种苗，可以选择特殊性状的砧木，如使嫁接后树木矮小的用矮化砧，使嫁接后树木高大的用乔化砧；培育下垂型嫁接树木时，砧木要达到适合的高度和干径。

2.1.2　砧木的繁殖

嫁接的砧木的繁殖方法较多，可采用有性繁殖，即种子繁殖方法培育实生苗；也可以用营养繁殖方法培育营养苗，营养繁殖方法

有扦插繁殖、分株繁殖、压条繁殖、组织培养繁殖等。根据树种的不同，砧木的繁殖方法也不同，同一种砧木根据繁殖材料的来源不同以及嫁接目的的不同，繁殖方法也有所不同，下面介绍几种主要繁殖砧木的方法。

2.1.2.1 砧木的播种（实生苗）繁殖

播种繁殖是利用树木的有性后代——种子，对其进行一定的处理和培育，使其萌发、生长、发育，成为新的一代苗木个体。用种子播种繁殖所得的苗木称为播种苗或实生苗。园林树木的种子体积较小，采收、贮藏、运输、播种等都较简单，可以在较短的时间内培育出大量的苗木或嫁接繁殖用的砧木，因而嫁接砧木的繁殖中占有极其重要的地位。

（1）播种繁殖实生苗的特点

① 利用种子繁殖，一次可获得大量苗木，种子获得容易，采集、贮藏、运输都较方便。

② 播种苗生长旺盛，健壮，根系发达，寿命长；抗风、抗寒、抗旱、抗病虫的能力及对不良环境的适应力较强。

③ 种子繁殖的幼苗，遗传保守性较弱，对新环境的适应能力较强，有利于异地引种的成功。如从南方直接引种梅花苗木到北方，往往不能安全越冬；而引入种子在北方播种育苗，其中部分苗木则能在－17℃时安全过冬。

④ 用种子播种繁殖的苗木，特别是杂种幼苗，由于遗传性状的分离，在苗木中常会出现一些新类型的品种，这对于园林树木新品种、新类型的选育有很大的意义。

⑤ 由于播种苗具有较大的遗传变异性，因此对一些遗传性状不稳定的园林树种，用种子繁殖的苗木常常不能保持母树原有的观赏价值或特征特性。如龙柏经种子繁殖，苗木中常有大量的桧柏幼苗出现；重瓣榆叶梅播种苗大部分退化为单瓣或半重瓣花；龙爪槐播种繁殖后代多为国槐等。

（2）苗床的准备　为了给种子发芽和幼苗生长发育创造良好的

条件，便于苗木管理，在整地施肥的基础上，要根据育苗的不同要求把育苗地做成苗床。

培育需要精细管理的苗木、珍稀苗木，特别是种子粒径较小，顶土力较弱，生长较缓慢的树种，应采用苗床育苗。一般把用苗床培育苗木的育苗方式称为床式育苗。做床时间应与播种时间密切配合，在播种前5～6天内完成。苗床依其形式可分为高床、平床、低床三种。

① 高床　床面高于地面，其高出的程度为15～25厘米。在地势较高，排水通畅的地方，床面可稍低；而在排水不畅的圃地，床面应较高。床的宽度以便于操作为度，一般宽度为1.1～1.2米。床长根据播种区的大小而定，一般长度为15～20米，过长管理不方便。两床之间设人行步道，步道宽30～40厘米。

② 低床　床面低于步道，床面宽1米，步道宽30～40厘米，高15～18厘米，床的长度与高床的要求相同。

③ 平床　床面比步道稍高，平床筑床时，只需用脚沿绳将步道踩实，使床面比步道略高几厘米即可。适用于水分条件较好，不需要灌溉的地方或排水良好的土壤。

④ 育苗垄制作　垄作育苗方法与种大田的方法相似，因此又称作大田式育苗。对于生长快、管理技术要求不高的树种，一般均可采用。垄作育苗，可以加厚肥土层，提高土温，有利于土壤养分的转化，苗木光照充足，通风良好，生长健壮。垄作育苗还便于机械化作业，提高劳动生产率，降低育苗成本。但垄式育苗的管理不如床式育苗细致，苗木产量也较床式育苗低。做垄分为高垄和低垄两类。

a. 高垄　高垄的规格，一般要求垄距为60～70厘米，垄高为20厘米左右，垄顶宽度为20～25厘米，长度依地势或耕作方式而定。做高垄时可先按规定的垄距划线，然后沿线往两侧翻土培成垄背，再用木板刮平垄顶，使垄高矮一致，垄顶宽度一致，便于播种。高垄适用于中粒及大粒种子、幼苗生长势较强、播后不须精细管理的树种。

b. 低垄　又称平垄、平作。即将苗圃地整平后直接进行播种的育苗方法。适用于大粒种子和发芽力较强的中粒种子树种。

(3) 苗床土壤消毒杀虫处理　苗床土壤处理是应用化学或物理的方法，消灭土壤中残存的病原菌、地下害虫或杂草等。以减轻或避免其对苗木的危害。林木苗圃中简便有效的土壤处理方法主要是采用化学药剂处理。

① 苗床土壤消毒处理

a. 硫酸亚铁　雨天用细干土加入2%～3%的硫酸亚铁粉制成药土，每公顷施药土1500～2250千克。晴天可施用浓度为2%～3%的水溶液，用量为每平方米9克。硫酸亚铁除杀菌的作用外，还可以改良碱性土壤，供给苗木可溶性铁离子，因而在生产上应用较为普遍。

b. 敌克松　施用量为每平方米4～6克。将药称好后与细沙土混匀做成药土，播种前将药土撒于播种沟底，厚度约1厘米，把种子撒在药土上，并用药土覆盖种子。加土量以能满足上述需要为准。

c. 五氯硝基苯混合剂　以五氯硝基苯为主（约占75%），加入代森锌或敌克松（约占25%）。使用方法和施用量与上述敌克松相同。

d. 福尔马林　福尔马林用量每平方米50毫升，加水6～12升，在播种前10～20天洒在要播种的苗圃地上，然后用塑料薄膜覆盖在床土上，在播种前7天揭开塑料薄膜，待药味全部散失后播种。福尔马林除了能消灭病原菌外，对于堆肥的肥效还有相当的增效作用。

e. 硫化甲基胂（苏化911）　用药量为30%的苏化911粉每平方米2克。

f. 多菌灵　50%多菌灵粉每平方米40克，拌匀后用塑料膜覆盖2～3天，揭膜待药味散去后即可播种。

g. 消石灰　150千克/公顷，结合整地施入，酸性土壤可适当增加用量。

② 土壤杀虫　用50%辛硫磷乳油0.5千克加水0.5千克与125～150千克细沙土混合均匀制成毒土，每亩（1亩≈667米^2）施入15千克，如果用在种沟内，不要与种子接触。辛硫磷能有效杀灭金龟子幼虫、蝼蛄等地下害虫。

（4）种子播前消毒处理　为了消灭附在种子上的病菌，预防苗木发生病害，在种子催芽和播种前，应进行种子消毒灭菌。苗木生产上常用的种子消毒方法有以下两种。

① 药剂浸种

a. 硫酸铜浸种　使用浓度为0.3%～1.0%，浸泡种子4～6小时，取出阴干，即可播种。硫酸铜溶液不仅可消毒，对部分树种（如落叶松）还具有催芽作用，可提高种子的发芽率。

b. 福尔马林溶液浸种　在播种前1～2天，配制浓度为0.15%的福尔马林溶液，把种子放入溶液中浸泡15～30分钟，取出后密闭2小时，然后将种子摊开阴干后播种。1千克浓度为40%的福尔马林可消毒100千克种子。用福尔马林溶液浸种，应严格掌握时间，不宜过长，否则将影响种子发芽。

c. 高锰酸钾溶液浸种　使用浓度为0.5%，浸种2小时；也可用3%的浓度，浸种30分钟，取出后密闭30分钟，再用清水冲洗数次。采用此方法时要注意，对胚根已突破种皮的种子，不宜采用本方法消毒。

d. 石灰水浸种　用1%～2%的石灰水浸种24小时左右，对落叶松等有较好的灭菌作用。利用石灰水进行浸种消毒时，种子要浸没10～15厘米深，种子倒入后，应充分搅拌，然后静置浸种，使石灰水表层形成并保持一层碳酸钙膜，提高隔绝空气的效率，达到杀菌目的。

e. 热水浸种　水温40～60℃，用水量为待处理种子的两倍。本方法适用于针叶树种或大粒种，对种皮较薄或种子较小的树种不适宜。

f. 氯化汞溶液浸种　使用浓度为0.1%的氯化汞溶液，浸种15分钟。适用于樟树等树种。

② 药粉拌种

a. 敌克松粉剂拌种　常用粉剂拌种播种，药量为种子重量的0.2%～0.5%。先用药量10～15倍的土配制成药土，再拌种。对苗木猝倒病有较好的防治效果。

b. 多菌灵、敌百虫拌种　50%退菌灵、90%敌百虫、50%多菌灵拌种，用药量为种子重量的3%。

c. 氯化乙基汞拌种　氯化乙基汞又称西力生。每千克种子用药1～2克，于播种前20天进行拌种，拌种后密封贮藏，20天后进行播种。松柏类树种种子用此法效果较好，具有消毒、防护和刺激种子萌发的作用。

(5) 种子播前催芽处理　种子进行催芽处理，要根据树种的特性和经济效果，选择适宜的催芽方法。苗圃生产中常用的催芽方法有以下几种。

① 层积催芽　把种子与湿润物混合或分层放置，促进其达到发芽程度的方法称为层积催芽。层积催芽又分低温层积催芽、变温层积催芽和高温层积催芽等。园林苗圃中常用的方法为低温层积催芽法，其适用的树种较多，对于因含萌发抑制物质而休眠的种子效果显著，对被迫休眠和生理休眠的种子也适用。如樟树、楠、银杏、冷杉、栎树、楝树、卫矛、黄檗、白蜡、槭树、火炬树、七叶树、山桃等树种的种子都可以用这种方法催芽。

层积催芽的方法：处理种子多时可在室外挖坑。一般选择地势高燥、排水良好的地方，坑的宽度以1米为好，不要太宽。长度随种子的多少而定，深度一般应在地下水位以上、冻层以下，由于各地的气候条件不同，可根据当地的实际情况而定。坑底铺一些鹅卵石或碎石，其上铺10厘米的湿河沙或直接铺10～20厘米的湿河沙，干种子要浸种、消毒，然后将种子与沙子按1∶3的比例混合放入坑内，或者一层种子，一层沙子放入坑内（注意沙子的湿度要合适），当沙子与种子的混合物放至距坑沿20厘米左右时为止。然后盖上湿沙，最后用土培成屋脊形，坑的两侧各挖一条排水沟。在坑中央直通到种子底层放一小捆秸秆或下部带通气孔的竹制或木制通气管，以流通空气。如果种子多，种坑很长，可隔一定距离放一个通气管，以便检查种子坑的温度。

层积催芽的效果除决定于温度、水分、通气条件外，催芽的天数也很重要。低温层积催芽所需的天数随着树种的不同而不同，如桧柏200天、女贞60天。一般被迫休眠的种子需处理1～2个月，生理休眠的种子需处理2～7个月，应根据具体情况来确定适宜的天数。

在播种前1～2周，检查种子催芽情况，如果发现种子未萌动或萌动得不好时，要将种子移到温暖的地方，上面加盖塑料膜，使种子尽快发芽。当有30%的种子裂嘴时即可播种。

② 浸种催芽　浸种的目的是促使种皮变软，种子吸水膨胀，有利于种子发芽，这种方法适用于大多数树种的种子。浸种法又分为热水浸种、温水浸种和冷水浸种。

a. 热水浸种　对于种皮特别坚硬、致密的种子，为了使种子加快吸水，可以采用热水浸种，但水温不要太高，以免伤害种子。一般温度为70～80℃。种皮坚硬的合欢树、相思树等用70℃的热水浸种，浸种时，先将种子倒入容器内，边倒热水边搅拌，至水冷至室温时为止。含有“硬粒”的刺槐种子应采取逐次增温浸种的方法，首先用70℃的热水浸种，自然冷却一昼夜后，把已经膨胀的种子选出，进行催芽，然后再用80℃的热水浸剩下的“硬粒”种子，同法再进行1～2次，这样逐次增温浸种，分批催芽，既节省种子，又可使出苗整齐。

b. 温水浸种　对于种皮比较坚硬、致密的种子，如马尾松、侧柏、紫穗槐等树种的种子宜用温水浸种。水温40～50℃，浸种时间一昼夜，然后捞出摊放在席上，上盖湿草帘或湿麻袋，经常浇水翻动，待种子有裂口后播种。

c. 冷水浸种　杨、柳、泡桐、榆等小粒种子，由于种皮薄，一般用冷水浸种。

水温对种子的影响与种子和水的比例、种子受热均匀与否、浸种时间等都有着密切的关系。浸种时种子与水的容积比一般以1∶3为宜，要注意边倒水边搅拌，水温要在3～5分钟内降下来。如果高于浸种温度应兑凉水，然后使其自然冷却。浸种时间一般为1～2昼夜。种皮薄的小粒种子缩短为几个小时。种皮厚的坚硬的种子可延长浸种时间。经过水浸的种子，捞出放在温暖的地方催芽，每天要淘洗种子2～3次，直到种子发芽为止。也可以用沙藏层积催芽，将水浸的种子捞出混以两倍湿沙，放在温暖的地方，为了保证湿度，要在上面加盖草袋子或塑料布。无论采用哪种方法，在催芽过程中都要注意温度应保持在20～25℃。保证种子有足够的水分，有较好的通气条件，经常检查种子的发芽情况，当种子有30％裂嘴时即可播种。

③ 药剂浸种和其他催芽方法　有些林木的种子外表有蜡质，有的种皮致密、坚硬，有的酸性或碱性大。为了消除这些妨碍种子发芽的不利因素，必须采用化学或机械的方法，以促使种子吸水萌动。例如，用草木灰或小苏打水溶液洗漆树、马尾松等种子，对催芽有一定的效果；对刺槐、栾树、梧桐、厚朴等硬实种子，可用60％的浓硫酸（过稀的硫酸易浸入种子内部，破坏发芽）浸种。浸种时间，漆树为30分钟；刺槐为5分钟；厚朴为3分钟。在硫酸中浸渍后取出在清水中洗净，干燥后再播种。

药剂浸种，还可用微量元素（如硼、锰、铜等）浸种以提高种子的发芽势和苗木的质量。用植物激素（如赤霉素、吲哚丁酸、奈乙酸、2,4-D、激动素、6-苄氨基嘌呤、苯基脲、硝酸钾等）浸种可以解除种子休眠。赤霉素、激动素和6-苄氨基嘌呤一般使用浓度为0.001％～0.1％，而苯基脲、硝酸钾一般使用浓度为0.1％～1％或更高。处理时不仅要考虑浓度，而且要考虑溶液的数量，还有种皮的状况和温度条件等。

机械方法催芽是用刀、挫或沙子磨损种皮、种壳，促使其吸水、透气和种子萌动。机械处理后一般还需水浸或沙藏才能达到催芽的目的。

(6) 种子播种方法 目前常用的播种方法有条播、点播和撒播。播种方法因树种特性、育苗技术和自然条件等不同而异。

① 条播 条播是指按一定的行距，将种子均匀地撒在播种沟中的播种方法。条播是应用最广泛的方法。由于条播苗木集中成条或成带，便于抚育管理，因此工作效益高。条播比撒播省种子，苗木通风良好。但由于条播苗木集中成条，发育欠均匀，单位面积产苗量也较低。为了克服这一不足，常采用宽幅条播，在较宽的播种面积上均匀撒播种子，这样既便于抚育管理，又提高了苗木的质量和产量，克服了撒播和条播的缺点。

条播一般播幅（播种沟宽度）为2～5厘米，行距10～25厘米；宽幅条播播幅宽度为10～15厘米。为了适应机械化作业，可把若干播种行组成一个带，缩小行间距离，加大带间距离。由于组成的行数不同，可分为2～5行的带播。行距一般为10～20厘米，带距30～50厘米；距离的大小因苗木生长快慢和播种机、中耕机的构造而异。播种行的设置方法，可采用纵行条播（与床的长边平行），便于机械作业；也可横向条播（与床的长边垂直），便于手工作业。

② 点播 按一定的株、行距挖穴播种，或按行距开沟后再按株距将种子播于沟内。点播主要适用于大粒种子，如银杏等。点播的株行距应根据树种特性和苗木的培育年限来决定。播种时要注意种子的出芽部位，正确放置种子，便于出芽。点播具有条播的优点，但比较费工，苗木产量也比另两种方法少。

③ 撒播 将种子均匀地撒播在苗床上或垄上。撒播主要适用于一般小粒种子，如杨、泡桐、桑、马尾松等。撒播可以充分利用土地，单位面积产苗量较条播高，苗木分布均匀，生长整齐。但撒

播用种量大，一般是条播的两倍；另外，撒播苗木抚育不便，同时由于苗木密度大，光照不足，通风条件不好，使苗木生长细弱，抗性差，易染病虫害。

（7）覆土　播种后应立即覆土，以免播种沟内的土壤和种子干燥。为了使播种沟中保持适宜的水分、温度，促进幼芽出土，要求覆土均匀，厚度适当，而且覆土速度要快。

确定覆土厚度要根据树种的特性，如大粒种子宜厚，小粒种子宜薄；子叶不出土的宜厚，子叶出土的宜薄等；还要考虑气候，土壤的质地，覆土材料和播种季节等。如秋播的种子在土壤中时间较长，土壤水分易蒸发而干燥，种子也易遭受鸟兽危害，因而覆土应适当加厚；苗圃地为黏重土壤的，由于土壤的机械阻力大，种子发芽出土较难，因而覆土应稍浅。一般覆土厚度应为种子直径的2～3倍。

苗圃地土壤质地较好、较疏松的，可以直接用于覆盖。若土壤为黏重土质的，则应用过筛的细沙土覆盖，也可用腐质土或锯末覆盖。为了减少杂草和病害的影响，还可用心土（未耕作种植过的深层土）或火烧土进行覆盖。

为了使种子与土壤紧密接触，使种子能顺利从土壤中吸取水分，在干旱地区或土壤疏松、土壤水分不足的情况下，覆土后要进行镇压。但对于较黏的土壤不宜镇压，以防土壤板结，不利幼苗出土。对于不黏而较湿的土壤，需待其表土稍干后再进行镇压。

2.1.2.2　砧木的扦插繁殖

（1）扦插繁殖的概念和特点

① 扦插的概念　扦插繁殖是利用离体的植物营养器官，在一定的条件下插入土、沙或其他基质中，利用植物的再生能力，经过人工培育使之发育成一个完整新植株的繁殖方法。通过扦插繁育所得到的苗木称为扦插苗，扦插所用的繁殖材料称为插穗。

② 扦插的特点　除了有营养繁殖的基本特点外，还有自己的优缺点。

a. 优点　繁殖系数高；无嫁接不亲和问题；保持母本的一切优良性状；提早开花结实；克服某些珍稀植物不结实或种子少不发芽的困难；简单易行。

b. 缺点　技术要求高，管理精细；成本比播种繁育大；无主根，根系分布浅；苗木抗性差，寿命短，容易退化。

（2）扦插的种类　扦插按繁殖材料分，其种类有：枝插［嫩枝扦插、硬枝扦插、长穗插（普通插、踵形插、槌形插）、短穗插（单芽插）］、芽插（芽插、芽叶插）、根插（全根插、根段插）、叶插、果实插。

（3）硬枝扦插技术　硬枝扦插是利用前一年生休眠枝直接进行或经冬季低温贮藏后进行扦插。育苗的关键技术是提高地温。母树的选择：用材宜选生长快、干形好、树干基部或主干萌出的一年生枝。经济林或观赏树选树冠中上部发育健壮、充实的枝条；采穗时间：落叶树种，秋末冬初（落叶后），早春萌动前，枝条内营养多，通过贮藏能形成愈合组织和不定根。常绿树种春季芽苞萌动前采穗。

插穗的长度一般为插穗上有2～3个芽，大多数树种的插穗长10～20厘米，过长下切口愈合慢，易腐烂，操作不便，浪费种条。过短插穗营养少，不利于生根。

插穗的切口要求平滑（不开裂），下切口最好在芽或节的下端。切口形状：上切口剪成平口，距上部芽1厘米。下切口剪成平口、斜口等。常绿树种应保留适量叶片，通常入土部分叶片摘除。扦插季节在春、秋均可，以春插为主。

扦插基质为沙质壤土、河沙、腐殖土、珍珠岩、蛭石等。扦插角度和深度为直插适宜短穗或生根能力强的树种，地面留一个芽，插穗1/2～2/3入土。斜插适宜于长插穗和生根能力差的树种，但斜插易造成偏根，起苗不便。扦插密度一般树种扦插行距20～30厘米、株距5～7厘米；速生树种株行距50厘米×60厘米。

扦插时应先开沟、打洞扦插，防止损伤切口和皮层，不能倒插，插后按紧，使下切口与土壤密接。插后浇透水，使土壤下沉。插后假活时间，不能拔出来看，注意抹芽，有些树种要搭阴棚。

（4）嫩枝扦插　嫩枝扦插是利用当年旺盛生长的嫩枝或半木质化枝条进行扦插。插穗采集期在枝条达半木质化时期，一般5～7月；插穗的长度4～14厘米为宜，2～4个节间，插穗粗壮。叶子与芽要部分保留。下切口剪成平口或小斜口。其余同硬枝扦插。

2.1.2.3 砧木的压条、分株繁殖

（1）压条繁殖

① 压条繁殖的概念　压条繁殖是将未脱离母体的枝条压入土内或包以湿润物，待生根后把枝条切离母体成为独立新植株的一种繁殖方法。

② 压条繁殖方法

a. 普通压条法　为最常用的方法。适用于枝条离地面比较近而又易于弯曲的树种，如迎春、木兰、大叶黄杨等。具体方法为：在秋季落叶后或早春发芽前，利用1～2年生的成熟枝进行压条。雨季一般用当年生的枝条进行压条。常绿树种以生长期压条为好。将母株上近地面的1～2年生的枝条弯到地面，在接触地面处，挖一深10～15厘米、宽10厘米左右的沟，靠母树一侧的沟挖成斜坡状，相对壁挖垂直。将枝条顺沟放置，枝梢露出地面，并在枝条向上弯曲处，插一木钩固定。待枝条生根成活后，从母株上分离即可。一根枝条只能压一株苗。对于移植难成活或珍贵的树种，可将枝条压入盆中或筐中，待其生根后再切离母株。

b. 波状压条法　适用于枝条长而柔软或为蔓性的树种，如紫藤、荔枝、葡萄等。即将整个枝条波浪状压入沟中，枝条弯曲的波谷压入土中，波峰露出地面。使压入地下的部分产生不定根，而露出地面的芽抽生新枝，待成活后分别与母株切离成为新的植株。

c. 水平压条法　适用于枝长且易生根的树种，如连翘、紫藤、葡萄等。通常仅在早春进行。即将整个枝条水平压入沟中，使每个

芽节处下方产生不定根，上方芽萌发新枝。待成活后分别切离母体栽培。一根枝条可得多株苗木。

d. 堆土压条法　也叫直立压条法，适用于丛生性和根蘖性强的树种，如杜鹃、木兰、贴梗海棠、八仙花等。于早春萌芽前，对母株进行平茬截干，灌木可从地际处抹头，乔木可于树干基部刻伤，促其萌发出多根新枝。待新枝长到30～40厘米高时，即可进行堆土压埋。一般经雨季后就能生根成活，翌春将每个枝条从基部剪断，切离母体进行栽植。

e. 高压法　也叫空中压条法。凡是枝条坚硬不易弯曲或树冠太高枝条不能弯到地面的树枝，可采用高压繁殖。高压法一般在生长期进行。压条时先进行环状剥皮或刻伤等处理，然后用疏松、肥沃土壤或苔藓、蛭石等湿润物敷于枝条上，外面再用塑料袋或对开的竹筒等包扎好。以后注意保持袋内土壤的湿度，适时浇水，待生根成活后即可剪下定植。

（2）分株繁殖

① 分株繁殖的概念　分株繁殖是利用某些树种能够萌生根蘖或灌木丛生的特性，把根蘖或丛生枝从母株上分割下来，进行栽植，使之形成新植株的一种繁殖方法。有些林木如臭椿、刺槐、枣、黄刺玫、珍珠梅、绣线菊、玫瑰、蜡梅、紫荆、紫玉兰、金丝桃等，能在根部周围萌发出许多小植株，这些萌蘖从母株上分割下来就是一些单株植株，本身均带有根系，容易栽植成活。

② 分株方法　分株方法有侧分法和掘分法，侧分法又分灌丛侧分和乔木萌蘖侧分两种。

a. 灌丛侧分法　将灌丛母株一侧或两侧土挖开，露出根系，将带有一定茎秆（一般1～3个）和根系的萌株带根挖出，另行栽植。挖掘时注意不要对母株根系造成太大的损伤，以免影响母株的生长发育，减少以后的萌蘖。

b. 乔木萌蘖侧分法　乔木萌蘖侧分法将母株的根蘖挖开，露出根系，用利斧或利铲将根蘖株带根挖出，另行栽植。

2.1.3 砧木对接穗的影响

发展优良品种，必须采集优良品种的枝条作为接穗。接穗是什么品种，嫁接后所产生的无性系也就是该品种，所以，一般对接穗的选择比较重视，而对砧木的选择却不够重视。其实，砧木对接穗的寿命、植株的生长、开花结果以及适应性等方面，都有很大的影响。因此，必须了解砧木的作用，同时选择最佳的砧木接穗组合进行嫁接，才能使嫁接活动成功。

2.1.3.1 砧木对嫁接树寿命的影响

一般嫁接树木的寿命比实生苗短，即使是用亲和力强的砧木也会在一定程度上影响寿命。例如，板栗实生树一般能活 100～200 年，用本砧嫁接，寿命约 100 年，用野生板栗树嫁接栗树，寿命只有 50 年左右。柑橘都用嫁接繁殖，用枸头橙作砧木嫁接朱红橘，橘树寿命可达 200 年；用小红橙作砧木，嫁接枸头橙，寿命仅70～80 年；而将朱红橘接在枸橘上，朱红橘的寿命约 30 年，其原因是由于根系衰退而死亡。苹果常用海棠或山荆子作砧木，前者比后者寿命长；用各类矮化砧作砧木，其寿命更短。桃和观赏碧桃的砧木中，山桃比毛桃寿命长。杏砧木中，山杏比山桃寿命长。

决定嫁接树寿命的因素有两个：一是亲缘关系较远的寿命短；二是结果早影响生长，往往寿命也短。

寿命短一般在生产上并无多大影响。目前果树等经济树种新品种不断出现，老品种需要不断更新，一般不到 20 年更替是比较合适的。所以属亲和或半亲和的砧木，都可以利用。

2.1.3.2 砧木对嫁接树木生长的影响

砧木可以影响树体的大小。能引起树体高大的称为乔化砧，使树体生长矮小的称为矮化砧。一般果树都采用矮化砧，因为矮化果树便于修剪、防治病虫害及采收等管理工作，特别适合机械化管理，同时也有结果早、早期丰产的特性。例如，苹果树目前普遍选用矮化砧木。砧木不但影响树体的大小，而且影响枝梢的长短和粗细。例如，接在湖北海棠上的1年生青香蕉苹果，其副梢生长少而短，而接在河北南口海棠上的青香蕉苹果，其副梢生长又多又粗壮，总生长量超过前者5～6倍。

有的砧木适合嫁接多种果树，都是生长情况不同。例如，用榅桲作砧木嫁接西洋梨，可使西洋梨嫁接矮化；如果嫁接枇杷，则没有矮化作用，枇杷树生长较高大；如果嫁接山楂，则山楂生长旺盛成为大乔木。

柑橘的种类很多，嫁接在不同的砧木上，生长量各不相同。例如，温州蜜柑嫁接在甜橙或酸橙砧木上，树势高大；嫁接在枸橘砧木上，则可使树冠矮化。优质的甜橙嫁接在宜昌橙上，其树冠极为矮化。

梨树用榅桲作砧木，可使树体生长矮小；用实生杜梨作砧木，由于杜梨种类繁多，因而嫁接树既有乔化型，也有矮化型，变异复杂，必须选用无性系砧木，才能获得稳定的类型。

在瓜类嫁接方面，嫁接苗比实生苗生长势更强，因为用葫芦和南瓜作砧木，其根系比西瓜、黄瓜要发达，因而也促进了接穗瓜蔓的生长，提高了吸收肥水的能力。瓜蔓生长量大，为抗病和丰产打下了基础。

2.1.3.3 砧木对嫁接树结果的影响

(1) 对结果期的影响　嫁接树能提早结果，不同的砧木其嫁接树提早结果的情况不一样。通常，乔化砧结果较晚，矮化砧结果较早。因此，矮化砧具有树冠矮化和早期丰产的双重优点。在果树育种时，为了缩短童龄，提早结果，可把接穗嫁接在砧木枝条的先端而不是在靠近树干部分，这样接穗的成熟期会大大提高。利用这个办法，使实生苗在嫁接2～3年就可以结果。在新品种培育时，用这种办法，可以比不用嫁接法所需时间缩短一半甚至更短。

(2) 对果实品质的影响　砧木对果实的品质也有影响。例如，苹果用花红树作砧木比用山荆子作砧木时产量低，但果实大、果味甜、色泽鲜艳。柑橘砧木对果品的影响甚为明显。例如，温州蜜柑嫁接在甜橙或酸橙上品质较差；嫁接在柚树上则结果皮厚，含糖量低；嫁接在砧木上则果大、色泽鲜艳、成熟期早、糖高、酸低；嫁接在南丰蜜橘上，则果实皮最薄、口感最佳。

(3) 对果实其他形状的影响　砧木还可以影响果实的其他形状。例如，苹果后期裂果，用乔化砧嫁接则裂果严重。苹果品种嫁接在 MM_{106} 或 M_2 砧木上，贮藏性能较好，而接在 M_{26} 上则较差。砧木还能影响开花数量和坐果率。如用君迁子作砧木嫁接的柿树开花多，而用柿树本砧接柿则开花少，但是坐果率较高。

2.1.3.4 砧木对嫁接树抗性的影响

(1) 提高抗旱、抗寒、耐瘠薄等能力　为了提高砧木对土壤、气候的适应性，利用野生性强的砧木就显得特别重要。为了提高抗旱性，需要用山荆子、杜梨、山桃、山杏、野生山楂、山樱桃、山葡萄、野板栗、核桃楸和酸枣等抗干旱、耐瘠薄、生长在山区的植物作砧木，分别嫁接苹果、梨、桃、杏、红果、樱桃、葡萄、板栗、核桃、柿子和枣等优良品种。为了提高抗涝性，则用耐涝的海棠、榅桲、毛桃、欧洲酸樱桃和红柠檬等作砧木，分别嫁接苹果、梨、桃、樱桃和柑橘等果树。利用抗寒性强的山葡萄、贝达为砧木嫁接葡萄、可提高葡萄的抗寒性。柑橘类砧木对抗寒性影响很大，在我国长江流域或较寒冷的地区必须用枳、本地早等作砧木，而在两广温度较高的地区，则用抗寒性差而能耐高温的红柠檬、酸橘等作砧木。

(2) 提高抗病虫害的能力　法国的桃树黄叶病一度曾非常严重，是由于缺铁所引起的。法国波尔多果树研究中心培育的 GF677 砧木品种，可以抗桃树黄叶柄。这个砧木品种，在我国桃树黄叶病严重地区也可以应用。近些年来，我国从国外引进了抗盐碱的珠眉海棠，用它嫁接苹果后可提高抗盐碱的能力，为北方盐碱地的利用开辟了新的途径。

苹果粗皮病（roagh bark）是一种比较普遍的病害。现在认为它的发生与锰的含量有关。没有发生粗皮病的苹果树，在新梢和叶片中锰的含量都较低。但是，嫁接在三叶海棠上的苹果树，锰的含量增高，同时粗皮病也严重。为了防止粗皮病，必须选择对锰的吸收比较低的砧木类型。

砧木对病虫害的抵抗能力，是普遍比较重视的问题。砧木的抗虫力，包括抵抗地下害虫（如棉蚜虫、根蚜虫和线虫等）。抗虫砧木在桃、杏、阿月浑子、葡萄和柑橘等果树上，其应用都有研究。利用抗病砧木还可以防止根部和树干的病害。如温州蜜柑嫁接在枸橘上所发生的溃疡病，比嫁接在潮州酸橘上要少 2/3 以上。

2.1.3.5　砧木对遗传和变异的影响

（1）砧木不能改变接穗的遗传性　通过以上实际例子可以看出，嫁接能使嫁接植株发生变异，这是否影响了接穗的遗传特性呢？实际上嫁接和有性杂交是不一样的。嫁接后砧木对接穗的影响，并没有使嫁接发生遗传变异。例如，嫁接在矮化砧木上能引起树木的矮化，但是如果将被矮化树的接穗再接在乔化砧木上，接穗品种树又被乔化，生长很高大。这就说明，嫁接所获得的变异并没有引起遗传变异。进一步从生理生化上分析可以看出，嫁接在矮化砧木上的接穗，其生长素的含量比较低，所以生长量小；但如果把含生长素低的接穗嫁接到乔化砧木上，其生长素的含量又能提高，生长量则增加。事实表明，嫁接只引起生理上的变化，并不能遗传给后代。前苏联园艺遗传学家米丘林，在园艺嫁接方面做了大量的工作。开始，他认为可以用嫁接法获得杂种，提出获得性能遗传的问题。后来经过实践，他改变了这个观点，认为只有有性杂交才是培育新品种最有效的方法。从遗传学的角度来看，只有当嫁接体双方的体细胞产生了融合，才能称为无性杂交。在嫁接过程中，极少数能形成嫁接嵌合体，这类嵌合体是属于无性杂交的产物，能产生后代的遗传变异。

（2）嫁接形成嵌合体的特征　嫁接时，在砧木和接穗接口处产生愈伤组合。如果在这个部位发生不定芽，由于这个细胞中包含了与砧木和接穗双方不同遗传成分的细胞，因此构成一个兼具砧、穗双亲特点的嵌合体，称之为嫁接嵌合体。果树中已见报道的嫁接嵌合体，有阿斯纳氏山楂、达达氏山楂、kobayashi 蜜、casella 嵌合体、枸合橘、怪异橙、改良橙、枳合芦等。在花卉上同样产生了一些嫁接嵌合体。

2.1.3.6 砧木资源的利用和改造

（1）砧木的发掘和利用　为了保持栽培品种的特性，在生产上常对扦插难以成活的果木、林木和花卉等进行嫁接，开始时应用本砧是最普遍的。很早以前，人们在选择中把实生的优良单株保留下来而把结果少、品质差的单株换接上优良接穗。直到今天不少板栗产区还运用这种方法。后来，人们考虑到为了进一步获得强壮的根系，提高对环境的适应性必逐步扩大砧木的应用范围，因而采用了野生的、亲缘关系近的植物作砧木。由于野生砧木的根系发达，适应性强，繁殖容易，因此可以代替本砧。其中，很大一部分是利用同属、异种植物，如苹果用山荆子、海棠果，梨用杜梨、豆梨，桃用山桃、毛桃，柿树用君迁子，柑橘用枸橘等。我国有很多古老的果园，是直接在野生砧木上就地嫁接栽培，然后开辟成果园的。如江苏、浙江、安徽三省交界的宜兴、溧阳、长兴、安吉和广德山地，就有利用野板栗嫁接成栽培品种栗园的做法。华北地区的山区，有的仁用杏就是在山上直接用自然生长的山杏改接成大扁杏的。随着生产和科研工作的进展，砧木的研究普遍受到人们的重视。例如，近几十年来，我国选出了不少苹果矮化砧，如山东青岛崂山柰子，嫁接后树体明显矮小，10 年生的红星苹果树高 3.2 米，冠径为 3.2 米，而同龄的以山荆子为砧的红星苹果树，树高 5.2 米，冠径为 5.5 米。四川利用糖橙作砧木嫁接甜橙，也能起矮化的作用，成为优良的半矮化砧。我国植物资源丰富，很多野生植物可以作砧木。由于国外对砧木的研究比较早，近几十年来我国引进了不少国外的砧木，如英国东茂林试验站培育的 EM 系、MM 系苹果矮化砧木，樱桃考特砧木等。在研究砧木时，还必须了解砧木的变异性，例如山西武乡海棠嫁接苹果后，苹果树有大有小，品质也有差异。这种分离现象，是由于实生砧木本身遗传性状发生分离而造成的为了建成树体整齐一致的果园，就要对砧木也进行无性繁殖，以得到整齐一致的无性系砧木。

（2）无性系砧木的选育和发展　在先进的果树栽培地区，现在已经认识到选择砧木类型和选择接穗一样重要。生产中所应用的砧木，多数是通过研究对比而选择出来的。砧木选育工作做得卓有成效的，是英国的东茂林试验站（East Malling Research station）。该站 Hatton 氏于 1914—1917 年间收集了英国和欧洲大陆的 70 种苹果砧木。根据其植物学性状选出 16 个不同的类型，分别用 East Malling（EM 后来简化为 M）编号，从 M_1～M_{16}。这种标准化的砧木无性系，已经在世界各地应用。通过嫁接的效果看出：M_9、M_8是矮化砧；M_7 M_5、M_6、M_4、M_2、M_3、M_1、M_{14}、M_{11}是半矮化砧；M_{13}、M_{15}是半乔化砧；M_{10}、M_{12}是乔化砧。在 Hatton 氏之后，研究工作进一步深入，并通过杂交选择培育出矮化砧 M_{26} 和 M_{27}。其中 M_{26}是由 M_{16}和 M_9杂交所得到的，是一个很理想的矮化砧木。同时东茂林试验站又和莫尔通（Merton）的约翰·尼斯园艺研究所合作，培育出抗苹果棉蚜（*Eriosoma Lanigerum*）的砧木品种，编号为 MM 系，其中 MM_{104}、MM_{109}、MM_{111}是乔化砧，MM_{106}是半矮化砧。这些砧木都通过嫩枝扦插和压条等方法繁殖成无性系，而后再嫁接苹果，可以使苹果树生长整齐一致。

2.2　接穗的准备

2.2.1　接穗的选择

嫁接是一种无性繁殖的方式。无性繁殖的主要优点是能够保持母本的优良性状，能够很快发展繁殖。无性繁殖也存在缺点，主要表现为如果工作不慎，可能将病害特别是病毒病一类的病害通过无性繁殖传染给无性系的后代，并且传播得很快。因此，在接穗的选择时首先注意避免病害的传染和传播。

2.2.1.1 选择健康无病的枝条

为了防止病虫害的传播，要选择不带病虫害、健康的、丰产优质的树作为采穗母树。采穗母树经过几年观察确定后，需要减少其结果量，并严格检查其是否有病毒症状。例如，苹果的花叶病、退绿叶斑病和茎痘病，柑橘的衰退病、黄龙病和破裂病等，枣树的枣疯病等。感染这些病毒的枝条，一律不能作为接穗，嫁接时要严格挑选。

如图 2-1 所示，无病毒的原种母树，是通过人工选择，在大量良种园中选出产品质量最优良，丰产稳产性和抗性强，观赏特性较好，生长发育健壮，而且能够反映出优良品种特性的成年树木作为母树，并经过病毒检测确定无病毒的树木，可直接定为原种树。如果有病毒或可能存在病毒的则要经过热处理或茎尖培养、微体嫁接

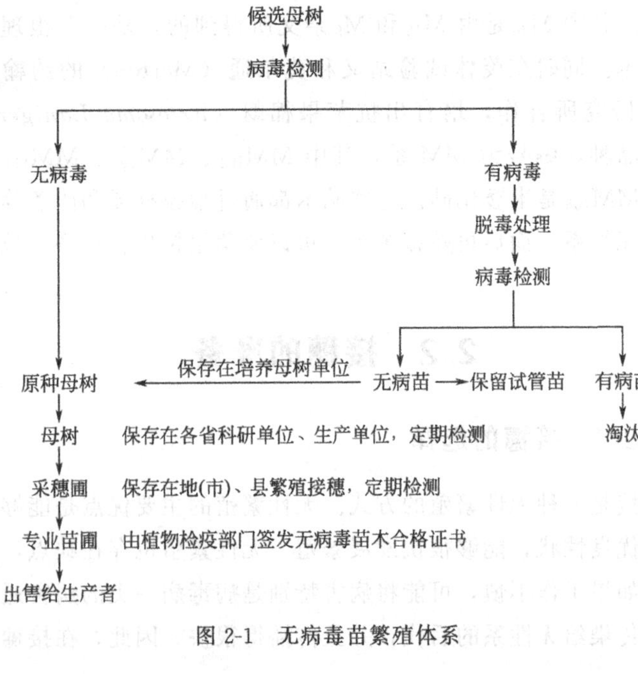

图 2-1 无病毒苗繁殖体系

等手段进行脱毒，并通过病毒检测，确定无病毒后，才能够将其作为无病毒原种母树。无病毒原种母树，要保存在隔离区的网室内，防止蚜虫进入。同时要对其内土壤进行消毒，并保持周围环境清洁。

从原种母树上采取的接穗，嫁接形成母本树，保存在各科研单位，同时要进行定期检测。再从母树上采取接穗，繁殖建立采穗圃，专门作为采集接穗用。要改变经营者家家育苗的分散育苗方式，由专门育苗大户或国营苗圃进行育苗。在苗木出圃时，要经过有关部门检疫检验，确定无病毒或无潜在病毒时方能上市销售，销售无病毒苗或接穗时，应该挂牌出售，保证发展无病毒的优质苗木或接穗。

目前，有些地区已经建立了无病毒苗木繁殖体系，由国家农业部和各省、市直接掌握。

2.2.1.2　选择无虫枝条

在嫁接过程中，如果选择的接穗上带有各种害虫的幼虫或虫卵，这些害虫会随着接穗扩散和传播。在异地引入嫁接新品种的接穗时，特别要注意对虫害进行检验检疫，否则，会因引种不当，而引入异地害虫，尤其是一些危害较严重且防治困难的害虫，一旦随引种引入，在当地传播和扩散，不但起不到引进良种的作用，而且还会因为虫害的引入给当地的树木产业带来巨大的危害和损失。所以，在接穗的选择和引进时，要对相关的害虫种类做调查，确保接穗上不携带害虫的虫卵和幼虫。首先，在剪穗时要仔细观察所剪的接穗上面是否带有害虫，如果有，这样的接穗就不能使用或引进。如果在选定的引进树木上有虫害发生，应该提前进行防虫工作，确保剪穗母树上没有虫害发生或潜在发生的可能，这样才能够使用或引进接穗进行嫁接。

2.2.1.3　选择健壮、无机械损伤的枝条

接穗健康与否，是嫁接能否成活的重要因素，因为嫁接成活的关键是砧木和接穗双方都能够形成和生长出愈伤组织，而形成愈伤

组织的数量越多，嫁接就越容易成活。一般来说，砧木带有发达的根系，能够长出较多的愈伤组织，而接穗在嫁接愈合之前得不到根系的营养，如果其生活力弱，则不能够长出愈伤组织，或长出的愈伤组织很少，影响嫁接成活。因此，在接穗采集时，要选择健康、粗壮、生长充实、无机械损伤、芽体饱满的枝条。

2.2.1.4 选择生产性状优良的枝条

生产性状是嫁接的主要目的，嫁接后的生产表现性状是否优良，是否符合生产需求，能否提高树木产品的产量和品质，是嫁接获得成功与否的主要标志。

嫁接后的生产性状，在果树方面主要表现为开花结果特性、适应性、抗逆性等。开花结果特性主要是：开花的时间和数量，主要是开花时节是否具有授粉条件，不管是风媒传粉还是虫媒传粉，在开花后应该具有充分的传粉条件，才有利于果实的形成。另外，在开花的时候是否有不利的气候条件，如气温过高或过低、风太大、雨水太大或太过于干旱等，这些不利的气候因素都会影响开花情况以及授粉。还有就是开花的数量是否合适，过多则果实生长发育不利，过少则影响产量；果实的品质，对果树的生产性能也是重要影响因素。果实的品质主要是果实的类型、形状、颜色、口味等，在选择接穗的时候，都需要根据当地的实际情况和风土人情、民间喜好来进行，要挑选适合当地的品种以及其周边或者外销需要的类型。适应性方面主要是：嫁接品种在本地的生长开花结果的表现以及对当地的水源、土壤、空气、气候的适应性，如果适应性不好，就会在生长、开花、结果以及果实的品种上都有不良表现。抗逆性方面：对不良环境因素的抵抗性，对霜冻、冰雪、大风、过干、过湿、过肥、过瘠薄、过酸过碱、过沙过黏等不良环境因素的抵抗能力以及对病虫害的抵抗能力。总之，在果树选择接穗的时候，一定要兼顾以上几方面的因素，才能够达到预期的目的和效果，否则不但不能起到优化树种、增加效益的目的，还可能会带来许多不利的结果。

在观赏花木嫁接时，生产性状主要表现在，观花树种：花形及大小、花色、花香、开花习性以及开花时期和花期长短；观叶树种：叶形、叶色；观形树种：树冠的形状；观果树种：果树的观赏特性，除了常规的果实的外形、色泽外，观果树种强调果实的奇、巨、丰三个方面。在园林树木的嫁接中，以观花、观果、观叶的为主，尤其以观花类树种居多。

其他用途树种的嫁接，均需根据生产需求，确定主要的生产性状来认真挑选或选择接穗，才能够获得所需要的种类或品种。

在接穗的选择过程中，生产性状的选择十分重要，对今后的生产以及收益影响很大。不论是哪一类型的树木，在接穗的选择时，都要根据不同的生产要求来选择接穗，才能够取得理想的收益。

2.2.1.5 选择最佳部位和年龄的枝条

选择和采集接穗时，除了要特别注意不能采集携带病虫害的枝条外，还要注意所采枝条在母树上的着生部位。不同部位的枝条，生长和发育的年龄不同，而不同的生长发育年龄直接影响所嫁接的树木的生长发育状况和开花结果年限。

(1) 树木下部徒长枝或幼树枝条作接穗　采用树木下部或基部的一年生枝条或徒长枝，以及幼树上的枝条作为接穗，这些枝条的生长和发育年龄年轻，一般是一年生或者二年生的枝条。用这种发育年龄较小的枝条作为接穗嫁接后，嫁接树木表现为：营养生长比较旺盛，持续年限长，生殖生长年限延迟，即开花结果的年限较晚。树体的生长较为充分，树体高大，树冠较宽。

一般来说，如果选择幼龄树木的枝条作为接穗，或用成年树木的下部萌发的徒长枝，尤其是树干基部萌发的一年生徒长枝作为接穗。用这些类型的枝条，由于发育年龄较小，嫁接成活后树木的生长为营养生长强势，树体生长较快，能够形成高大的树体。但开花结果较迟，有些果树需要3～5年才能够开花结果，有的需要6～8年甚至更长，观花类树木也需要数年才能开花。所以，如果要培养树体高大、树冠宽阔丰满的树形，就可用发育年龄较小的枝条作为接穗。例如，核桃树的嫁接中，用发育年龄小的枝条作为接穗，虽然要到6～8年才能够挂果，但树体高大，后劲非常强劲，单株产量较高，而且果实质量较好，果大均匀饱满。观赏花木中观花树种（如云南樱花）嫁接后幼树长势较快，能够很快达到所需的树干直径和干高，树体高大，树形理想。

（2）丰产树上部枝条作接穗　选择丰产期果树或丰花期观花树木上部枝条，即树冠上部外围的枝条作为接穗，这些枝条的发育年龄较大，嫁接后开花结果早。而树木的营养生长与生殖生长具有相互抑制的特点，开花结果早的嫁接树木，树体的生长发育会受到限制，因此，树体的生长缓慢。

用这类枝条作为接穗，培育的树木开花结果较早，一般2～5年就会开花结果，但树体发育不理想，树体生长较慢，树形矮小。如核桃树，选择这种枝条作为接穗，3～4年便能够开花结果。目前所培育的早熟型树木就是用这种方法培育的，其特点是：挂果早，但单株产量低，果实小，品质差，树体生长缓慢。用同类枝条作接穗嫁接的观花类树种，同样表现为开花年龄早、树体生长缓慢的特点。

（3）带花芽的枝条作接穗　选择带花芽的枝条作为接穗，嫁接的当年就会开花，营养生长非常弱，树体生长较慢，一般不采用，只有在特殊需要时才采用。

选择什么年龄和什么部位的枝条作为接穗，可根据实际情况确定。如果是寿命较长的果树、树体高大的果树、需先养干养型的园林树木，就要选择发育年龄较小的枝条作为接穗；如果是树木寿命短、植株高度矮小（4米以下）的果树以及园林树木，就应该选择盛果期及丰花期树木的树冠上部的枝条作接穗；如果是高枝换头、盆栽观花观果树木或盆景树木，就可利用带花芽的枝条作为接穗。

2.2.2　接穗的采集

2.2.2.1　接穗采集的时间

接穗采集的时间根据树木的休眠情况分为生长期采集和休眠期

采集，生长期采集是指在树木生长期进行接穗的采集，主要是春季萌发后到秋季落叶前整个树木的生长时期；休眠期采集是指在树木的休眠期进行接穗的采集，主要是在秋季落叶进入休眠后到春季萌发前整个休眠期的采集。

（1）春季采集　春季萌芽后，上一年的枝条全部萌发，萌发后嫁接成活率不高，因此，萌发后，就基本不能再采集，等当年生枝条萌发到可以嫁接时，采集当年萌发的枝条作为接穗，一般要生长1～2个月，也可以到新芽形成后采芽进行芽接。因为是在生长季，所以采用嫩芽作为芽接的居多，可到夏季初期剪发育达到一定程度的当年枝条进行枝接，采集的枝条不要上一年的萌发枝，应采集当年的萌发枝。

（2）夏季采集　夏季是枝条生长的旺盛时期，到了夏季中后期，许多树种的营养生长会出现一个短暂的休眠期，这个时候的枝条内营养物质含量较高，而且正在孕育着下一轮萌发芽，所以，这段时期的枝条较适合作为接穗，要采集当年萌发的枝条。取芽进行芽接较为理想。

（3）秋季采集　秋季树木的营养生长，尤其是地上部分基本上停止生长，当然，有些树种在秋季还有一个生长期，要持续到12月中下旬，但大多数树种已逐步进入休眠期。这时候的枝条营养含量高，可作为枝接的接穗。

（4）冬季采集　冬季是树木的休眠期，当年新发枝条逐步进行木质化，营养物质已充分回流和积累，枝条达到最佳的营养状态。这时的枝条处于枝接最佳时期，结合休眠期修剪，采集接穗。

2.2.2.2 接穗采集的方法

接穗采集的方法，通常是用枝剪把采集的枝条从基部剪切下来，尽量不要留下修剪桩或槎，以免形成疤痕或节瘤，影响美观和树木的生长。采集的接穗尽量是生长健壮的营养枝，要求枝条粗壮，芽体饱满。

有些树种到了结果盛期、丰花期，几乎所有枝条到了秋冬季节都孕育成为花果枝，没有营养生长枝或者徒长枝，结果枝或花枝通常较为细小，不利于嫁接工作的开展，枝条上的芽均为花芽，嫁接成活后当年就开花，对树体的生长发育不利，所以采集接穗比较困难。为了能够采集到合适的理想的枝条作为接穗，可在夏季合适的部位进行重短截或极重短截，促使其萌发抽生枝条，到秋冬季节，剪当年抽生的枝条作为接穗。

2.2.3 接穗的贮藏

接穗根据采集季节的不同分为两种，一种是休眠期不带叶片的接穗，另一种是生长期带叶片的接穗，不管是哪一种接穗，原则上都应该随采随接，如果能够做到随采随接，那么，采集的接穗就要采取贮藏的措施和方法。对于不同季节采集的接穗，要采用不同的贮藏方法。

2.2.3.1 休眠期接穗的贮藏

休眠期接穗，处于休眠状态，即生长处于停滞状态，所以能够贮藏较长时间。休眠期接穗的采集一般是结合冬季修剪，把修剪下来的枝条，挑选发育充实的一年生枝条，要求芽体饱满、健壮、无病虫害、无机械损伤的枝条，按不同的品种分组，各组按 50 根或 100 根一捆机械捆扎，注明采集时间和地点以及品种，最好挂上标签，然后就可以贮藏。贮藏的条件是低温条件，最好在 0℃左右（−5～5℃），保持较高的湿度和适当的通气条件，这样就能够使已经剪离母体的枝条在低温下处于休眠状态，并且不失掉水分，因而可以使枝条的生活力得以保持，不会降低生活力或者说生活力降低速度缓慢。休眠期接穗的贮藏方法有以下两种。

（1）窖藏　将采集的接穗放置于低温的地窖中进行贮藏（图 2-2）。在地窖中要贮藏接穗的位置铺上一层沙，适当喷水，使沙保持一定的湿度，50%～60%的相对湿度。将捆好的接穗，大头朝下，整齐地摆放在沙上，接穗基部埋入沙中；还可以在地窖中挖沟，将接穗大部分或全部埋起来。为了透气，最好用湿沙将接穗大部分掩埋，上部露出土面，或者在接穗中放置秸秆或通气管，以利于通气，然后将接穗全部掩埋；也可以在地窖中合适的位置，用砖或木板围起来，将要贮藏的接穗同样大头朝下，整齐摆放，放入秸秆或通气管，然后将接穗全部用湿沙埋起来。

地窖在北方民间广泛使用，主要是冬季用于贮藏蔬菜和水果以及其他农产品，也可以用来贮藏接穗。而南方地窖的使用不是太广泛。所以，窖藏接穗的方法大多数在北方使用，在南方如果没有地窖，也不必为了贮藏接穗而专门挖掘一个地窖，可以采用其他的贮藏方法。

(2) 沟藏　沟藏是在室外挖沟贮藏的方法（图 2-2）。一般在阴面挖沟，在阴坡，或建筑物北墙下，也就是建筑物的阴面阴凉处，没有阳光照射的地方挖沟。北方要在土壤冻结之前挖好，南方可在贮藏前挖好即可。沟宽 1 米、深 1 米，长度根据贮藏接穗的数量而定，接穗数量多时沟挖长一些，接穗数量少的时候，挖短一些。沟挖好后，在沟的底部铺一层厚度为 10 厘米左右的湿沙，将剪下的接穗捆扎成捆，50 根或 100 根一捆，挂上标签，注明品种、采集时间和地点，大头朝下，正向放置，即按照枝条的生长方向放置，在放置接穗的时候，每隔 1 米左右放入一小捆高粱秸秆或玉米秸秆，秸秆下面与接穗放置的位置一致，上面伸出土面，以利于通气，也可以用 PVC 管作为通气管，在底部沿沟的方向放入一根直径 5～6 厘米的 PVC 管，管的上面打一些孔，每隔 1 米接一根竖立管，伸出土面。接穗和通气管（秸秆）放置好后，用湿土或湿沙填

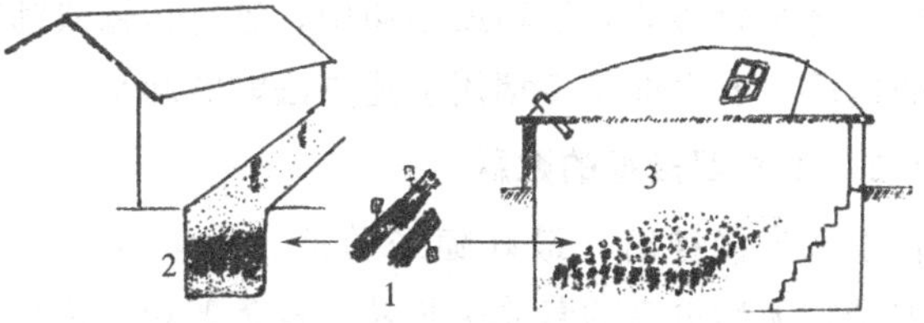

图 2-2　休眠期接穗的贮藏

1—剪切并捆扎附上标签的接穗；2—沟藏方法；3—窖藏方法

埋，把接穗全部埋入土中或沙中。

（3）其他贮藏方法　除了沟藏和窖藏的贮藏方法以外，还可以采用其他的一些贮藏方法，尤其是接穗数量较少的情况下，更为实用。主要的方法有：①室内贮藏。可选择在通风好、阴湿的室内进行贮藏，用木箱或桶，或者用砖砌成池。在贮藏容器底部放入一层10厘米厚的湿沙，将接穗正向放入，在用湿沙将接穗全部掩埋。②冰柜或冰箱贮藏。将需要贮藏的接穗用塑料袋包裹后放入0℃左右的冰柜或冷库中贮藏。

这些方法适合于接穗数量较少的情况，如果接穗数量较多，还是应该采用窖藏或沟藏的方法。具体采用何种方法贮藏，需根据嫁接单位的实际情况以及嫁接量而定。

冬季贮藏接穗，常出现的问题是高温。有些地窖或地沟设置在背风向阳处，主要是担心接穗被冻坏，当然，这种担心是没有必要的，因为接穗在树上都不会被冻死，在地窖或地沟内的温度都比室外高，所以贮藏的接穗怕的不是受冻，而是高温。因此，将地窖或地沟设置在向阳面，就可能使贮藏的接穗受到高温的危害，贮藏温度高，所贮藏的接穗会从休眠状态进入活动状态，呼吸作用增强，会使接穗消耗养分，引起发芽，严重的会使接穗的外皮变黄变褐，甚至霉烂。所以，在贮藏期间必须保持低温，到春季气温开始上升时，接穗仍然处于休眠状态，这种接穗的嫁接成活率就很高。

如需要远距离运输或邮寄接穗，最好在冬天较为寒冷的季节。在接穗的周围包裹一些苔藓等保湿材料，然后放入塑料袋内，保持湿度和通气，将塑料袋放入纸箱或木箱中，进行运输或邮寄。接穗运输到目的地后，要立即将接穗用上述方法贮藏起来。

2.2.3.2　生长期接穗的贮藏

在生长季采集接穗时，最好随采随接。采集时，选择生长充实、芽体饱满、无病虫害的营养生长枝。枝条剪切下来后，要立即把叶片剪掉，只留下叶柄的一小段，然后用湿布包好，放入塑料袋中备用。当天剪下的接穗最好当天接完，如果剪下的接穗当天用不完，而且丢弃又觉得可惜，这样的情况下，可以将其贮藏起来。贮藏的方法有两种，一种方法是在阴凉的地窖中贮藏，或者放置在阴暗的室内；另一种方法是将接穗放置于箩筐中，再将箩筐用绳子吊在井里的水面之上，不能放置于水中（图 2-3）。这两种方法贮藏接穗的时间只能是 2～3 天的短期贮藏，不能长期贮藏。接穗贮藏的过程中，不能把接穗整个浸泡于水中，这样嫁接成活率较低。

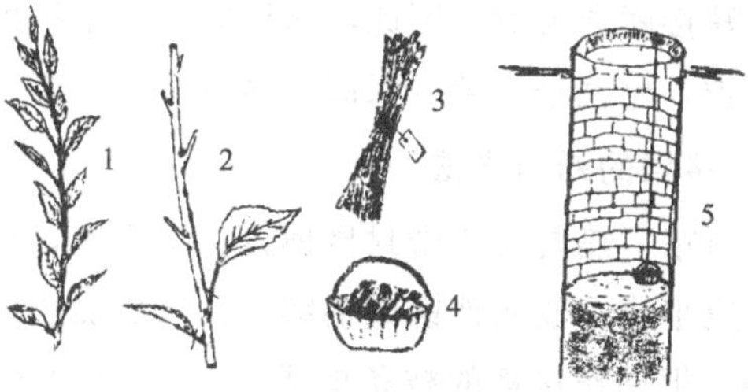

图 2-3　生长期接穗的贮藏

1—剪切下来的接穗枝条；2—除去叶片；3—剪切并捆扎附上标签的接穗；4—整理好的接穗装入竹箩筐；5—用长绳将装有接穗的竹箩筐掉在深井接近水面处

另外，生长期接穗的贮藏，一般不宜放入低温的冰箱中，因为生长季大气的温度都在 20℃以上，一旦接穗处于 5℃以下的低温时，就有可能发生冷害。当然，如果冷库或冰箱的温度能够调节到 10～15℃，贮藏生长期的接穗则非常理想。如果需要在生长季进行远距离的运输或邮寄引种，则要把接穗放入低温保温瓶中，这样接穗可保持 1 周左右的生活力。

2.2.4　接穗的蜡封

接穗的蜡封就是将接穗用热熔石蜡或者液体石蜡进行封闭，蜡封可使接穗外表包被一层蜡质保护层，起到保持接穗内部水分的作用。接穗的水分蒸发与丧失就会大大减少，并且不影响接芽的正常萌发和生长。接穗的蜡封在接穗贮藏方面也具有重要的意义。蜡封在用于保持离体枝条水分方面具有较大的作用，在扦插繁殖中已经广泛使用热熔蜡来封被插穗的剪口，成活率有很大的提高。蜡封技术用在嫁接时接穗水分的保持，同样有提高嫁接成活率的作用，目前已经被广泛地使用。

蜡封是保持接穗内部水分的一种重要的技术和手段。从嫁接完成后到砧木和接穗双方愈合，一般需要 15～20 天，在这段时间内，因为接穗是离体的，内部的水分没有供给来源，很容易失水，而接穗一旦失水，嫁接就会失败，因此，这段时间对于接穗的保护，尤其是水分的保护，也就是接穗的保湿，显得十分重要。

2.2.4.1　接穗的蜡封方法

（1）热熔石蜡　热熔石蜡密封接穗方法很简单，将市场上销售的工业石蜡切成小块，放入铁锅或铝锅中，然后加热熔化即可密封接穗（图 2-4）。把用作接穗的枝条剪成 10～15 厘米长的小段，保证每段上有 2～3 个饱满的芽，这个长度也就是正常嫁接时接穗的

1.石蜡加热熔化

2.可以蜡封的热熔石蜡液

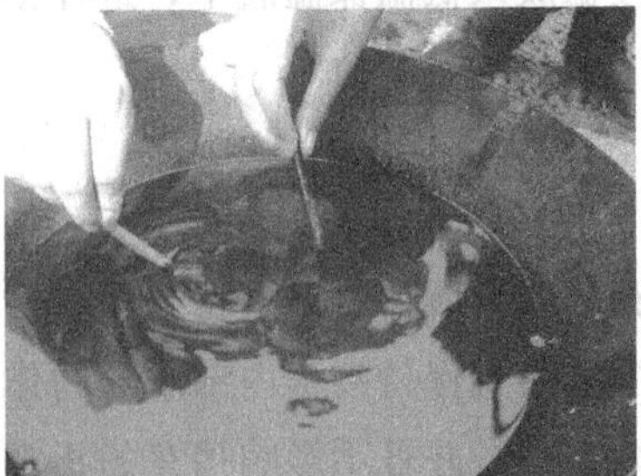

3.蜡封接穗操作

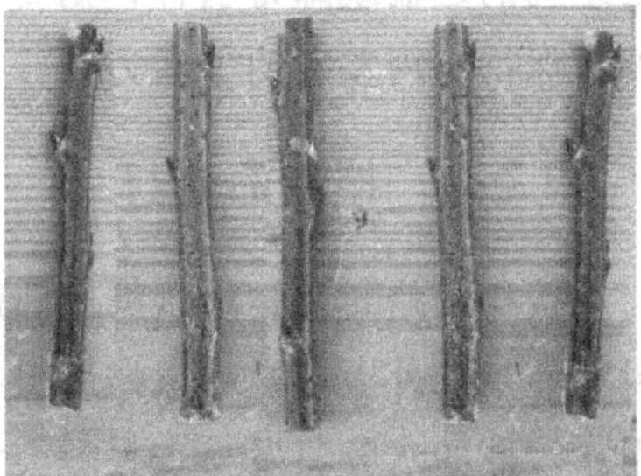

4.蜡封好的接穗

图 2-4　热熔石蜡蜡封接穗过程

长度。

蜡封时，先将石蜡放入锅中加热熔化，当温度达到100～130℃时，手拿接穗，将其一半放入熔化的石蜡液体中快速浸蘸一下，马上拿出来，放置于一边，等到冷却后，再用同样方法浸蘸另一半，使整个接穗都蒙上一层均匀的、薄而且光亮的石蜡保护层。也可以用孔眼小些的漏勺，一次将剪好的接穗十几根或几十根放入漏勺里，将装有接穗的漏勺在熔化石蜡的锅里快速浸蘸一下，立即取出，这样蜡封接穗的效率可以提供几十倍。要注意接穗不能掉在锅里，每次下锅蜡封的接穗不要过多，即使这样，每天每人也能够蜡封几万根，速度很快。但在使用漏勺蜡封时，会出现接穗相互粘接在一起，冷却后分开会使蜡被脱落，影响蜡封效果，所以，下锅的接穗不能太多，尽量避免贴在一起而发生粘连，而且在高温的熔化蜡液中，相互粘连会引起对接穗的高温烫伤。蜡封的接穗最好能够在当天或者2～3天内接完，而蜡封时即使单根接穗两头封蜡，速度也较快，1个人10分钟就可以蜡封600～800根接穗，速度快的可蜡封1000根以上。即使嫁接十分熟练的技术人员嫁接时，每人每天所需接穗数量也不超过1000根。所以，单株蜡封所花费的时间也极少。因此，在一般的嫁接中，只需采用单株蜡封即可，不需要采用漏勺蜡封的方法。

(2) 液体石蜡　液体石蜡或者叫液体接蜡是指在常温下呈液态的一种封裹材料，其作用与热熔石蜡相近，也是能够在接穗表面形成一层膜状的保护膜。液体石蜡的用法更加简单，把剪好的接穗直接浸蘸或者用毛笔、刷子之类的工具蘸取涂刷即可，也可以在嫁接后涂刷未封裹的接穗部分，或者把接口及接穗全部涂刷后，再用线绳或塑料膜条固定。

液体接蜡可以直接购买现在市场上销售的各商家生产的产品，也可以自己配制和制作。自制时可采用以下配方：原料为松香8份、动物油1份、酒精3份、松节油0.5份。配制时，先将松香和动物油放入锅内加热，至全部熔化后，稍稍放冷，将酒精和松节油慢慢注入其中，并加以搅拌即成。使用时，用毛笔蘸取涂抹接口，见风即干。也可以根据材料情况自己对各种原料及其比例进行调整。

(3) 混合石蜡及其他类似封裹材料

① 固体接蜡　其原料为松香4份、黄蜡2份、动物油（或植物油）1份。配制时，先将动物油加热溶化，再将松香、黄蜡倒入，并加以搅拌，至充分熔化即成。固体接蜡平时结成硬块，用时需加热熔化。

② 动物油　许多动物的脂肪炼制的动物油，也具有封蜡的作用，如鸡、鸭、鹅、猪、牛、羊的普通家养的畜禽的脂肪炼制的油涂抹后也会形成一层保护层。不同动物油的凝固时间有区别，一般牛、羊油的凝固时间较短，猪油次之，禽类油的凝固时间较长。从保护层的角度来说，猪、牛、羊的油脂保护效果较好，因此，在生产中，许多地方的生产者早就已经使用过这些动物的油脂来作为接蜡。有人曾经做过试验，单用猪油的时候，熔化冷却后，在冬季约2小时凝固，夏季3～5小时凝固，在此期间都可以进行涂刷封裹，效果较好。

③ 其他类似封裹材料　除了蜡和油之外，有些地方的生产者还使用松香作为类似蜡封的材料，甚至有使用油漆和熔化沥青来封裹接穗的上剪口。

所有以上介绍的封裹材料究竟哪一种效果好、经济实惠，哪几种材料混合最为理想、方便实用，各个嫁接者根据实际情况，并进行适当的试验来确定。

2.2.4.2　接穗蜡封对接穗的影响和意义

(1) 热熔石蜡封裹对接穗生活力的影响　如果热熔石蜡温度超过150℃，或者在100℃的热熔蜡液中停留5秒钟以上，接穗就会受到高温烫伤，以后皮层会出现褐斑，影响甚至失去生活力。所以，在热熔蜡封操作时要用温度计测量温度，用时钟准确计算浸蜡时间。如果是凭经验或者肉眼判断，那么当石蜡熔化并且冒烟时，温度基本达到130℃左右，应该停止加热，也可以加入少许石蜡来降低温度。在蜡液温度为100～140℃的情况下，只要进行正常而快速的操作，不会烫伤接穗。

（2）蜡封对接穗保湿能力的影响　不管是用热熔石蜡封裹接穗还是用液体石蜡或者动物油封裹，都会使接穗表面覆盖上一层薄而均匀的保护层，可以有效地保持接穗内部的水分，减少接穗内部水分的丧失和蒸发量，降低接穗水分的蒸发速度。对于接穗内部水分蒸发和丧失的速度或者丧失量，可用称重法进行测定。把接穗分成两组，一组蜡封，另一组不蜡封，分别进行称重，第二天再次称重，持续到第10天，然后计算接穗重量的减少速度，从而推断出接穗内部水分的保持能力，蜡封接穗后可使接穗内部的水分蒸发量减少85%～95%。接穗内部水分的丧失和蒸发的速度与蜡封的质量和蜡被层的厚度有关，从70℃到110℃，蜡封接穗的水分蒸腾逐步增加，水分保持能力逐步减小，但没有明显的差异。在温度为100℃时，蘸蜡时间不超过1秒钟，水分蒸发比不蜡封的接穗要减少91.7%。

（3）热熔石蜡蜡封接穗时应注意的方面

① 温度要合适　试验已经证明，把接穗在120℃情况下浸入3秒，不会影响接穗的生活力。在实际操作的时候，接穗在热熔蜡液中停留的时间不会超过1秒，所以，即使在150℃下，只要操作迅速，也不会影响接穗的正常萌发。

在热熔石蜡封裹接穗的操作时应该特别注意熔蜡的温度，温度过低，会使接穗上封裹的接蜡过厚，一方面比较浪费；另一方面，封裹不够完全，而且整个封蜡会形成一个蜡套并会整个脱落。温度过高，一方面会对接穗造成伤害，如果温度超过150℃，就会对接穗造成伤害，蜡封后的接穗嫁接成活率不高；另一方面，高温会使蜡液产生明火燃烧。所以，热熔石蜡封裹枝条的时候，石蜡的温度以100～130℃为最好，如果有温度计，能够把温度控制在120℃下最为理想。如果没有温度计，则合适的温度为石蜡全部熔化并产生少许青烟，这时的温度大约在100℃，最合适进行接穗的蜡封。

② 注意蘸蜡时间和方法　在热熔石蜡溶液中浸蘸接穗的时候，要注意速度要快，方法要正确。操作的时候，有些人会戴上手套，手套指尖部位会蘸到蜡液，并且蜡液会很快凝固，是手套指尖的蜡越积越多，影响操作的灵活性，而且，如果不小心把手套指尖部位浸入到蜡液中，会烫伤手指，所以蜡封操作的时候最好不要戴手套，徒手操作才是最安全、最正确的方法。在蘸蜡的时候，有人为了让接穗更好地封裹蜡被，把接穗在蜡液中滑动或绕圈，这样会使接穗在蜡液中停留时间长，对接穗造成损伤。还有的人在接穗蘸蜡出锅时会因蜡液粘得过多而将接穗甩几下，这种方法可能会把高温的蜡液甩到衣物或身体的皮肤上，造成对衣物和人体皮肤的伤害。所以，正确的方法是：徒手拿住接穗的一端，使其垂直于蜡液面，如果蜡液深度不够，也可以保持与蜡液面有一定的斜向角度，接穗不管是直还是斜，下锅的方向一定保持垂直向下，轻轻放入蜡液蘸一下，立即轻轻地拿出，让接穗下方的蜡液自然滴落，不要甩动。这样封裹效果好，而且安全，每次的蘸蜡时间不会超过1秒钟，基本在0.3秒左右。蘸过蜡液一端的接穗放置于地面或木板上，让其自然冷却后，再用同样的方法封裹另一端。蜡封过的接穗不能堆积在一起，会引起相互烫伤和粘连。

③ 注意用火安全　加热石蜡可以使用电炉、电磁炉、柴火作为热源，但不管使用哪一种热源，在使用过程中均要注意安全。在用各种热源加热石蜡进行接穗蜡封的过程中，经常会出现的不安全的事故有：a. 操作人员的手或皮肤及衣物被烫伤。为了避免这类事故的发生，这就需要操作人员认真、仔细，注意力集中，并且按照要求操作，切忌把接穗在蜡液中搅动，从蜡液中拿出后不能甩动，同时，在操作的时候最好是徒手操作，不要戴手套操作。b. 出现蜡液燃烧。在操作过程中，如果蜡液温度过高，就会出现蜡液燃烧。如果出现燃烧时，要立即采取措施把蜡液的明火扑灭。首先要撤出火源和热源，然后灭火。灭火的方法有多种，可以在燃烧的

蜡液中加入一些固体石蜡来降低温度，使蜡液的明火熄灭；也可以把着火的蜡锅放入装有冷水的大盆或桶内降温，并用水管往铝锅下面的盆或桶里继续注水，用循环水的方法来降低温度，以此来熄灭明火。如果不采取降温措施灭火，有可能出现火灾，而且要到石蜡燃烧完后，火才会熄灭。我们在蜡封接穗的时候就出现过蜡液燃烧产生明火的情况，采用覆盖的方法闷灭基本不能达到目的，即使将木板以及纸板用水浸湿后闷火，也无法扑灭，最后采用锅底循环水降温的方法，才使蜡液明火熄灭。当然，出现蜡液燃烧的时候，不要用水直接灭火，一方面会使剩余石蜡在今后的使用受到影响，更主要的是，加水后可能会出现爆炸，即使不出现大的爆炸，也会出现水珠爆裂的噼啪噼啪声，水珠爆裂时也会将滚烫的蜡液爆向四周，使附近的人员受伤。

④ 蜡封接穗的保存　在蜡封操作过程中，刚蘸过蜡的接穗不要堆积在一起，这样会出现相互之间的烫伤和粘连，要等到蜡被冷却之后，才能够将封过蜡的接穗放置在一起。蜡封过的接穗最好立即进行嫁接，当天蜡封的接穗最好当天接完，如果没有接完，就要进行妥善保存，保存和贮藏的方法可以采用以上介绍的接穗贮藏方法，如果接穗数量较少，可放入冰箱中保存，或者用塑料袋密封后放置于阴凉处保存。如果把蜡封过的接穗放置于自然环境中，5天左右的时间，接穗就出现干燥，这时就不能再使用了。另外，接穗蜡封的时间不宜过早，如果在窖藏或沟藏之前蜡封，由于贮藏时间较长，蜡被会产生裂缝，影响蜡封的效果，所以，最好还是随封随接为好。

（4）接穗蜡封的效果和意义　蜡封接穗特别适合于大面积嫁接。在少量嫁接的时候，多采用塑料薄膜包扎法。然而，在生产上大面积大规模嫁接的时候，省工省料就显得非常重要，尤其在专门繁殖嫁接苗的单位和企业，对于节约生产成本和提高嫁接成活率就成为生产效益的重要环节。以往采用的一些复杂的包扎法和堆土保湿法，不但很费工，而且还会因为包扎和埋土的质量欠佳而影响嫁接成活率和嫁接质量。采用了蜡封接穗后嫁接绑扎的方法极其简单，而且能够确保嫁接的质量，使嫁接成活率高而且稳定。

为了说明蜡封接穗在提高嫁接质量和成活率方面的意义，有人在大面积高接换种的时候，对以下三种不同的接穗保湿方法进行比较。

① 树叶包围填土保湿法　先将健康部位用黄泥或其他黏土涂抹，把槲栎的叶片或者其他树木的大型叶片 5～6 片围成圆筒状的喇叭口，在树叶围成的喇叭口内填入湿润的土壤进行保湿，并且每隔 2 天向喇叭口中的土壤喷水，使土壤一直保持湿润，最后的嫁接成活率为 31.0%。

② 塑料袋土壤保湿法　用 1 个大小适合的塑料袋套住接口及接穗，袋内填入土壤，深度到达只露出接穗最上 1 个顶芽，然后将塑料袋上部扎紧密封。采用这种方法嫁接，成活率为 90.9%，在接穗成活萌发后要及时打开塑料袋上端的封口。

③ 蜡封接穗法　用石蜡将接穗蜡封后嫁接，用塑料膜条包扎密封接口。这种方法操作最为简单，嫁接成活率可达 100%。

以上三种嫁接的保湿方法，从操作繁简程度和嫁接成活率高低来看，都是蜡封接穗的为最好。所以，嫁接时对接穗进行蜡封，具有诸多优点和意义。

① 对接穗的安全性　在蜡封接穗的时候，特别是用热熔石蜡液进行封裹的时候，有些人会担心蜡液的高温会对接穗造成伤害。对此，已经有许多专家做过相应的对比试验，即使蜡液的温度达到 150℃时，只要浸蜡的时间在 1 秒之内，就不会对接穗造成烫伤，不会影响接穗的愈伤组织的形成和接芽的萌动。在实际操作过程中，一般人的浸蜡时间都在 0.3～0.5 秒，所以即使采用热熔石蜡溶液进行接穗的密封，也不会对接穗造成伤害，不会影响接穗的萌发。

那么，蜡封后蜡被会不会阻断空气进入接穗，从而影响接穗的呼吸作用而影响嫁接的成活；还有就是蜡封后是否会影响接穗的萌发等。这些问题在生产实践和科学实验中都得到证明，不会出现人们所担心的这些问题。综上所述，蜡封接穗的方法，对接穗是安全的，不会对接穗产生任何不利的影响。

② 嫁接成活率高 前些年，在华北地区进行大面积板栗高接换种及枣树大面积品种更新的过程中，均采用了蜡封接穗的技术，其成活率在 95%以上。1992 年，有位果树专家在北京市顺义县马坡乡毛家营村果园指导嫁接，将该地的老品种苹果树嫁接成为新品种苹果园，也采用了蜡封接穗的技术，共嫁接 12500 枝，成活 12498 枝，成活率高达 99.98%。据该果园主反映，死亡的 2 枝，是由于被飞鸟啄伤而导致的，并非嫁接技术方面的原因。在这次试验中，参加嫁接的人员全部都是第一次培训后就操作的新手，能够获得如此之高的成活率，说明蜡封接穗的技术在嫁接成活率方面确实具有优越性。

③ 省工省时 在嫁接过程中接穗的保湿有不同方法，蜡封接穗表现最为省工和高效。在苗圃中进行嫁接，春季用蜡封接穗的方法嫁接，技术熟练的操作人员用插皮接的方法进行嫁接，每人每天能够嫁接 1000 株以上，一般熟练程度的技术人员也能够嫁接 800 株。如果采用嫁接后堆土保湿的方法，技术最熟练的操作人员，每天每人只能完成 100 株的嫁接任务。两者相比，蜡封接穗比堆土保湿的嫁接方法的速度要快 8～10 倍。而且堆土保湿法，在嫁接成活后还要扒开土堆，将土堆扒平，这些工作同样也需要花费不少人工。并且在近几年人工费用越来越高的情况下，省工高效就是苗圃嫁接环节提高效益的重要因素。另外，在高接的时候，特别是需要爬到树上进行嫁接的时候，蜡封接穗技术的优越性就更加凸显出来。在用工量和成活率方面的比较结果，蜡封接穗的保湿方法，既高效省工，成活率又高。

④ 加快育苗的速度 用蜡封接穗的方法进行春季枝接，可以弥补生长季芽接的不足。以前，在苗圃育苗主要是用芽接法，芽接的速度之快在当时是枝接所无法比拟的。但是生长季芽接存在的一个主要的问题，就是当年繁殖的砧木生长量不够，茎秆的粗度达不到嫁接合适的粗度，无法在当年进行芽接。如在用酸枣实生苗嫁接

大枣的生产中，酸枣实生苗发芽后，初期的生长很缓慢，到8月份进行芽接的时候，茎秆的直径在0.5厘米左右，基本不能够嫁接。其他树木的嫁接也有同样问题。如果当年不能够嫁接，到第二年秋季进行芽接的话，则要晚一年出圃。而在春季进行枝接，砧木在苗圃中已经生长发育了一个生长季，茎秆的粗度适合嫁接。另外，在夏秋之交进行芽接的时期，正值烈日炎炎的季节，芽接工作非常辛苦，往往会影响嫁接的质量和工作量。而在春季枝接则正是风和日丽的时候，嫁接工作可以得心应手。从嫁接的速度来看，采用蜡封接穗进行嫁接，与芽接的速度基本相等，熟练的技术人员一天每人能够嫁接1000株左右，成活率都能在95%以上。

从以上情况可以看出，育苗时采用蜡封接穗进行春季枝接，可以克服芽接存在的问题，代替或部分代替生长季芽接，加快育苗速度。

蜡封接穗的方法，在嫁接工作中是一项非常实用的方法，不管是用热熔石蜡封裹，还是用常温液体石蜡，甚至是用动物油进行封裹，所有的这些封裹接穗的方法，效果和原理基本是一致的。这种封裹接穗的方法，不仅能够将接穗全部包裹上一层薄而均匀的蜡被，起到很好的保持接穗水分的作用，而且在接穗的芽萌发的时候，也不会对其造成影响，克服了用塑料条封裹的诸多弊端，在嫁接工作中，值得大力地推广。

2.3 嫁接时期及工具的准备

2.3.1 嫁接时期

一般来说，嫁接工作在全年都可以进行，只是不同的时期不同的树种要采用不同的嫁接方法。例如，冬季的嫁接一般在室内进行；春季的嫁接一般在室外，早期由于砧木不离皮，不能够使用插皮接，一般都用劈接和切接等方法，后期砧木能够离皮，可以采用插皮接和皮下腹接等方法进行嫁接；在生长期，由于砧木粗细不同也要采用不同的嫁接方法。随着嫁接技术的改进和提高，在嫁接时期的要求上往往不必过分严格。例如，春季嫁接的时间可以提早，只要能够保证技术伤口的湿度，到气温升高后也能长出愈伤组织，使嫁接成活。以前在生长季嫁接时要求避开雨季，而现在采用塑料条包扎，可以防止雨水浸入伤口，因此在雨季也可以嫁接。当然，为了达到省工省料的目的，并且要有稳定的成活率，还是应该选择在合适的气候条件下进行嫁接。

2.3.1.1　春季嫁接

春季嫁接以枝接为主，也可以进行带木质部芽接，嫁接时期以在砧木芽已经萌动、膨大，但尚未萌发时进行嫁接为佳，这时气温回升，树液流动，根系的水分和养分都已经往上运输，但并没有因发芽而损失养分，所以，这时有利于嫁接成活。

不同树种芽的萌发时期各有不同，嫁接的最佳时期要根据芽萌发的时间而定。萌发早的树种要早接，萌发迟的树种宜晚接，这是因为不同树种产生愈伤组织所需要的温度不同。萌发早的树种愈伤组织产生早，需要的温度低，而萌发迟的树种，愈伤组织产生得就迟，需要的温度也高一些。例如，山杏和山桃萌发早，其愈伤组织产生和生长所需要的温度在 20℃左右；枣树萌发晚，其愈伤组织产生和生长的最适温度为 28℃左右，因此杏树和桃树的嫁接要早，枣树的嫁接要晚。另外，由于全国各地的气候差异较大，加之在山区小气候各有不同，所以，即使是同一种树种，因为种植地的不同，嫁接时间也有差异。因此，很难提出一个适合各种不同树种的嫁接时期，各地根据各种树种的萌发时间的早晚来确定嫁接的最佳时间，也就是要掌握各种树种在该地的物候期就可以确定嫁接的最佳时期，以砧木芽萌动的时候为嫁接的最佳时期。当然，如果嫁接数量大的情况下，嫁接就要适当提早，在砧木即将萌动到发芽期嫁接都是合适的最佳时期。

在春季采用枝接的时候，所用的接穗必须是尚未萌动的枝条，而且以一年生营养枝最佳。如果是已经萌动的枝条作为接穗一般嫁接都不能成活，这是因为芽的萌发已经消耗了枝条内部贮藏的大量养分，从而没有足够的营养产生愈伤组织。所以，为了保证嫁接成活，接穗必须在萌发之前就采集，然后贮藏起来，防止其在嫁接时萌发。因此，接穗的贮藏，对于嫁接具有非常重要的意义，不仅可以保证嫁接的时候有足够数量的接穗，而且也是能够有效防止接穗在嫁接前萌发。如果春季嫁接时期适当提早，接穗就可以随采随接，时间最好掌握在接穗即将萌动时。

必须特别指出的是，合适的嫁接时期不是完全以嫁接成活为标准，还需要考虑嫁接成活后嫁接树种的生长状况。如果嫁接时期在砧木展叶之后，由于气温高，愈伤组织能够很快生长，嫁接成活率很高，但由于砧木根系贮藏的营养物质在大量展叶及开花时已经消耗很多，甚至被耗尽，而叶片光合作用生产的营养物质少，不能大量提供给接穗的萌发和生长。所以，在嫁接成活后，砧木只能用最后剩余的不多的营养来供给接穗，促使其成活和生长，嫁接成活后的接穗当年生长量大大减少，形成的根冠比失调，许多在越冬时死亡，因此，春季枝接的嫁接时间过晚是不合适的。

对于春季嫁接的时间，以前要求很严格，强调必须在砧木芽萌发的时候嫁接。主要原因是因为这时气温高，砧木的水分和养分已经向上输送，嫁接的接口愈伤组织形成快，嫁接很容易成活，嫁接成活率高。以前嫁接的时候，接口和接穗的保湿方法不理想，很难保证接穗内的水分不在接口愈合前抽干，如果嫁接过早，气温低愈合慢，接穗就会在接口愈合之前抽干，使嫁接的成活率降低。随着嫁接方法的不断改进和保湿材料与技术的不断提高，特别是塑料膜和蜡封接穗被应用到嫁接以后，可以保证接口的湿度以及防止接穗的抽干，因而嫁接时间可以适当提前。提早嫁接，可以提早萌发，接穗生长的时间长，而且砧木所积累的养分全部用于接穗的萌发和生长，所以接穗嫁接成活后，接穗的生长势非常强，尤其是高接换头和换种时，树冠恢复快，能够提早开花结果。

2.3.1.2 生长季嫁接

生长季嫁接的方法很多，各种嫁接方法和技术都可以使用，芽接是主要的嫁接方法。适合芽接的时间比较长，但以枝条上的芽成熟之后为佳。芽接过早，芽的鳞片过薄，表面角质化不完全，所取叶片过薄，芽接时不好操作；砧木太幼嫩的时候也不宜进行芽接，嫁接成活率不高。如果芽接时间过晚，气温低，砧木和接穗形成层不活跃，表现出不易离皮，愈伤组织生长慢，也影响嫁接成活率。因此，生长期芽接的合适时间应该是在接穗开始木质化的时候开始，到砧木不离皮时止，时间为5月下旬到9月上旬，南方有些地区可延续到10月底，热带亚热带地区可以延续到12月中旬。

生长季芽接的时期有两种情况，一种是要求当年嫁接当年成苗，砧木一般是前一年繁殖培育的，或者是早春在保护地培养后移入大田的，嫁接时期以在5月下旬至6月中旬为宜；另一种是要求当年嫁接后第二年成苗，嫁接时期一般在8月中旬至9月上旬。

芽接一般是采用离皮芽接，也可以采用带木质部芽接的方法。带木质部芽接的嫁接时间可以比离皮芽接的时间长。春季芽接可以和枝接法同时进行，芽片则用一年生枝条上的休眠芽，如果一年生枝条前端已经萌发，则可以用枝条后面（下端）未萌发的芽进行嫁接，这类芽接的时期比春季枝接的时期要稍晚一些，一般在4月中旬至5月上旬进行。

南方常绿树种的嫁接时期可以更长，几乎一年四季都可以进行，最佳时间还是在春季和秋季。春季嫁接的时候，在新梢萌发生长之前进行，接穗用一年生枝条上面的芽，嫁接成活后会立即生长。秋季嫁接，在晚秋进行，接芽用当年生枝条上的芽，嫁接后不萌发，到翌年春季剪砧后萌发。在春、秋两季嫁接，气温适宜，嫁接成活率高。

2.3.2 嫁接工具和材料的准备

嫁接是一项复杂而且精密的技术工作，所以嫁接的时候需要许多专业的工具和用具用品。在切接时需要切接刀，芽接时需要芽接刀，劈接时需要劈接刀。还需要保湿材料和绑扎材料以及蜡封材料等。在嫁接之前要根据嫁接的方法准备成套的嫁接工具和材料。

2.3.2.1 嫁接刀具和手锯

嫁接的刀具（图 2-5）包括芽接刀、切接刀、劈接刀、电工刀、美工刀（裁纸刀）、小镰刀以及枝剪和手锯等。刀具的准备根据嫁接方法的不同而有所差别，芽接需要准备芽接的刀具，枝接需要准备枝接的刀具。刀具要求锋利，如果刀具不锋利，不但影响操作，降低工作效率，而且会使削面不光滑平整，使接穗和砧木的贴合部位不紧密，同时会使削面有过多的毛边，增加削口的死细胞，从而影响嫁接成活。

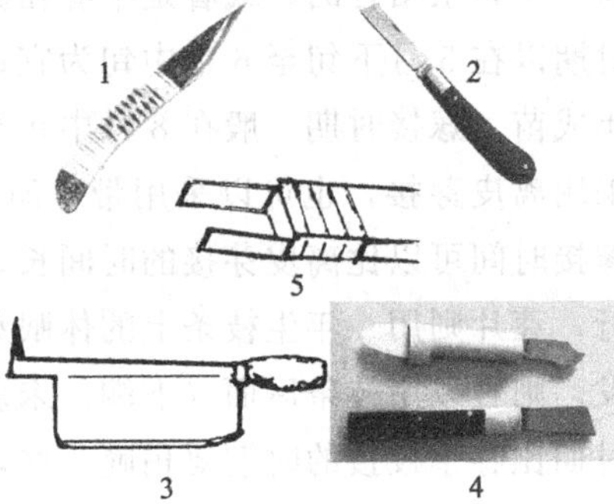

图 2-5 嫁接刀具

1—切接刀；2—电工刀；3—劈接刀；4—芽接刀；5—双刃芽接刀

(1) 芽接刀 芽接刀是芽接的专用工具，主要用于削取叶片以及切砧木或拨开砧木皮层之用。市场上销售的专用芽接刀为牛角刀柄、长 15 厘米左右的小刀，牛角尾部也就是刀柄末端做成楔形，用作挑开砧木树皮之用。这种芽接刀小巧实用，是专门为芽接所设计制作的刀具，非常好用，只是刀片用过一段时间后，锋利度会降低，需要定期打磨才能够保持其刀片的锋利程度。近年来，许多果农和园林苗圃经营者广泛使用美工刀，也就是俗称的裁纸刀，这种刀片薄而且十分锋利，在削取叶片的时候更加好用。因刀片薄而锋利，取芽片时基本不会出现毛边，而且十分精准，更主要的是，这种刀片的锋利程度不容易衰减，而且可以在刀片锋利度不够的情况下，更换一个新的刀片。刀片更换非常简单，刀片的价格也很低廉。当然，在芽接的时候，普通的水果刀也可以使用，同样只需要随时将刀片磨锋利就是。

(2) 切接刀　切接刀是专门用于切接的刀具，用于削切接穗和切砧木之用。目前市场上有专门的切接刀销售，主要是一种带大斜口的刀具。多数都是制作成带有一定弯度的刀柄，长20～30厘米，顶端弯内侧有一个3～5厘米的斜向刀口，刀柄与刀口是连成一体的，用一个铁片制作而成，没有其他材料制成的刀柄，多数都是用绳索缠绕手握的部位。这种刀具，刀尖非常尖，在划开树皮的作业十分方便，当然刀尖也非常容易折断。在切接时，普通的水果刀也可以使用。

(3) 劈接刀　劈接刀是在劈接的时候用于劈开砧木的刀具，其主要作用就是劈开砧木并保证接穗能够顺利插入砧木接口内。因为劈接时砧木较粗，因此所有的刀具要比较牢固，而且还要有挑开砧木劈开的工具，故而，劈接刀制作成小型菜刀的形状，在刀背顶端留一个与刀口方向相反的尾片，用于拨开劈开。这种专业的劈接刀实际上只是用于劈开砧木和拨开在切口，用于削接穗则不太实用，所以还需要配备一把削接穗的刀具。另外，在劈开砧木的时候，还要配备一个捶打的工具，一般用木槌或者木棒都可以，不要用铁锤或者铁棒，会把劈接刀的刀背打卷。鉴于劈接刀只能劈开砧木，所以许多嫁接人员都喜欢使用比较牢固耐用而且锋利的电工刀来作为劈接的刀具，既可以削接穗，又可以劈开砧木。还有些人员使用单刃的匕首作为劈接的刀具，也有用水果刀的，还有些地方使用一种月牙形的小镰刀作为劈接的刀具，也非常实用。总之，只要是较为牢固锋利而且小一些的刀均可作为劈接刀。

(4) 修砧木锯口刀具　因劈接的砧木较粗，大多数情况下都是用手锯将砧木在合适的部位和高度锯断，这样砧木的锯口就会存在一些毛边和碎屑，为了尽量减少这些毛边和碎屑形成的死细胞，提高嫁接成活率，就需要在砧木毛糙的锯口用利刀修正光滑。所用的刀具不同的地区差别很大，有的直接用削接穗的刀具，较为好用的是小型的镰刀。

（5）其他刀具　刀具除了以上介绍的各种常用的嫁接专用刀具，还有一种在方块芽接时使用的双刀，由两个平行的刀片和一个刀柄组成，两个刀片用线绳或螺丝铆钉固定在刀柄上，在方块芽接时，用这种双刀，一次性就可完成上下切痕，两个切痕一直都是平行的，方便快捷，非常好用。另外，在削接穗的时候，如果使用木托，与之配套的切削刀最好是平口铲刀，刀口的宽度在 3～5 厘米，可以专门打制或者用顶端较薄的木工凿，也可以用顶端为平口的、刀口宽度合适的雕刻刀。

（6）枝剪　枝剪（图 2-6）在嫁接中用途很大，首先是用来剪切接穗，将接穗从母树上剪下，并且将接穗按照所需长度剪短和剪切；其次是在嫁接过程中对砧木剪下整理和修剪，将接口以下砧木上的枝条剪除掉；还有就是在锯断砧木之前，将影响操作的枝条剪掉，如果砧木粗度不大的情况下，可以直接用枝剪将砧木在嫁接位

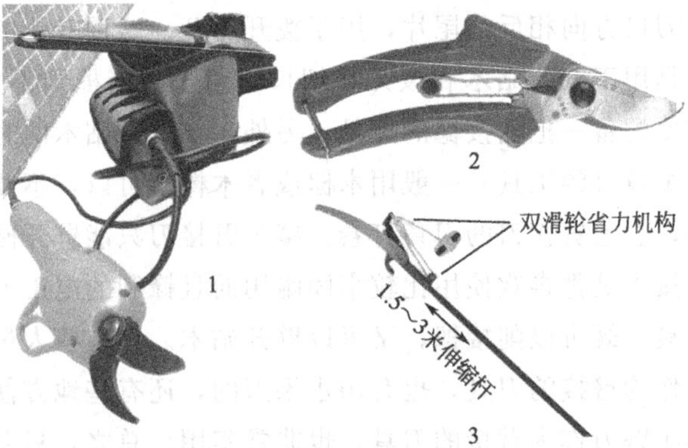

图 2-6　枝剪

1—电动枝剪；2—手动枝剪；3—高枝剪

置剪掉。目前市场上出现各种电动枝剪，在剪切时就更加方便和省力。另外，也有砧木用于嫁接（枝接）的嫁接剪。目前，出现了一种专门的嫁接剪，可将接穗和砧木嫁接部位剪成凹凸的形状，可以是砧木剪成凹口，接穗剪成凸口，也可以反过来，将砧木剪成凸口，而接穗剪成凹口，砧木与接穗的凹凸部位正好嵌合，然后用塑料膜包扎即可。这种嫁接剪适用于砧木和接穗粗度一致的情况下，使用非常方便，而且可以大大提高嫁接的速度。

（7）手锯　手锯（图 2-7）在嫁接中主要用于锯断较粗的枝条和较粗的砧木，嫁接的时候，有的砧木可能从基部萌发出几枝，而且直径都达到 2 厘米以上，就需要用枝锯先把不用作嫁接的砧木从萌发基部全部锯掉，把要嫁接的砧木从合适的部位锯断。在高接的时候，不需要的大枝同样要从萌发的基部锯掉，而要用作嫁接的大枝，要从合适的部位锯断。手锯因使用范围广，尤其是在树木修剪时使用较多，因此手锯的种类和式样较多，目前市场上已经有各种各样的适合修剪的小型电锯和油锯，在嫁接中，特别是在高接或大树高接换头换种的时候，电锯和油锯的用途就比普通手锯更加方便和省力。

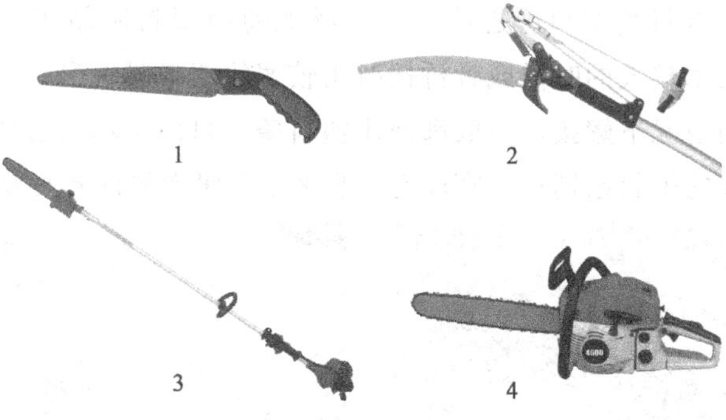

图 2-7　枝锯

1—手锯；2—高枝锯；3—高枝油锯；4—油锯

2.3.2.2　嫁接用具和材料

（1）嫁接用具　嫁接的时候，刀具、枝剪和手锯是主要的嫁接工具，除了这些工具以外，还需要一些其他辅助的用具，主要包括熔蜡锅或熔蜡杯、接穗切削槽（木托）等用具。熔蜡锅或熔蜡杯用于熔化石蜡，进行接穗的蜡封，与之配套的热源可以用火炉、电炉、电磁炉等，也可以在室外用石块或砖块搭成简易蜡锅支架。接穗切削槽（木托）的作用是用于切削接穗的辅助用具，将接穗放置于木托上，用铲刀削接穗，一刀削成，使削面平整光滑，最重要的是，可以克服用其他刀具削接穗时的一些人为因素。主要是许多嫁接人员在削接穗的时候，削面会出现扭曲不平、不光滑，尤其是在削劈接的接穗时，很多人掌握不好，初学者更加吃力。采用接穗切削槽（木托）这种用具，把接穗放置在木托的削面上，用铲刀顺着削面切削接穗，削出的接穗削面非常理想，而且速度很快，1 人削接穗可以供 3～4 人嫁接使用，既可以使接穗的削面达到理想的要求，又能够提高嫁接的工作效率。

（2）嫁接材料　嫁接的材料主要是接穗和接口的保湿材料（图 2-8）以及绑扎材料。保湿材料是用于保持接穗和接口水的保护材料，早些年用覆土保湿，比较费工费时。也有用黄泥或其他较黏重的土壤涂抹封裹接口。近些年，广泛地使用塑料制品作为保湿材料，在砧木较大的时候或者桥接时用较宽的塑料膜保湿，而在砧木不太粗的情况下嫁接，一般都使用塑料条。目前市场上已经有专门用于嫁接的塑料条销售，宽度有 2 厘米、5 厘米等的各种规格。也

塑料条

石蜡

图 2-8　嫁接保湿材料

可以用废弃的塑料袋，将其剪成合适的宽度。在接穗保湿时，许多嫁接人员还使用在接穗上套塑料袋的方法。

绑扎材料是指绑扎固定接口的材料。目前以塑料条使用最为广泛，因为其既可以使接口保湿，又可以绑扎固定接口，因此深受嫁接人员的喜爱。除了塑料条外，一些细的绳线也广泛用于绑扎固定接口，还有一些植物的茎叶（如稻草、麻皮、蒲草、玉米衣等）同样也可以用作绑扎材料。在一些需要接穗生根的嫁接（如小叶女贞嫁接桂花），要让嫁接成活的接穗生根，以此来克服小脚现象；再如用山桃作为砧木嫁接梅花的时候，为了克服山桃的寿命短的弊端，就需要梅花接穗成活后，从接穗基部萌发根系。为了达到让接穗基部萌发根系，克服嫁接中的一些不理想的生长，就需要在苗圃中嫁接后将接口用土掩埋，在这种情况下，接口的绑扎材料最好用植物性材料，到接穗成活后，不需要解开绑缚物，这些植物性的绑扎材料会自行降解。

2.4　其他准备工作

2.4.1　砧木周边环境的清理及砧木的整理

2.4.1.1　砧木周边环境的清理

为了使嫁接工作能够顺利地进行，在嫁接之前要对砧木周边环境进行清理，要把砧木周围的杂草、树木进行清理，并把砧木树干周围的土壤进行翻耕。

（1）杂草的清理　嫁接工作无论是在苗圃地还是在果树及大苗培育定植地，在嫁接之前都应该把砧木周围的杂草清理干净，才有利于嫁接工作的顺利进行，并且有利于接穗嫁接成活后的生长发育。杂草在树木砧木还是小苗的时期，竞争能力比较强，与砧木及接穗成活的苗木争夺生长空间和养分、水分、光照，所以杂草的滋生和生长，会严重影响砧木以及嫁接成活的苗木的生长发育，对苗木的生长势影响较大。杂草的滋生和存在，会影响嫁接工作的开展，对嫁接工作的正常进行产生妨碍，使嫁接工作难以顺利进行，降低嫁接工作的效率。因此，为了嫁接工作的顺利开展，提高嫁接的工作效率，给砧木以及嫁接成活的苗木一个理想的生长环境，在嫁接工作开展之前，务必把砧木周围的杂草尽可能地清除掉，最好是能够连根清理。

特别是那些已经定植但没有嫁接的林木，在其生长地会滋生大量的杂草，这些杂草如果得不到及时地清除，高度可能会超过砧木，对砧木的生长发育有较强的抑制作用，有些已定植的砧木苗可能会因为竞争不过杂草而生长不良甚至死亡。还有的是在砧木原生地就地嫁接果树的时候（如在原生杜梨树上嫁接梨树），这种情况下原生地的杂草滋生得更多，大多数杂草根系较深，株丛较高。如果不进行清理，一方面嫁接工作根本无法进行，因为杂草的株丛已经把砧木的嫁接部位全部覆盖，如果要勉强嫁接，接穗的生长发育也会受到杂草的抑制。

（2）砧木周围土壤的翻耕　在原生树木作为砧木进行嫁接时，还应该对砧木主干周围一定范围内的土壤进行翻耕，才能够有利于嫁接成活后树木的生长发育。在定植的砧木地，也应该进行土壤的封裹工作。

（3）其他树木的清理　在苗圃地，一般情况下除了种植培养的砧木外，很少会生长其他的木本植物。在定植的砧木地，如果已经经过翻耕的土壤而且每年都进行除杂工作的话，也很少会生长其他的木本植物。而如果砧木定植地管理不善，或长期没有进行管理工作，就会滋生其他的木本植物，尤其是一些灌木。在自然生态环境条件下，也就是没有经过土壤耕作的情况下，选择天然生长的树木作为砧木，在砧木的原生地进行嫁接，如用自然生长的杜梨嫁接梨树，建立梨树果园的时候，与砧木共同生长的除了草本植物外，还有大量的木本植物，有乔木也有灌木，并且有许多带刺的灌木。在这种情况下，这些除了目标砧木以外，其他的木本植物，无论是乔木还是灌木，原则上全部都要清理掉。如果不清理掉，不仅是嫁接无法进行，即使嫁接成活后，嫁接的树种也得不到树种发育的良好环境，也就很难有树种发育到理想的果树，那么，这样的果园就无法建成。

2.4.1.2　砧木的修剪及整理

在嫁接之前，对砧木要做一些整理和修剪，主要是有利于养分的集中和嫁接工作的顺利开展和进行。

(1) 修剪侧枝　对于要嫁接的砧木，要把侧枝都剪除。枝接的时候，几乎所有的侧枝都要剪除，砧木留干高度尽可能低。侧枝剪除的时间最好在嫁接之前就进行，一般在嫁接前半个月到 1 个月，剪除后让剪口恢复一定的时间，也使养分较为集中，在嫁接的时候伤口较少，一次性剪除的枝量不大，对砧木的伤害也不大。对于芽接，要疏除部分的侧枝，在芽接部位的侧枝要首先疏除掉，以免影响嫁接工作。侧枝的疏除同样也应该在嫁接之前一段时间进行，使芽接时对砧木的伤害尽量减少。

(2) 剪短主枝　主枝也需要在嫁接之前进行一定的剪短，同样也是为了减少嫁接时一次性修剪量太大而对砧木造成较大的伤害。枝接和芽接都要在嫁接之前把砧木的主干剪短到 30 厘米左右，尤其是砧木高度超过 1 米的情况下，更需要在嫁接之前把主干进行适当的剪短。

(3) 剪除基部不需要的萌生枝　当年定植的砧木，未能及时嫁接和修剪，或者是已经嫁接成活的树木在定植时接穗因各种原因死亡，也未能及时补接和修剪。这些情况下，砧木基部会萌发出几株萌蘖枝并形成主干，而这些萌蘖枝的嫁接的时候只需要 1 枝，特别是培育单干型树木的时候，更是如此。要把不需要的萌蘖枝清除掉。清除工作同样需要在嫁接之前 1 个月左右进行，让伤口恢复一段时间后再进行嫁接。例如，我们在 2012 年 12 月定植的一批云南樱花，就出现几百株接穗死亡的情况，在 2013 年生长季未能及时补接与修剪，到生长季结束时，也就是 2013 年 11 月份，大多数均出现有3～4个基部萌蘖枝，而且直径有的几枝都在2厘米以上，要一次性剪除几个这样的大枝，对砧木的伤害比较大，所以采用先清理不需要的萌蘖枝，再对留作砧木的萌蘖植株进行侧枝的剪除，再剪短留下枝的主干，最后再进行嫁接。每一个操作均间隔20天。

2.4.2 灌溉

水分是嫁接成活的重要因素之一，即补充土壤水分，使砧木能够吸收充足的水分，有利于嫁接的成活。特别是在春季进行枝接的时候，多数地区都处于干旱时期，对砧木进行灌溉，有利于保持土壤水分和砧木根系的水分，保持砧木的湿润，同时也能够使嫁接口处保持湿润，也就能够保持接穗的湿润。因此，在嫁接之前，要对砧木进行灌溉。

2.4.3 遮阴及保护

遮阴既能够保持湿度，减少蒸发量，同时，黑暗有利于愈伤组织的形成和生长。因此，嫁接后进行适度的遮阴，有利于提高嫁接的成活率。在嫁接之前就要做好遮阴的准备工作，将遮阴的框架搭好，待嫁接工作完成之后，就立即进行遮阴。在苗圃地进行嫁接育苗的时候，遮阴工作很容易进行，而在定植地上的嫁接，遮阴就有一定的难度，因为定植地的砧木栽植密度较小而且分散，所以遮阴网不容易搭起，而且较为费工。但可以进行一些适当的保护，如把遮阴网剪成小块，逐一进行遮阴保护。在夏季嫁接时，气温太高，嫁接后进行遮阴同样能够提供嫁接的成活率。

如果春季嫁接的时间过早，气温回升太慢，而且嫁接后有可能出现寒流，这种情况下就需要对嫁接后的树木进行防寒保护。

2.4.4 嫁接技术人员的培训

嫁接工作是一项有一定技术难度的操作，所以如果没有经过培训的人员，操作的时候就会出现操作不当或不熟练，这样就会影响嫁接工作的进度和嫁接质量。所以，在嫁接工作之前，就有必要进行嫁接技术人员的培训，在培训时，逐一介绍各种嫁接方法，并进行现场教学和训练，通过考核合格的技术人员才能够上岗进行嫁接工作的实际操作，在操作过程中再有专业培训的老师进一步的指点，并不断地改善和提高。最后以嫁接成活率和工作效率来对学员进行评分。

第3章　林木的嫁接技术

林木的嫁接根据接穗的不同可分为枝接、芽接和根接三类，用枝条作为接穗的称为枝接，用芽作为接穗的称为芽接，用根作为砧木直接在根上嫁接的称为根接。下面介绍不同类型嫁接的操作方法。

3.1　枝接技术

枝接是用枝条作为接穗的嫁接方法，一般情况下，每个接穗上需要保留 2～3 个饱满完整的芽，长度在 8～10 厘米。长度主要取决于芽之间的距离，只要保证有 3 个芽即可。随着嫁接技术的不断改善和提高，可以采用单芽枝接，也就是每个接穗上只留 1 个芽，可以极大地减少接穗的用量。

枝接多用于嫁接较粗的砧木或在大树上改换品种。枝接时砧木的直径要在 1 厘米以上才有利于操作，粗度可以达到几十厘米均可采用枝接的方法进行嫁接。枝接时期一般在树木休眠期进行，也就是春季嫁接，特别是在春季砧木树液开始流动，接穗尚未萌芽的时期最好。春季嫁接的优点是接后苗木生长快，健壮整齐，当年即可成苗，但需要接穗数量大，可供嫁接时间较短。也可以在生长季进行嫁接。枝接常用的方法有切接、腹接、劈接、插皮接、舌接、桥接、靠接、髓心形成层对接等以及一些演化而来的方法。以下逐一介绍各种枝接技术的操作步骤和方法。

3.1.1　切接

3.1.1.1　切接技术要点

切接是将砧木从一侧切开一个切口，从一侧的 1/5～1/4 处垂直向下切开3厘米左右的切口，将接穗插入切口之中，这种嫁接方法叫做切接（图3-1）。切接法一般用于较小的砧木的嫁接，砧木的直径在1～2厘米，接穗的粗度与接穗的粗度基本接近，或者接穗的粗度比砧木的粗度稍粗的情况下的嫁接。是春季枝接中最常用的一种方法，在苗圃培育嫁接苗的时候经常使用。由于砧木粗度较小，皮层很薄，一般不宜使用插皮接，而用切接比较合适。切接不需要等到砧木离皮后才能够嫁接，因而嫁接的时间可以提早1个月，延长了嫁接的时间。切接比较省工，操作速度快。切接可以是砧木和接穗的两侧的形成层都能够对齐，加大了砧木与接穗的接触面，所以成活率很高。

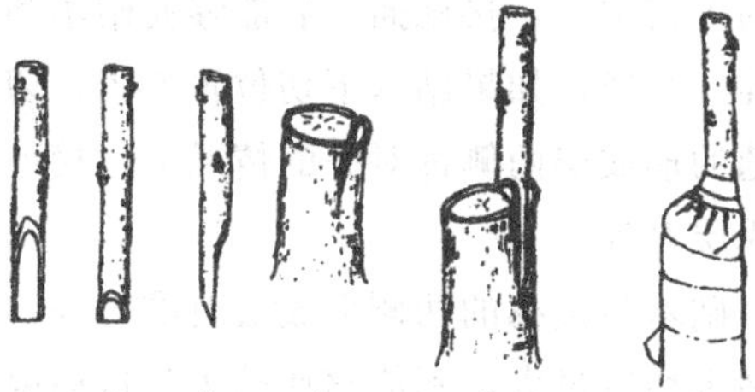

图3-1 切接法操作步骤

1—接穗削切正面（在最下面一个芽的对面削一个大削面，长3厘米）；2—接穗切削背面（在大削面背面削小削面，长1厘米）；3—接穗切削侧面；4—砧木切削（在离地面5～10厘米处剪断正面，从横截面一侧纵向下切，深度3厘米）；5—插入接穗（将接穗的大削面对向砧木切口的内侧面，尽量使砧木与接穗两侧的形成层对齐）；6—接口用塑料条绑扎包严

3.1.1.2 切接操作步骤及要领

（1）切砧木　嫁接时先将砧木距地面5厘米左右处剪断、削平，选择较平滑的一面，用切接刀在砧木一侧（略带木质部，在横断面上为直径的1/5～1/4）垂直向下切，深2～3厘米。切口的宽度要与接穗的直径大致相近，当接穗比较粗时，切口要靠近砧木的中心；当接穗较细时，切口往外偏一些。总之，要使砧木切口内侧

（主干中心侧）的宽度与接穗切口的宽度基本一致。

（2）削接穗　削接穗时，接穗上要保留2～3个完整饱满的芽，将接穗从距下切口最近的芽位背面，用切接刀向内切达木质部（不要超过髓心），随即向下平行切削到底，切面长2～3厘米的长削面（大削面），再于背面末端削成0.8～1厘米的小削面。削接穗之前，最好能够将接穗蜡封。

（3）插接穗接合　将削好的接穗插入砧木的垂直接口中，长削面（大削面）向里，使砧木和接穗双方形成层对准密接。接穗插入的深度以接穗削面上端露出0.2～0.3厘米为宜，俗称“露白”，有利于愈合成活。操作熟练的嫁接人员，能够根据接穗的粗细度，来确定砧木切口的下切位置，接穗插入后能够使砧木和接穗的形成层两侧都能够对准。当然，如果砧木下切位置不当，切口过宽，不能够使砧木与接穗的形成层两侧都对齐的情况下，接穗插入好，也要保证一侧的形成层对齐。

（4）绑扎　砧木与接穗的两侧形成层对准对齐，就可以进行绑扎固定；如果砧木切口过大，不能够使砧木与接穗两侧的形成层都对准时，可对准一边形成层，对准后进行绑扎固定。绑扎固定可以用棉线、尼龙线、麻线、麻皮、塑料绳等以及各种可以用于绑扎的植物性材料，如稻草、蒲草、玉米衣等，也可以用专用嫁接夹子进行固定。接口固定好后，要对接口和接穗进行保湿处理，防止接穗失水干枯，可采用套袋、封土和涂接蜡等措施来保持接口和接穗的湿度。在操作过程中，许多嫁接人员都采用宽度为2～3厘米的塑料条进行接口的绑扎，既能够固定接口，又能够保湿。所以，现在使用最为广泛的绑扎保湿材料就是各种塑料条，有市场上销售的专门用于嫁接的嫁接膜，也可以用稍微厚一些的地膜切割成合适的宽度，还可以用废旧的塑料袋，将其切割成为合适的宽度。

不管用哪一种绑扎固定材料，绑扎固定接穗的时候，一定要绑扎砧木和接穗的形成层两侧或者一侧对准。如果在绑扎过程中，接口出现错位，要将其调整，在绑扎完成后用手摸一下，两者的形成层是否对齐。接口固定后，就要注重接穗水分的保持。接穗水分保持的方法很多，主要就是将接穗进行密封，所以可以用泥土、塑料膜、塑料袋、石蜡、动物油、松香等材料来封裹接穗。较为常用的方法是：在嫁接前将接穗蜡封，绑扎时用塑料条绑扎固定接口处，起到固定接口和保持接口处的湿度的作用。

3.1.1.3　切接嫁接效果分析

砧木和接穗削切口处的木质部和韧皮部没有分离，使形成层的愈伤组织形成较多。因此，只要保证砧木与接穗的形成层对齐对准，嫁接的成活率很高。切接法，砧木和接穗的形成层贴合面较大，贴紧后，愈伤组织形成较多，所以嫁接成活率较高。

当然，切接法的接穗插入点偏向一侧，接穗成活后出现偏向生长，要通过1～2个生长季后，嫁接部位才能够长齐。另外，切接法对接穗的固定只能靠绑扎材料，如果提前解除绑扎材料，嫁接部位很容易折断，砧木切口处于接穗背面一侧的部分往往会枯死。所以，切接嫁接成活率较高，但接合部位容易折断，嫁接部位的生长偏向一侧。

切接法的接穗切削要削一个大削面和一个小削面，难点在于大削面的切削。削大削面时，要先向接穗内侧切入，然后再向接穗下端削下，使接穗的大削面几乎保持与接穗长轴方向一致。削面最好能够一刀完成，要求平滑。许多开始学习嫁接者，削出的削面会出现扭曲，不成一个平面，这就需要经常反复的训练才能够达到嫁接要求。接穗的插接比较简单，只要保证接穗和砧木的形成层对齐即可。绑扎时由于砧木对接穗的夹力不大，会出现接合部位移动和错位，这是切接方法中较难的一点。因此，在绑扎的时候一定要注意接合部位的移动，绑扎要紧，绑扎完成后，还要用手摸接合部位，如果不理想，要进行调整。

3.1.2　劈接

3.1.2.1　劈接技术要点

劈接是在砧木上劈开一个劈口，将接穗插入劈口中的嫁接方法，称为劈接（图 3-2～图 3-4）。砧木上的劈口要沿着砧木锯口在中心将砧木劈开。劈接是一种历史悠久、使用较广泛的一种嫁接技术方法，几乎所有的区域都在使用这种嫁接方法，因此，各地的叫法和名称存在差异，大多数地方叫做破头接或者破口接，而劈接这个名称在许多地区，特别是乡村都不为人们熟知。

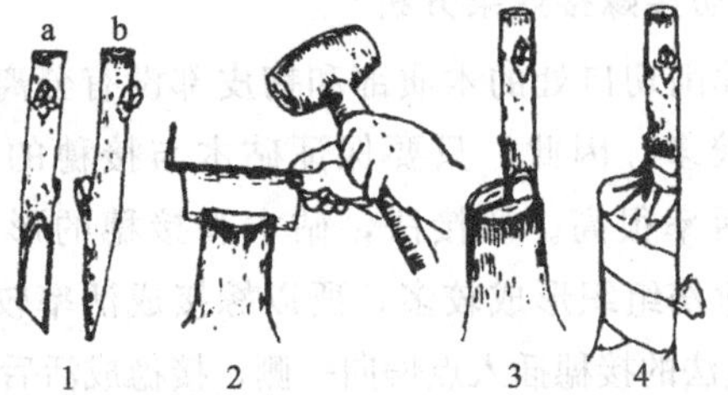

图 3-2　劈接法操作步骤（砧木的粗度大于接穗）

1—接穗的切削（a. 削面，b. 侧面）；2—砧木的削劈；

3—接穗的接合；4—绑扎

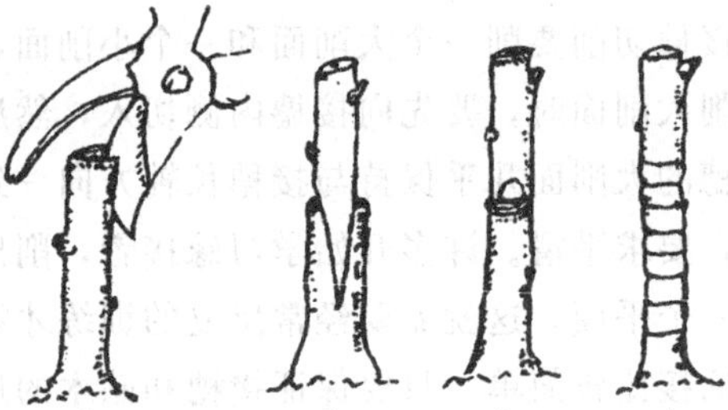

图 3-3　劈接法操作步骤（砧木与接穗粗度相同）

1—砧木的切削；2—接穗的接合（侧面）；

3—接穗的接合（正面）；4—接口绑扎

劈接是春季枝接的一种主要方法，适合于大多数落叶树种的嫁接。也可以在生长季进行嫁接。劈接与切接一样，嫁接的时候不需要让树皮剥离，所以不必在砧木离皮的时候进行嫁接。嫁接的时间可以提早，在砧木萌发前半个月到 1 个月的时间，有些冬季不太寒

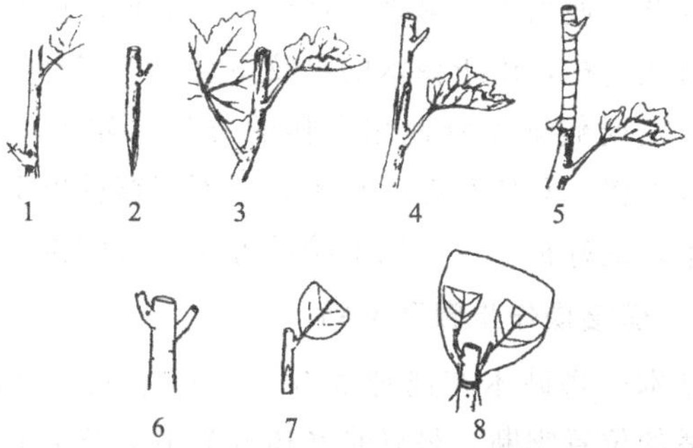

图 3-4 嫩枝劈接法操作步骤

接穗不带叶：1—用生长充实的新梢作接穗；2—接穗下端削成楔形，剪除叶片保留部分叶柄；3—劈开砧木；4—插入接穗，砧穗两侧形成层对齐；5—绑扎（接口和接穗全部绑扎，留出叶柄和芽）

接穗带叶：6—砧木新梢截断口劈开；7—接穗切削并带部分叶片；8—绑扎接口并用塑料袋将接口和接穗套上

冷的地区，甚至提前 2 个月左右，在 12 月中旬的时候就进行嫁接。

劈接适合于砧木较粗而接穗较细的情况下进行嫁接，砧木的直径通常在 1 厘米以上，一般要达到 1.5～2 厘米及以上的时候才适合采用劈接的方法进行嫁接。劈接的时候，砧木的劈开能够很牢固地将接穗夹紧，嫁接成活后，接穗萌发的枝条不容易被风吹断，而且成活后的接穗萌发很好，生长端正。劈接时，砧木以中等粗度为宜，砧木过粗不易劈开，而且劈口对接穗的夹力太大，会把接穗夹坏；砧木过细时，接口夹不紧接穗。砧木过粗时或砧木与接穗的粗度差异较大的时候，在劈开砧木劈口的时候，可以劈深一些，减小劈口对接穗的夹力，以免夹力太大而影响嫁接成活。而砧木过细的时候，最好采用切接的方法，如果一定要采用劈接法，为了使劈口能够夹紧接穗，在绑扎的时候要用力将劈口绑紧。

劈接的操作相对复杂，需要的工具也比其他嫁接方法需要的多。接穗的削法是最难掌握的一种，要通过许多次反复的训练，才能够达到要求。所以，劈接是一种使用广泛、嫁接成活后生长理想、嫁接效果好、成活后的接穗不易折断或被风吹断的嫁接方法，然而又是最复杂、使用工具最多、操作人员最难掌握的一种嫁接方法。另外，有些老树，由于树木的纵纹不直，不容易劈出垂直光滑的劈口，嫁接的时候就不宜使用劈接的方法，如枣树的老树。当然，即使不是老树，只要存在纹理不直，不能够劈出垂直而且光滑的劈口的树木，最好都不要采用劈接的方法进行嫁接。

3.1.2.2 劈接操作步骤及要领

(1) 切砧木　将砧木在离地面5～10厘米处锯断；如果是高接，则在合适的位置锯断，最好是在树皮光滑无节无疤处；垂枝类树种的嫁接，选择在预定的定干高度锯断。砧木锯断后，用修口刀将锯口修削平整光滑，尽量把锯口粗糙的地方修整光滑。用劈接刀从其横断面的中心直向下劈，切口长3～5厘米。在用劈接刀劈开劈口的时候，如果砧木较粗，用手力很难劈开，可以使用一些工具进行敲打，可用木棰、木棒、橡胶棰等工具，不要使用铁锤。劈口下劈的深度一般在3厘米左右，如果砧木较粗，劈口的夹力较大，劈口的深度应该适当加深，到4厘米或者5厘米。对于嫩枝或生长季直径在2厘米以下的砧木，只需要用切接刀就可将砧木劈开。

(2) 削接穗　接穗最好提前剪短进行蜡封，每个接穗留2～3个芽。削接穗的方法是，在接穗下端最下面一个芽的两侧相对应的位置各削一个削面，形成楔形，削面长3～4厘米，如果砧木较粗，劈口较深的情况下，接穗削面的长度也应该相应长一些，与劈口深度基本保持一致。两个楔形削面相对应根系，根据砧木的粗细而定。如果砧木与接穗粗度一样，特别是嫩枝劈接的时候，接穗的两个削面要相对，两个侧面的厚度一样，削面要长而且平滑，使接穗的两个侧面都能够与砧木的形成层对齐接合；如果砧木比接穗的粗度稍大，那么接穗的两个削面的侧面厚度要有一定的差别，外侧要比内侧稍厚，嫁接时接穗楔形削面的外侧，也就是稍厚的一侧与砧木形成层对接，内侧也就是较薄的一侧不接；如果砧木的粗度比接穗的粗度大得多，接穗两个削面两侧的厚度要基本上一样，以免砧木对接穗的夹力太大而夹伤接穗的接合面，或者会因为接穗削面两侧的厚度差异而使接穗往外滑出，使接穗与砧木的形成层很难对齐接合。另外，接穗的楔形削面自上而下要平滑，长度和角度要适合，这样才能够使接穗与砧木的接合面上下都能够接合贴紧。

（3）插接穗接合　砧木的锯劈和接穗切削完成后，用钎子把砧木劈口撬开，将接穗厚的一侧向外，窄面向里插入劈口中，使两者的形成层对齐，接穗削面的上端应高出砧木切口0.3～0.5厘米，称为露白。接穗插好后进行包扎保湿。当砧木较粗时，可同时插入2个或4个接穗。

在插入接穗的时候，砧木较粗的情况下，夹力很大，撬开砧木劈口比较困难。这一步骤是劈接方法中最困难最费时的一个环节，在操作过程中，许多嫁接工作者都会出现一些小的失误和弊端：①使接穗接合位置皮层剥离。在插入接穗的时候，不借助工具将砧木的劈口拨开，直接将接穗用力插入或者用工具敲入，常常会使接穗削面两侧的皮层因外力的作用而从接穗上剥离。出现接穗树皮剥离的情况，嫁接的成活率就会受到影响。②接合位置不易调整到位。插入接穗时，如果不用工具将砧木的劈口拨开，或者拨开的宽度不够，接穗插入后，如果出现形成层对齐不理想或没有对齐，需要进行调整。而由于砧木劈口张开的宽度不够，劈口对接穗的夹力较大，调整就比较困难，很难调整到位。③砧木的劈口会被撕裂。插入接穗的时候，为了能够顺利将接穗插入砧木劈口中并调整到合适的位置，有些嫁接人员就用劈接刀或电工刀用力把劈口撬开，有时由于用力过大，会使劈口下部被撕裂到很深的位置，甚至把砧木从劈口处撕扯成为两半。④把刀片折断。用切接刀或其他类似的刀具拨开劈口，很容易将刀片折断，尤其是用一些铸铁打制的刀片更容易折断。以上几种情况在劈接的时候会时常发生，特别是在嫁接粗度较大的砧木的时候。发生这些情况，会影响嫁接的进度和嫁接质量。所以，为了避免出现这些不如意的情况发生，就要使用适合的工具拨开劈口。最适合的工具是下部楔形的铁棍或木棍，用直径为1～1.5厘米的铁棍或者木棍，将其下端制作成长度3厘米左右的楔形。使用时不要用太大的力量拨撬，只需把楔形的尖口轻轻插入砧木的劈口，然后用木棒或木棰敲打顶部，用楔形工具将劈口楔开。插入接穗，并调整到适合的位置，再轻敲一下接穗，就可以把楔棍取出。

接穗插入接合的时候，接穗削面上部要留出一部分，不要把削面全部插入到劈口里。留出的部分称为露白，长度在0.5～0.8厘米。露白的目的在于促进愈伤组织的生产和接穗与砧木的愈合。另外，如果接穗全部插入劈口中不露白，一方面会使两者的形成层上下对不准，主要是上端会把劈口撑开，使下端的形成层不能够很好地贴合，不利于愈合；另一方面，愈合后会在锯口处形成一个疙瘩，造成后期愈合不良，影响接穗的生长发育和寿命。

（4）绑扎　劈接法由于劈口对接穗能够夹紧，一般不必绑扎接口，但如果砧木过细，夹力不够，可用塑料薄膜条或麻绳绑扎。为防止劈口失水影响嫁接成活，接后都要对接口用塑料条进行绑扎，也可培土覆盖或用接蜡封口。在生产实践中，嫁接者基本上都会对接口进行绑扎。对于中等粗度或较细的砧木，在劈口中只插一个接穗的，用宽度为砧木直径1.5倍、长度为30～50厘米的塑料条进行绑扎，要求把劈口、切口和露白处都要全部包严并扎紧。如果砧木较粗，则可在劈口两端分别插入两个接穗，插后先抹泥或涂蜡将劈口封堵住，然后套上塑料袋后，把塑料袋下口扎紧。也可以用塑料袋或塑料膜封堵接口和锯口，把塑料袋或塑料膜用剪刀在合适的位置剪出两个孔洞（3个接穗剪3个，4个接穗剪4个），把各个接穗从相应的孔洞中穿出，在接穗露白部位以上用线绳将塑料袋的孔洞扎紧，不管有几个接穗，每个都分别扎紧，然后把塑料袋下口在砧木上扎紧。没有对接穗蜡封的情况下，可以再在外面套上一个塑料袋，同样把下口扎紧。如果套有塑料袋，在接穗萌芽后，要先在塑料袋上剪开一个小口通气，待到接穗的芽生长成为枝条后再把塑料袋除去（图3-3）。

在生长季进行绿枝劈接的时候（图3-4），接后用1.5厘米宽的塑料条进行封裹，将接口捆严扎紧，再把接穗整个包裹起来，只露出叶柄和芽，以减少水分的蒸发。为了能够把接穗的顶端封严，并且方便操作，可以自上而下绑扎接穗和接口，直到劈口的最下端。对于常绿树木的嫁接，也可以在生长季采用嫩枝劈接，接穗一般接在砧木的嫩梢上，除了与以上的方法相同之外，接穗可以带叶片或带部分叶片，嫁接后套上塑料袋，等接穗成活后再打开塑料袋并除去。

3.1.2.3　劈接嫁接效果分析

劈接法由于砧木和接穗的韧皮部与木质部没有分离，也就是在嫁接的时候，砧木的皮层没有剥离，形成层没有外露，因此，嫁接后形成层能够形成较多的愈伤组织。当然，由于接穗在接合处的形成层面积较小，产生的愈伤组织也少，所以嫁接时要求砧木和接穗的形成层全部都能够对准，以便使双方的愈伤组织能够很快相接。

劈接法嫁接成活后，接穗非常牢固，接口处不容易折断，而且接穗的生长不像切接法的一样偏向一侧，愈伤组织会包围砧木锯口生长，很快就会把砧木切口完全包裹，接穗和砧木的粗度也会很快形成一致。劈接法具有许多的优点，然而，在操作的时候比较复杂，所以，劈接法嫁接操作的时候，还应该注意以下的一些问题和细节。

（1）接穗切削时应该注意的问题

① 接穗不能削得太薄　接穗削得太薄，特别是与砧木接合的一侧，即接穗愈伤组织的形成部位。如果太薄，愈伤组织形成和生长量少，会影响嫁接的成活率；如果厚一些，接穗的愈伤组织形成较多，就有利于嫁接的成活。

② 接穗削面上下角度要适合　接穗切削后形成的角度，就是从削面上端到最下端所形成的倾斜角度，要和砧木劈口的角度相一致，使砧木和接穗形成层生长的愈伤组织从上到下都能够连接。如果削面过短，接穗削面的角度大，则接口上面夹得过紧，而下面空虚；如果削面过长，形成的角度小，则出现下面夹得紧而上面空

虚。这两种情况都会影响双方愈伤组织的连接和愈合。较为理想的接穗削面长度和角度要根据接穗的粗度而定，角度基本上是一个固定值，而接穗的粗细以及削面的长短会影响角度的大小。接穗细的削面短些，接穗粗的削面长些。

③ 接穗削面横截面两侧厚薄差别要适合　接穗削面横截面的角度对嫁接后的愈合与成活也有影响。削面的横截面也是一个楔形，即接穗削面的两侧厚度不一致，嫁接的一侧稍微厚一些，而不嫁接的一侧则稍薄一些。横截面的角度要根据砧木和接穗的粗细来确定，砧木和接穗的粗度一样时，接穗削面的横截面两侧厚度相同，使接穗和砧木两侧的形成层都能够对齐；砧木的粗度比接穗粗2～4倍的情况下，削面横截面两侧的厚薄差异要大一些；如果砧木的粗度比接穗的大得多，接穗削面横截面两侧的厚薄差异要小一些。在嫁接操作中，这个环节是比较难以掌握和控制的，需要嫁接人员具有较强的嫁接经验，并且嫁接的次数要多，才能够得心应手。

④ 接穗削面中间留一个芽　在削接穗的时候，要在接穗削面的中间留一个芽，主要原因是芽的周围养分积累较多，愈伤组织形成得比较多，可使芽两边的愈伤组织和砧木的愈伤组织很快接合，有利于嫁接的成活。所以，在削劈接法接穗的时候，要在最下面一个芽的两侧切削，削面削好后，两个削面中间就保留有一个芽。

（2）接穗插入砧木劈口时要注意的问题

① 防止砧木皮层剥离　在不把砧木劈口楔开而直接将接穗用力插入，经常会把接穗嫁接一侧的皮层剥离，会影响嫁接的成活率。所以，在插入接穗的时候要用楔棍把砧木劈口楔开后才插入接穗。

② 防止刀片折断　在撬开砧木劈口时，不要用切接刀或类似的刀具拨撬，很容易把刀片掰断。

③ 防止砧木劈口撕裂　在撬开砧木劈口时，不宜用力过大，会使砧木的劈口被向下撕裂甚至把砧木折断。

④ 调整好砧木与接穗接合处　接穗插入后，如果位置不理想，可用楔棍把砧木劈口楔开，把接穗的位置调整好，然后再把楔棍拔出。

⑤ 使用楔棍楔开砧木劈口　在拨开砧木劈口的时候，最好采用楔棍楔开，把楔棍的楔面插入劈口，再用木棍或木棰轻敲，把劈口楔开，然后再插入接穗。

3.1.3　插皮接

3.1.3.1　插皮接技术要点

插皮接是将接穗插入砧木的形成层，即树皮与木质部之间，这种嫁接方法叫做插皮接，又叫皮下接（图 3-5）。插皮接要求砧木的皮层能够很容易剥离，也就是俗称的离皮，所以插皮接要在树液开始流动（树液开始流动也就是民间俗称的“水上树”）之后到树木进入休眠期，这段时期处于树木的生长期，树皮比较容易剥离。嫁接最常见的时期为春季采用枝接，是使用最为常用的一种枝接方法。嫁接的时期不宜过早，如果树液还没有流动，树皮不能很好地分离，插皮接操作就很困难。插皮接一般用于砧木的粗度比接穗粗得多的情况下进行。插皮接接穗的切削比较简单，容易掌握，嫁接速度快，成活率高。但嫁接成活后，接穗容易被风吹断或被其他外

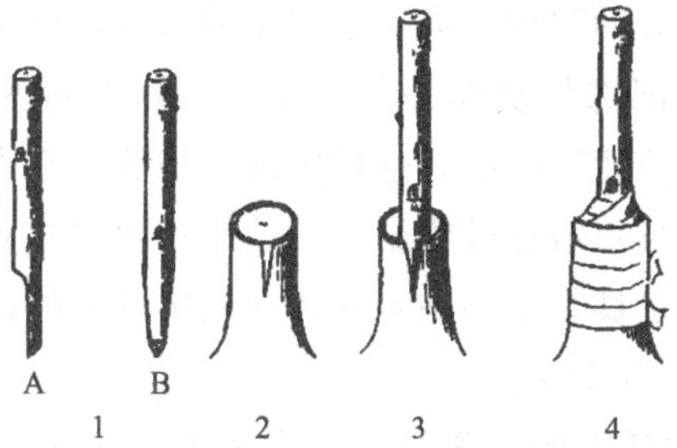

图 3-5　插皮接法操作步骤

1—接穗切削（A. 接穗削口侧面，B. 接穗削面的背面）；2—锯断砧木纵切并拨开嫁接口；3—插入接穗（削面向内）；4—绑缚接口

力折断，需要及时用支柱绑缚固定。

3.1.3.2 插皮接操作步骤及要领

(1) 切砧木　把砧木下部周围清理干净，在合适的位置将砧木锯断。一般在距地面5～8厘米处锯断砧木。如果嫁接部位在根颈部位，需要将土挖开，在茎基部将砧木锯断，对于较细的砧木，根颈部位的皮层较厚，并且富有弹性，接穗比较容易插入。对于高接，容易离皮的树种，在较粗的砧木上直接嫁接，如果不容易离皮的树种，则要先将砧木在需要嫁接的部位锯断，等锯口下面的芽萌发成为枝条后，在这种新萌发的一年生枝条上进行嫁接。

砧木锯断后，用修整刀具将锯口修平，选平滑处作为嫁接位置，将砧木皮层划一纵切口，长度为3～5厘米，再从纵切口处将砧木皮层往两边拨开。

(2) 削接穗　接穗剪短为带3～4个芽、长约10厘米的小段，并进行蜡封，在嫁接的时候进行切削。插皮接方法的接穗切削方法有以下三种。

① 在最下面一个芽的对面，将接穗削一个3～4厘米长的削面。切削时，先将刀横向切入接穗木质部的1/2处，然后向前稍微偏斜削到先端，接穗切削的深度要求超过髓心。再在大削面的背面削一个0.5厘米的小削面，把接穗下端削尖。接穗削入的深度或者说是接穗削切部分的厚度，取决于砧木的粗细，如果砧木接口部位较粗，接穗的切削部位要厚一些，反之，如果砧木的接口部位较细，接穗切削部位要薄一些，这样可使接穗插入砧木时不至于使砧木裂口太大，而且接触比较紧密。在选择接穗的时候，粗的砧木要选择使用较粗的接穗，细的砧木要选择使用较细的接穗。接穗切削面以上要保留1～3个芽。

② 接穗的切削方法是先削一个大削面，在大削面的背面两侧各削一个窄长的小削面，小削面长度与大削面一样或者略短，宽度为0.2～0.3厘米（图3-6）。

③ 这种方法与上面②的方法很接近，只是在背面削的小削面

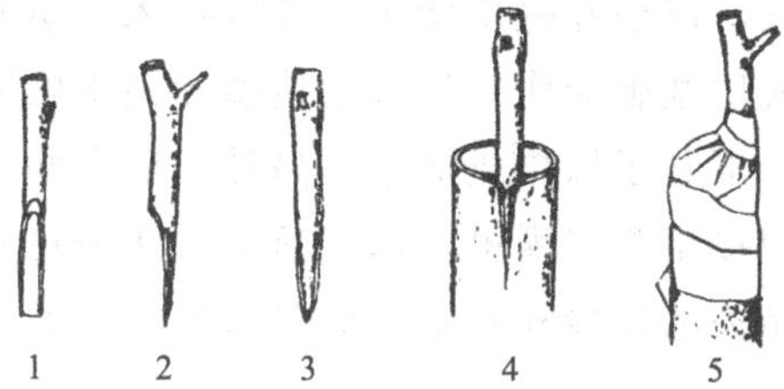

图 3-6 接穗削面背面切削两刀的插皮接

1—接穗削面；2—接穗削面的侧面；3—接穗削面的背面；

4—插入接穗；5—绑扎

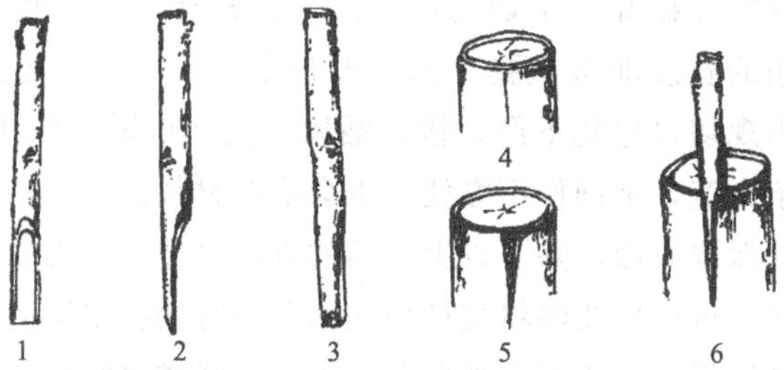

图 3-7 接穗削面背面切削一刀的插皮接

1—接穗削面；2—接穗削面的侧面；3—接穗削面的背面；

4、5—砧木锯断纵切并挑开皮；6—插入接穗

只削一个，在大削面背面的一侧，大小与上面②的相同（图 3-7）。

（3）插接穗接合 插接穗时，在砧木树皮选择光滑处纵向下划一刀，长度为 3～4 厘米，用刀尖将树皮两边适当挑开。把接穗从砧木切口沿木质部与韧皮部中间插入，长削面朝向木质部，并使接穗背面对准砧木切口正中，接穗上端注意“留白”或者叫“露白”。这样可使接穗露白处的愈伤组织和砧木横断面的愈伤组织相连接，保证愈合良好，如果接穗全部插入，嫁接口上会出现疙瘩，影响嫁接树木的寿命。如果砧木较粗或皮层韧性较好，砧木也可不切口，直接将削好的接穗插入皮层即可。

在插入接穗的时候，有些资料介绍，在接穗插入之前，先用

竹签或铁钎插入，以松开树皮便于接穗的插入。事实上，这种做法会使砧木形成层细胞受伤并且影响接穗和砧木的贴合程度，使两者贴合不紧，不利于嫁接成活率。另外，还有些嫁接人员在接穗插入之前，把接穗含在嘴里，抹上唾液，认为这样有利于嫁接的成活，通过相关的试验和观察，证明嫁接成活率与唾液没有直接的关系。

（4）绑扎　接穗插好后，用宽度为 2 厘米的塑料薄膜条绑扎。要将切削口包严，特别注意砧木的切口和接穗的露白处，务必包严。这样，既可以防止切削口水分的蒸发和丧失，又可以固定接穗，并能够使接穗和砧木切削口之间紧密相连。在用塑料条绑扎时，塑料条的宽度非常重要，如果塑料条太窄，没有超过砧木直径，则会出现切口包扎不严，接口漏风，就严重影响嫁接成活率。如果塑料条太宽，则操作不方便，也会浪费材料。

在绑扎保湿方面，除了以上介绍的方法之外，还可以采用其他的一些方法，可以用线绳将接穗插入部分进行捆扎牢固后，在砧木断面以及接穗露白处用泥涂抹覆盖，再用塑料袋将接穗以及砧木切口都套起来，把塑料袋下口扎紧。这种绑扎方法比较适合于砧木较粗的时候使用。

3.1.3.3　插皮接嫁接效果分析

插皮接是嫁接成活率最高的一种嫁接方法，操作简单方便，速度快，很容易掌握，接穗的切削也比较简单。主要用于砧木粗度比接穗大得多的情况下的嫁接，尤其是高接换头或换种的时候，基本上都是采用插皮接。插皮接需要砧木的皮层能够剥离，所以插皮接嫁接的时间应该在树液开始流动以后才能够嫁接，而且砧木对接穗基本上没有夹力，固定接穗主要用绑扎材料，当绑扎材料解除后，需要立支柱固定和保护已经接穗成活的枝条。

插皮接的接穗有三种切削方法，它们的愈伤组织生长情况是有区别的。首先，需要说明砧木劈口处愈伤组织的形成情况以及愈伤组织形成量的多少。砧木接口处皮层剥离后，有三个位置的形成层的愈伤组织生长量是明显不同的：①皮层与木质部连接处。愈伤组织形成最多，这个位置是砧木皮层剥离开后，两侧与木质部相连的位置，分别是两条线，从砧木锯口处延续到皮层剥离口下端。②砧木皮层被剥离开的部分。这部分虽然内侧是形成层，但愈伤组织生长量不大，从皮层未剥离出到皮层剥离切口的边缘，愈伤组织的生长呈递减趋势。③皮层剥离开后的木质部。位于裂口的中间，这个位置基本上不产生愈伤组织。其次是接穗愈伤组织产生的位置：①接穗的第一种削切法，背面不削，愈伤组织产生的是削面两侧及顶部的形成层，可以形成环状的愈伤组织；②第二种接穗的削法是接穗大削面的背面削两刀，这种削法，愈伤组织产生的位置是背面两个小削面的形成层；③第三种削法是在大削面的背面的一侧削一个小削面，愈伤组织产生的位置是没有在背面削一刀的一侧是在大削面的形成层，可以与大削面上端的形成层形成的愈伤组织相连，而背面削了一个削面的一侧，愈伤组织产生的位置是削口内侧。

根据以上对砧木和接穗愈伤组织产生的位置的分析和归纳，第一种接穗削法，接穗产生愈伤组织的位置离砧木产生愈伤组织最多的位置距离最近，两种产生的愈伤组织能够很快接合而使嫁接的接穗成活；第二种接穗的削法，虽然接穗与砧木的接触面增大，但是，接穗产生愈伤组织的位置离砧木产生愈伤组织最多的位置较远，所以两者的愈伤组织接合就较第一种接穗削法困难，嫁接成活率也就不如第一种；第三种接穗的削法，介于前两者之间，成活率也就在前面两种削法之间。

第二种接穗的削法，在大削面的背面多削两刀，从表面上来看，接穗与砧木的接触面更大，因此有人认为这种削法最理想，所以，许多资料都着重介绍第二种削法。而实际上，砧木与接穗的愈合并不是只取决于双方的接触面，而是双方的有效接触面，就是能够产生愈伤组织的接触面，有效接触面大，双方的愈合才快，有效接触面小，双方愈合就慢。

3.1.4 插皮袋接

3.1.4.1 插皮袋接技术要点

插皮袋接是插皮接的一种演化形式。嫁接时，砧木不需要进行纵切口，也不需要像插皮接那样把皮挑开，不形成裂口，而是将接穗直接插入砧木的皮内，好似装入袋中一样，故而叫做插皮袋接，又叫袋接（图 3-8）。这种方法适合于粗度较大的砧木，并且树皮不容易纵裂的树种（如山桃和樱桃的砧木等）。砧木的接口较大，树皮厚，所以，一个接口可以嫁接两个或更多的接穗。嫁接速度快，接穗的切削方法比插皮接更简单，成活率高，但嫁接成活后接口处容易折断。另外，接口过大，伤口全部愈合比较困难，需要的时间较长。

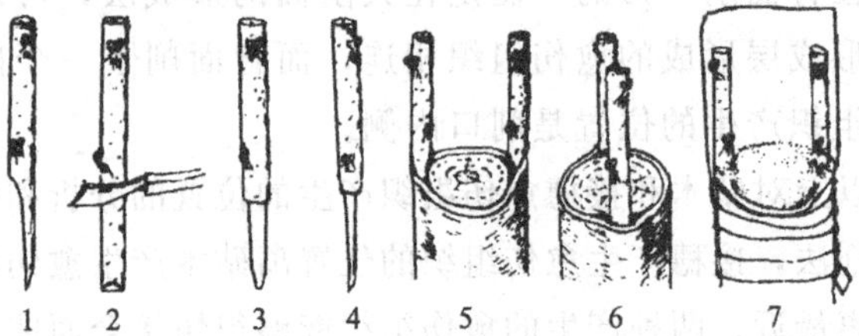

图 3-8 插皮袋接操作步骤

1—接穗先按插皮接的方法切削；2—将接穗削面背面的皮割断；3—剥去接穗插入部分的皮层；4—接穗侧面；5—将接穗去皮部分插入树皮中；6—接穗插入侧面，砧木皮层不开裂；7—接口抹泥后套上塑料袋并捆紧

3.1.4.2 插皮袋接操作步骤及要领

（1）切砧木　插皮袋接砧木的切削和处理方法一样，只是不需要纵切一刀，把皮挑开。

（2）削接穗　接穗的切削方法前半部分与插皮接相同，在最下面一个芽的背面削一个大削面，同样深度需要超过接穗的髓心，削面的长度同样是 3～4 厘米。大削面削好之后，将削面背面的树皮割去，割到插入部分的顶端，也就是大削面的切削刀髓心的位置处，使其只剩下木质部。木质部的舌长4厘米左右，尖端削尖。

（3）插接穗接合　将接穗下部，也就是只带木质部的舌状部分对准砧木的形成层，用力慢慢插入砧木木质部与韧皮部之间，要求将接穗的木质部全部插入砧木的皮层中。

（4）绑扎　由于这种嫁接方法嫁接的时候，砧木的接口较粗，并且经常采用两个以上的接穗，接口处用塑料条很难封严，因此可用套袋法进行包扎。套袋前，最好先在接口处抹泥，然后套袋，用塑料袋把接口和接穗全部套住，并把塑料袋下口扎紧。接口处抹的泥不能太稀，要将接穗插入处的孔堵住堵严，保证接口位置处于黑暗的条件下。不抹泥也可以，只是愈伤组织生长得缓慢一些。

塑料袋的保湿效果较好，但是在烈日下温度容易过高，所以，采用套袋法进行嫁接，应该尽量避开炎热季节。另外，接穗萌发后要分两次打开塑料袋，第一次是接穗萌发后将塑料袋剪开一个小口作为通气孔；第二次是接穗已经萌发生长成为一个枝条，并且接口处愈伤组织已经长满，这时就可以把塑料袋全部解开撤出。采用套袋法，接穗就不需要进行蜡封。

3.1.4.3 插皮袋接嫁接效果分析

插皮袋接接穗插入的部分不带韧皮部，只有舌状的木质部，木质部外面的形成层产生的愈伤组织很少，不利于双方的愈合。但是，由于砧木粗壮，形成层外裂口小，所以在接穗插入部分的愈伤组织生长很快，一般10天就可以将插入部分的空隙填满。这样，虽然接穗生长的愈伤组织很少，但双方也能够很快愈合。另外，嫁接时要求接穗去皮后插入到底，使之与砧木伤口处形成层相连，所以砧木接口处的横截面能够与接穗伤口很快愈合。为了促进愈伤组织的生长，给伤口抹泥，使之保持黑暗和湿润，有利于接穗成活。

3.1.5 插皮舌接

3.1.5.1 插皮舌接技术要点

插皮舌接也插皮接的一种变化形式，接穗木质部呈舌状插入砧木的树皮中，故称插皮舌接（图 3-9）。此法与插皮袋接比较接近，接穗的插入部分同样要把皮层剥离，但不将树皮切除，而是将其包在砧木皮层外边；砧木要把老皮削去，露出嫩皮，接穗的皮层内侧与砧木的嫩皮接合。这种方法，由于嫁接时不但要求砧木要能够离皮，而且接穗也要能够离皮，所以接穗要现采现接。嫁接时期一般安排在接穗的芽开始萌动的时候较为合适。

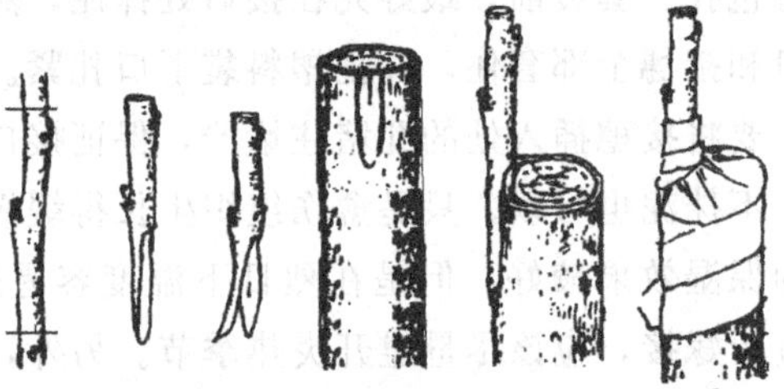

图 3-9 插皮舌接操作步骤

1—接穗的剪切；2—接穗最下面一个芽的背面削一个 3 厘米的大削面；3—将接穗削面背面的皮层与木质部分离；4—在砧木平滑处削去老皮，露出嫩皮；5—将接穗木质部插入砧木皮层内，韧皮部贴住砧木露出的嫩皮；6—用塑料条绑扎

3.1.5.2 插皮舌接操作步骤及要领

（1）切砧木　砧木的切削处理的前半部分与插皮接的相同，就是先将砧木基部周围清理干净，在距离地面合适的位置把砧木锯断，一般情况下是在地面以上 5～8 厘米处锯断。将锯口削平。在准备嫁接的部位，自下而上将砧木的老树皮削去，露出嫩皮，在嫩皮的中间垂直向下纵切一刀，深度达木质部。

（2）削接穗　接穗在嫁接前要先剪短为合适的长度，一般留 3～4 个芽，长度在 10 厘米左右，而后进行蜡封，接穗在萌动的时候也可以进行蜡封，只是在蘸蜡的时候速度要快一些。切削时，在最下面一个芽的背面削一个长 3 厘米的大削面，深度同样要超过髓心，并把最下端削尖。大削面削好后，用手指捏一下接穗削口的两边，并轻轻扭动，使削面背面的皮层与木质部分离开来。

(3) 插接穗接合　将接穗木质部的尖端插入已削去老皮的砧木的形成层处，从纵切口插入，使得接穗的皮层保持在砧木嫩皮外边与砧木的韧皮部切口贴合。这样，接穗既能够和砧木的形成层相接，又能够与砧木的韧皮部生活细胞相接。

(4) 绑扎　绑扎方法与插皮接一样，可以用40～50厘米长、宽度为砧木切口1.5倍的塑料条进行绑扎，并绑紧绑严。如果砧木较粗，并插有两个以上的接穗，可以先用线绳将接穗绑扎固定，然后套上塑料袋。

3.1.5.3　插皮舌接嫁接效果分析

插皮舌接在许多资料和文献中都有介绍，认为这种嫁接方法比较重要，嫁接成活率高。然而事实上，这种嫁接方法操作比较复杂，而嫁接的成活率却比普通的插皮接要低。主要是因为这种嫁接方法具有以下缺点和不足：①砧木树皮被削去老皮露出嫩皮，韧皮部生活细胞虽然也能够生长出愈伤组织，但愈伤组织的生长量远远不如形成层细胞所产生的量多。砧木产生愈伤组织最多的位置在接穗插入口中的韧皮部与木质部相连处。②接穗插入部分的树皮和木质部分离之后，舌状木质部外面很少形成愈伤组织。同时，树皮内侧也基本上不产生愈伤组织。接穗产生愈伤组织最多的位置在大削面上端皮层未分离处。③砧木和接穗能够产生大量愈伤组织的部位接合面不大，也就是前面所提到的有效贴合面不大，所以，两者的愈伤组织不能够很快愈合生长。④砧木被削去老皮后，所留下的皮层很薄，接穗舌状木质部插入后，薄皮裂开。由于砧木皮层较薄，而且又裂开，在开裂处附近形成的愈伤组织很少，因而影响双方的愈合。⑤由于嫁接时要求接穗能够离皮，也就是木质部和韧皮部能够分开，所以采接穗的时期必须在芽萌动的时候，而且要求现采现接。而这个可以采集接穗的时期很短，很难大面积采用此法进行嫁接。同时，进入生长期的枝条，其养分含量往往没有休眠期的枝条养分含量高，嫁接后形成的愈伤组织也就比较少。

3.1.6 合接

3.1.6.1 合接技术要点

合接也称贴合接或贴接，是将砧木和接穗的削面贴合在一起，并将两者绑扎起来，故而叫合接（图 3-10）。合接适合于砧木接口较小或者砧木与接穗粗度相同的情况下采用的嫁接方法。合接的嫁接时期通常在春季采用枝接，也可以提早嫁接，在生长季也可以进行嫁接。合接的砧木和接穗的切削方法比较简单，嫁接速度快，成活率高，接口牢固，成活后不易折断或被风吹断。

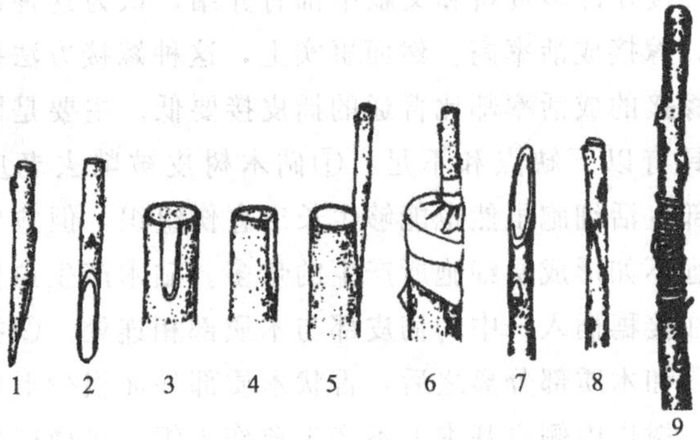

图 3-10 合接操作步骤

1—接穗最下面一个芽的背面削一个 3 厘米的大削面（侧面）；2—接穗切削正面（砧木比接穗粗的合接）；3、4—在砧木平滑处削一个大小与接穗削面相同的削面；5—将接穗和砧木的削面贴合，使双方上下、左右的形成层对齐；6—用塑料条绑扎接口（砧木与接穗粗度相同的合接）；7—削一个与接穗大小相同的削面；8—砧穗双方削面贴合；9—绑扎

3.1.6.2 合接操作步骤及要领

（1）切砧木　砧木与接穗粗度差异大的情况下，先在合适的嫁接位置将砧木锯断或剪断，用刀在光滑的适合嫁接的一侧削一个马耳形的削面，长度为 3～4 厘米，宽度与接穗的直径相同。

（2）削接穗　将接穗预先剪成合适的长度，并进行蜡封。在最下面一个芽的背面削一个与砧木上面大小一致的削面，同样为马耳形。削面长度为接穗长度的1/3～1/2，宽度和砧木削面的宽度基本相同。

（3）插接穗接合 将砧木和接穗的削面贴合在一起，使双方形成层对齐。如果砧木和接穗粗度一样，则不需要露白；如果砧木较粗而接穗较细时，则接穗需要露白约0.5厘米。在贴合的时候，一般看不清双方形成层对准的情况，只需要外皮层接合平整即可，因为如果在砧木和接穗粗度一致时，外皮层对齐时，双方的形成层也就能够对齐。

（4）绑扎 砧木和接穗双方对齐贴合后，进行绑扎。可用塑料条进行绑扎，保湿和绑扎同时完成；也可以用线绳先将双方绑紧，然后在接口处用液体石蜡涂面保湿。

3.1.6.3 合接嫁接效果分析

合接虽然在嫁接的时候，砧木和接穗不能够贴得很紧密，因为双方彼此都没有固定的夹口，所以嫁接后要尽量使用外力将双方绑牢。当然，由于这种嫁接方法没有伤及双方的形成层，所以形成的愈伤组织很多，尤其是双方的有效接触面很大，双方的愈合很快，愈伤组织能够很快填满贴合处的空间，嫁接非常容易成活。嫁接成活后不宜立即解除绑缚物，要到新梢生长到40厘米以上，接合部位已经完全愈合时才能够把绑缚物解除，这时，双方的伤口不会分离，砧穗共同形成的新木质部和新的韧皮部使接合部位十分牢固，不易从接合部位折断，更不会被风吹断。

3.1.7 舌接

3.1.7.1 舌接技术要点

舌接与合接相似，都是要将砧木和接穗切成马耳形的削面。但舌接需要将砧木和接穗都削出一个小舌，并将舌状接口对接，故称舌接（图3-11）。舌接适用于砧木和接穗粗度在1～2厘米，且大小粗细差不多的嫁接。舌接砧木、接穗间接触面积大，结合牢固，成活率高，在园林苗木生产上用此法高接和低接的都有。舌接的操作比合接复杂得多，不易操作，但增大了砧穗之间的接触面，而且有舌状接口，接合更加牢固。

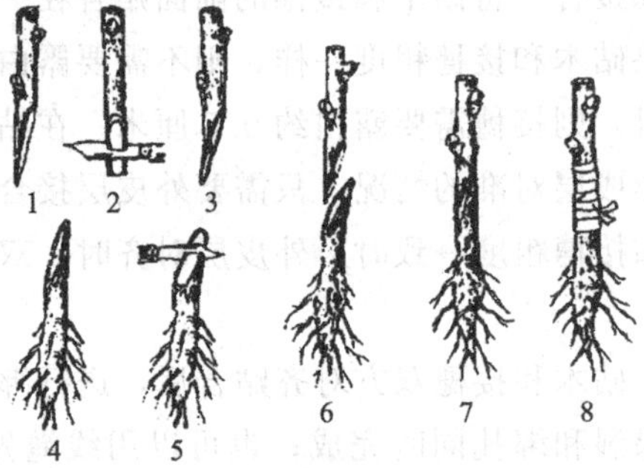

图 3-11　舌接操作步骤

1—接穗最下面一个芽的背面削一个 3 厘米的马耳形削面（侧面）；2—在削面下端 1/3 处向上纵切深 2 厘米的一刀；3—接穗削面及切口侧面；4—砧木削成与接穗相同大小的削面；5—在削面下端 1/3 处向下纵切深 2 厘米的一刀；6、7—将砧穗双方的削面和切口对插，接穗的小舌插入砧木的切口中，砧木的小舌插入接穗的切口中；8—用塑料条将结合部位捆紧包严

3.1.7.2　舌接操作步骤及要领

（1）切砧木　先将砧木基部清理，然后把砧木从合适的嫁接位置剪断，将砧木上端削成 4 厘米长或更长的马耳形削面，再在削面由上往下 1/3 处，顺砧木主干垂直往下切 2 厘米左右的纵切口，成舌状。

（2）削接穗　接穗同样先剪短蜡封。在接穗平滑处顺势削 4 厘米长的马耳形斜削面，再在削面由下往上 1/3 处同样切 2 厘米左右的纵切口，和砧木削面部位纵切口相对应。

（3）插接穗接合　将砧木和接穗的削面对齐，由上往下轻轻推移，将接穗的内舌（短舌）插入砧木的纵切口内，同时砧木的舌状部分插入砧木的切口中，使彼此的舌部交叉起来，互相插紧。

（4）绑扎　绑扎方法与合接法一样。

3.1.7.3 舌接嫁接效果分析

舌接法嫁接，要求砧木与接穗的粗细度一致，接合时双方形成层就能够对准。这种方法使得砧木和接穗的形成层接触面比较大，形成的愈伤组织比较多，接后容易愈合。舌接法比合接法操作更加困难，小舌部位形成的愈伤组织较少，不如合接法。同时这种方法只适合于室内嫁接或砧穗都离体的情况下嫁接，田间操作比较困难，愈合较差。

3.1.8 腹接

3.1.8.1 腹接技术要点

将接穗接在砧木的腹部的嫁接方法叫做腹接，是在砧木腹部进行的枝接（图 3-12)。腹接可以增加果树的内膛枝数量，以及在缺枝部位补充枝条，特别是在高接换种的时候，由于大树常常内膛空虚或者某一侧缺枝，腹接可以增加内膛枝条以及缺失部位的枝条；在林木的培养中，可以通过腹接，培育成为具有特殊造型的树冠。

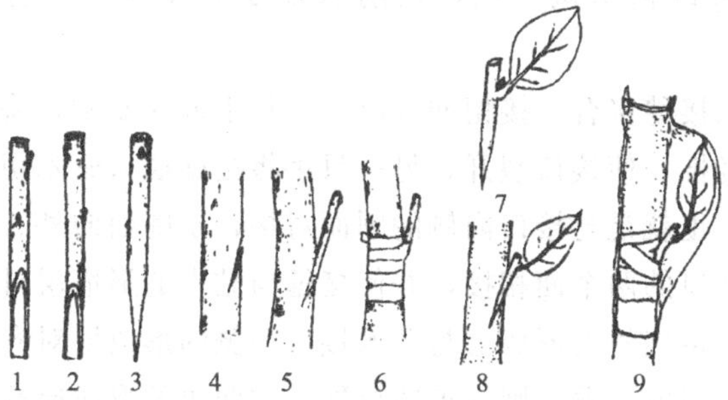

图 3-12 腹接操作步骤

1—在接穗最正面削一个 3 厘米的马耳形削面；2—在大削面背面削一个较小的马耳形削面；3—接穗削面侧面（左边削面大，右边削面小)；4—在砧木中部（腹部）向内下斜切 3 厘米深的一刀；5—将接穗按大削面在上小削面在下全部插入砧木切口中，保持双方有一侧的形成层对齐；6—用塑料条绑扎接口；7—带叶接穗的切削；8—带叶接穗插入砧木切口中（方法与 5 相同)；9—用塑料条将结合部位捆紧包严并包上塑料膜小砧木也可以进行腹接，以此来代替其他嫁接方法。嫁接时期可以提早，嫁接速度快，成活率高。

3.1.8.2 腹接操作步骤及要领

（1）切砧木　在腹接的时候，对于大砧木，在需要补充枝条的部位，从上而下与砧木垂直线呈 25°左右夹角斜下切一刀，深达木质部，但不要超过髓心，切口深度为 4 厘米。在切削接口的时候，可以用木棰敲打刀背，慢慢切入，容易掌握倾斜度和深度。对于苗圃地生长的小砧木，在离地面 5 厘米处，一手握住砧木，使砧木在要切口的位置弯曲，一手拿刀，自上而下斜切一刀，深达木质部接近髓心，切口深度 3～4 厘米。

（2）削接穗　接穗剪成 10 厘米左右长的小段，每段留 3～4 个芽，在嫁接之前对接穗进行蜡封。在最下面一个芽的两侧相对的位置各切削一个马耳形的削面，一个削面长一些（长度约为 4 厘米），在长削面的对面削一个稍短一些的削面（长度为 3 厘米）。两个削面形成楔形，把下部削尖。苗圃里砧木较小的小苗嫁接时，接穗的两个削面可以稍微短一些，长削面长度 3 厘米，短削面长度 2 厘米。

（3）插接穗接合　接穗插入时，一只手握住砧木，将其向切口的反方向轻推，使接口裂开，另一只手将接穗插入砧木切口中，大削面朝里，也就是与接口内侧的削面对接，小削面向外。将两个削面与砧木锯口的两个面相接，并使接穗与砧木的形成层对齐。如果砧木较粗，将接穗的形成层与砧木接口一侧的形成层对齐；如果接穗和砧木的粗度一致，则力求使接穗左右两边的形成层都与砧木的形成层对齐。这种方法比劈接速度快，砧木接口对接穗也夹得比较紧。

（4）绑扎　接穗插入砧木的接口并使形成层对齐后，对接口进行绑扎。较大砧木腹接时，用宽 3～5 厘米、长度约为 50 厘米的塑料条进行绑扎，将接口捆紧包严，也可以先用线绳捆扎接合处，固定好后，在接口处涂蜡保湿。对于小砧木的腹接，可以用稍窄一些的塑料条进行绑扎，长度也可以稍短一些。包扎时，还可以先将接口上部的砧木剪掉，再将接口连同剪口一起绑扎起来。在生长季用绿枝嫁接时，可以留叶或不留叶，留叶时先将接口绑扎固定，然后套上塑料袋保湿。

3.1.8.3　腹接嫁接效果分析

采用腹接法进行嫁接，砧木和接穗的愈合情况与劈接相似，或者说愈合程度比劈接要好，裂口比劈接小，接后愈合程度高。苗圃内小苗的嫁接，以往大多采用切接法，目前，多数苗圃都改用腹接法。腹接法接穗的两个削面的四个边的形成层都能够和砧木的形成层对接，并且砧木的接口能够夹紧接穗，使双方愈伤组织容易连接。

腹接的嫁接与劈接比较接近，但削面的切削比劈接法容易掌握，砧木的切削也比较容易省力，愈合程度比劈接的好，操作速度也比劈接快得多。

3.1.9　皮下腹接

3.1.9.1　皮下腹接技术要点

皮下腹接也是在砧木腹部的嫁接，砧木以及接穗的切削方法与插皮接相似，所以皮下腹接是腹接的一种，但接穗是插入砧木的树皮下，故称皮下腹接，或者叫插皮腹接（图 3-13）。皮下腹接适合于砧木比较大的情况下使用，作用与腹接一样，可以增加内膛枝的数量以及在缺枝部位补充枝条，或者通过插皮腹接培育特殊造型的观赏树木，提高树木的观赏价值。

3.1.9.2　皮下腹接操作步骤及要领

（1）切砧木　在砧木上需要补充枝条的位置，选择树皮光滑无节疤处切一个“T”字形的切口，在“T”字形切口上面，以横切线为底线，切一个半圆形的切口，深达砧木木质部 2 厘米左右。“T”字形切口的纵划线长度为 3～5 厘米，深度与插皮接一样，把

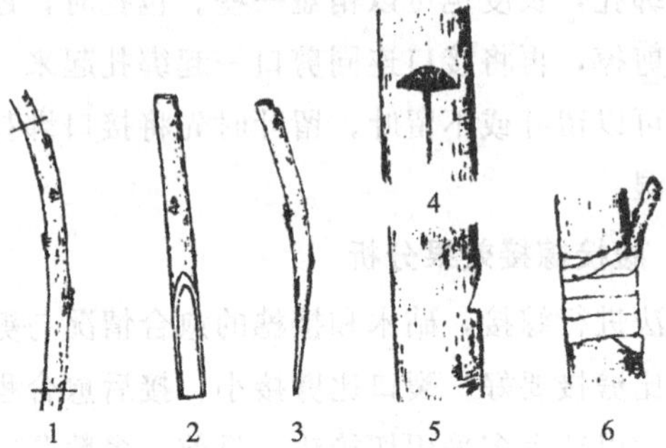

图 3-13　皮下腹接操作步骤

1—选择弯曲的接穗，长度要长一些；2—在接穗弯曲外面下端削一个较长的马耳形削面；3—接穗削面侧面，削面在弯曲部的外侧；4—在砧木树皮光滑处切一个“T”字形口，将上方的树皮削去一部分；5—砧木切口侧面，切口上方有一个削面，便于接穗的插入；6—接穗插入砧木切口，向外弯曲，用塑料条绑扎接口

韧皮部全部切通。

（2）削接穗　接穗采用蜡封，每个接穗保留 2～3 个芽。接穗最好选择弯曲的枝条，有利于插入。在接穗弯曲部外侧削一个马耳形的削面，长度稍长一些，在 5 厘米左右，把接穗的最下面削尖。接穗上一般留 2～3 个芽，也可以多留一些，使之嫁接成活后长出较多的枝条来补充缺枝。

（3）插接穗接合　把接穗插入砧木“T”字形切口中，削面朝里对着砧木的木质部，从上而下将接穗马耳形的削面全部插入砧木的皮下，不露白。

（4）绑扎　皮下腹接的砧木比较粗，所以，绑扎时要采用较宽的塑料条，可采用宽度为 5 厘米的嫁接塑料条，长度要求比较长。绑扎时要把接口尽量包严。由于砧木较粗，接口较大，绑扎困难，所以也可以再用接蜡经接口封堵保湿；还可以用 60 厘米或 80 厘米宽的塑料膜，在接穗的位置处剪一个恰好能够使接穗穿过的小孔，让接穗穿过塑料膜，在接口上面用线把接穗外面的膜扎紧，再把整张塑料膜包裹于砧木树干上，用线绳捆扎包严。特别是砧木粗度较大、超过10厘米的情况下，采用宽塑料膜包扎效果较好。

3.1.9.3 皮下腹接嫁接效果分析

皮下腹接通常是在砧木比较粗大的情况下进行的嫁接，由于砧木粗壮，伤口较小，砧木的愈伤组织生长快而且数量多，能够很快把切口的空隙填满，所以嫁接后愈合很快，比较容易成活。接穗以弯曲的枝条为好，如果用直立的枝条作为接穗，插入部位会有空隙，会影响双方的愈合，如果接穗是直的枝条，削接穗的时候，可以采用插皮接的接穗的削法。也可以使用细软的枝条作为接穗，插入的时候就比较容易，包扎紧后砧穗愈伤组织能够很快相接，有利于成活。

3.1.10 切贴接

3.1.10.1 切贴接技术要点

切贴接具有切接和贴接两种嫁接法特点的嫁接方法，是切接和贴接两种方法的综合，是变形的切接或者是变形的贴接(图3-14)。这种嫁接方法适合于苗圃中小砧木的春季嫁接。嫁接速度快，成活率高。

3.1.10.2 切贴接操作步骤及要领

(1) 切砧木　把砧木在离地面5厘米处剪断，从砧木的一侧1/4或1/5处下切一刀，下切深度为3厘米左右，在切口最下端以一定的角度斜下切一刀，把砧木切口外侧薄的一面连带木质部一起切下。

(2) 削接穗　接穗的削法和切接法的接穗削法完全相同。预先蜡封接穗，在最下面一个芽的背面削一个3厘米长的削面，削的时候，先将刀向接穗内部横向切入深达木质部，不超过髓心，然后在向接穗底部垂直削下去，形成一个光滑而且垂直于接穗的削面。把接穗翻转，在长削面的背面削一个1厘米左右的小削面。大削面和小削面交汇处削成尖口。

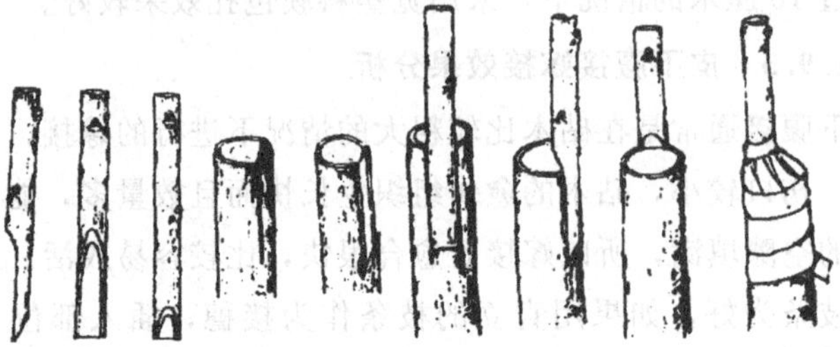

图 3-14　切贴接操作步骤

1—削面侧面（接穗的切削法与切接相同）；2—削面正面；3—削面背面；4—砧木切削方法与切接法相同；5—在砧木切口下面往里斜下切入，切下带木质部的树皮；6—将接穗大削面贴紧砧木去皮切口；7—砧木和接穗两侧形成层对齐；8—接穗露白 0.5 厘米；9—用塑料条捆紧包严

（3）插接穗接合　将接穗的大削面与砧木的切削面相贴合，下端插入斜口之中并插紧，使接穗和砧木左右两侧的形成层对齐相接。如果不能够两侧对准，则必须对准一侧。

（4）绑扎　接穗与砧木贴合对准后，用塑料条进行绑扎，将接口以及接穗露白部位全部包扎起来并绑紧包严，使接穗和砧木贴紧。也可以用线绳把砧穗绑紧后，涂蜡或套袋保湿。

3.1.10.3　切贴接嫁接效果分析

由于砧木和接穗的木质部和韧皮部没有分离，形成层长出的愈伤组织比较多，再加之砧木和接穗的有效接触面较大，双方的愈合较快。在接口的下部，也就是接穗插入的斜口中，左右、上下的形成层都能够长出愈伤组织。所以，这种嫁接方法使得砧穗愈合快、愈合好，嫁接成活率高。

3.1.11　去皮贴接

3.1.11.1　去皮贴接技术要点

去皮贴接是将砧木切去一条树皮，在去皮的位置贴上接穗，这种嫁接方法叫做去皮贴接（图 3-15）。去皮贴接通常用于砧木较粗

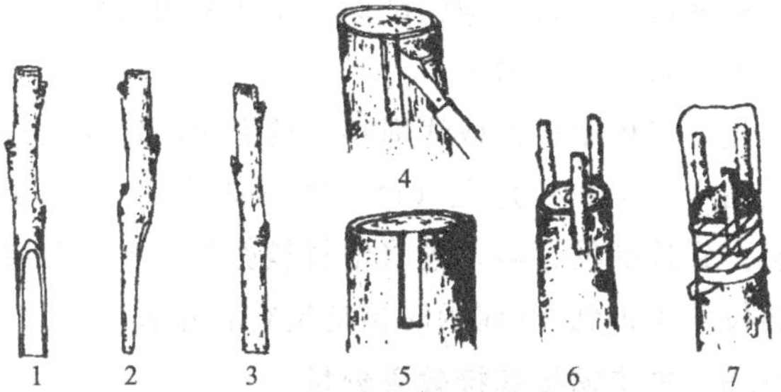

图 3-15 去皮贴接操作步骤

1—接穗的切削正面；2—接穗削面侧面；3—接穗削面背面不切削；4—在砧木上切去一块与接穗削面相同大小的树皮；5—砧木去皮后露出木质部和形成层；6—将接穗削面贴合在砧木去皮切口；7—用塑料条将接穗捆紧，接口处抹泥后套上塑料袋，并将塑料袋在接口下端扎紧

的情况下的嫁接，可在砧木上同时接两个甚至三个以上的接穗。这种嫁接方法嫁接的速度较慢，但是砧穗贴合紧密，嫁接后成活率高。嫁接的时期要在砧木能够离皮的时候进行。

3.1.11.2 去皮贴接操作步骤及要领

(1) 切砧木　将砧木在合适的位置锯断，一般在离地面5～8厘米处，直而无节疤的位置。用削口刀把锯口削平。在砧木要嫁接的位置，锯口往下切去与接穗直径相近宽度的一条树皮，长度约为4厘米，露出木质部和形成层。砧木去皮切口的数量根据砧木的粗度和要嫁接的接穗的数量而定。较大的砧木可以嫁接3个或4个接穗，那么，就需要切3个或4个去皮切口，每个切口嫁接一个接穗。

(2) 削接穗　接穗保留2～3个芽并进行蜡封。在最下面一个芽的对面削一个长度为4厘米左右的削面，长度与砧木去皮切口的长度一样，深度不超过髓心。接穗削面的削法与切接法削面的削法一样，先将刀横向切入木质部，然后与接穗枝条的方向一致，垂直向下削到接穗的下端，把削面外侧的部分整片削去。前端不用削尖，也不用在削面的背面再削小削面。

（3）插接穗接合　将接穗的削面紧贴在削面去皮的切口上，并使接穗削面上部露白0.5厘米。

（4）绑扎　先用塑料条或线绳将接穗绑紧固定在砧木上，然后在接口以及砧木的锯口处抹泥（也可以不抹泥），最后套上塑料袋保湿、保温。到接穗发芽后，先将塑料袋剪开一个小孔通气，等到接穗萌发的枝条树种到30厘米时再把塑料袋除去。

3.1.11.3　去皮贴接嫁接效果分析

去皮贴接法，嫁接的时候，要将砧木切割掉一条树皮，去皮部位露出的木质部外侧只能形成较少量的愈伤组织，而在木质部与韧皮部之间的形成层处，能够很快形成大量的愈伤组织，使去皮切口的左右两侧以及下部都能够与接穗形成层长出的愈伤组织相连接。由于砧木和接穗都没有造成树皮的分离，所以两者的形成层形成的愈伤组织较大，砧穗双方能够很快愈合，嫁接成活率高。

3.1.12　靠接

3.1.12.1　靠接技术要点

靠接是特殊形式的枝接。靠接成活率高，可在生长期内进行。但要求接穗和砧木都要带根系，愈合后再剪断，操作麻烦。靠接法嫁接，由于砧木和接穗都是在不离体的情况下进行的嫁接，砧木和接穗各自都有自己的根系，所以嫁接成活率高。靠接可以在休眠期进行，也可以在生长期进行。靠接法在砧木和接穗的切削以及嫁接绑扎上都比较容易，困难之处在于把砧木和接穗的切口靠贴在一起。而且，最为重要的一点是接穗的来源较少。因此，这种嫁接方法只适用于以下特殊情况下的嫁接，多用于接穗与砧木亲和力较差、嫁接不易成活的观赏树木和柑橘类树木的嫁接。

嫁接前使接穗和砧木靠近。嫁接时，按嫁接要求将两者靠拢在一起。选择粗细相当的接穗和砧木，并选择两者靠接部位。然后将接穗和砧木分别朝结合方向弯曲，各自形成“弓背”形状。用利刀在弓背上分别削1个长椭圆形平面，削面长3～5厘米，削切深度为其直径的三分之一。两者的削面要大小相当，以便于形成层吻合。削面削好后，将接穗、砧木靠紧，使两者的削面形成层对齐，用塑料条绑缚。愈合后，分别将接穗下段和砧木上段剪除，即成 1 棵独立生活的新植株。

3.1.12.2　靠接操作步骤及要领

靠接法的砧木和接穗的切削基本相同，在各自相应合适的部位削出大小一致的削面即可。根据砧木和接穗粗细差异的情况，靠接法的接穗和砧木的切削方法分为三种，分别是合靠接、舌靠接和镶嵌靠接。

（1）合靠接　又叫搭靠接（图 3-16），在接穗和砧木的粗细度一致的情况下采用。将砧木和接穗在相对的部位各削一个削面，长 3～4 厘米，削面最宽处约等于接穗的直径，双方削面大小相同。切削的刀具要锋利，切削时，一手将枝条弯曲，一手切削削面，使削面平直。如果无法将枝条弯曲则切削很困难。双方的削面切削好后，把削面贴合在一起，用 2 厘米宽的塑料条把接合部位绑扎起来即可。

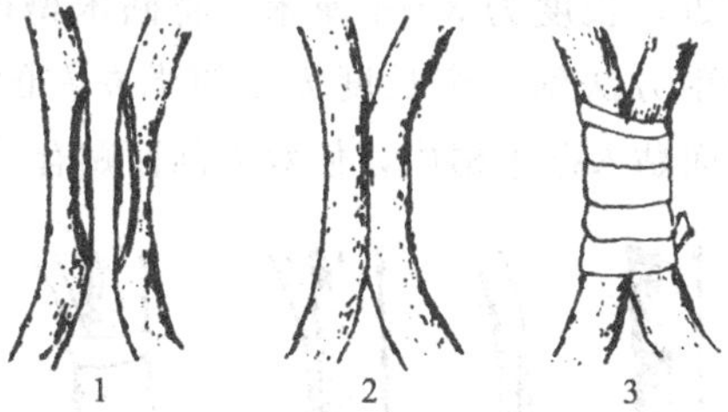

图 3-16　合靠接操作步骤

1—将砧木和接穗各削一个相同大小的削面；2—将砧穗双方的削面贴靠在一起，使双方形成层对齐；3—绑扎

（2）舌靠接（图 3-17）　在砧木和接穗粗细度相等的情况下采用，在双方合适的嫁接部位各削一个舌形口，方向相反，一个自下而上，另一个则自上而下，深度达到直径的一半，长度为 3 厘米左右，把小舌上面的树皮剥去一部分（瓜类的嫁接不剥皮）。切削小舌的时候，一

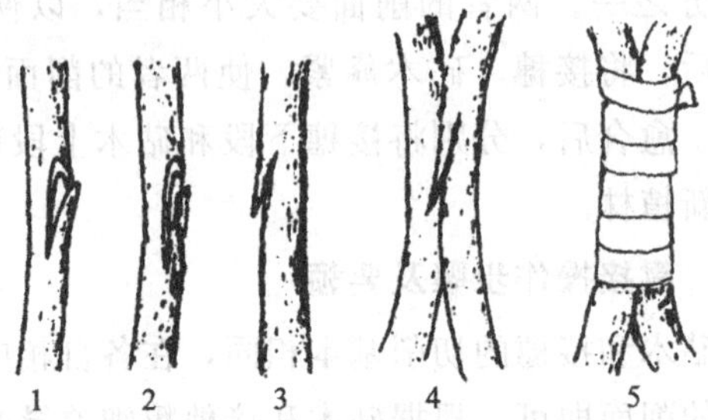

图 3-17　舌靠接操作步骤

1—接穗自上而下切削一个舌形切口；2—削去小舌外树皮；3—砧木的切削方法与接穗相同而反向；4—将砧木的小舌插入接穗的切口中，而接穗的小舌插入砧木的切口中；5—用塑料条或线绳绑紧接口

只手将枝条弯曲，另一手切削，这样容易操作。削面切削好以后，将双方舌形部分插入，对齐。然后用塑料条进行绑扎。

（3）镶嵌靠接（图 3-18）　镶嵌靠接法适合于砧木较粗而接穗较细的情况下的靠接。切削时，先在砧木合适部位切一个槽，宽度与接穗的直径相近，长度为 3～4 厘米，将砧木槽内的树皮挖去。接穗按靠接的切削方法削一个长度为 4 厘米左右的削面。切削好后，把接穗的削面贴入砧木槽内，使双方削面贴合。最后用塑料条

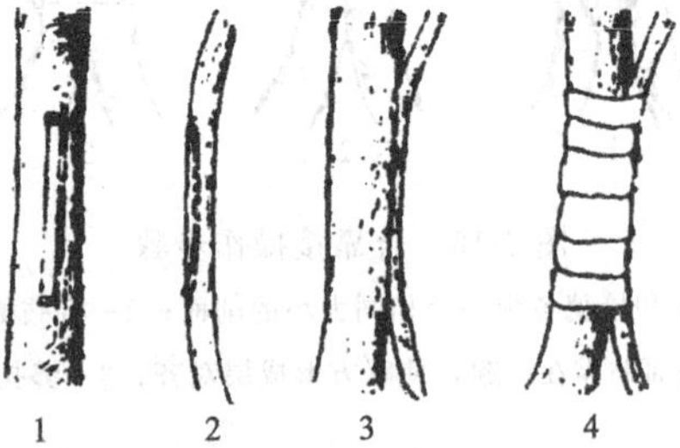

图 3-18　镶嵌靠接操作步骤

1—砧木切一个竖条形槽，大小与接穗的削面一致；2—接穗削一个与砧木槽大小相同的削面；3—接穗削面贴入砧木槽内；4—用塑料条或线绳捆紧

绑扎。

3.1.12.3 靠接嫁接效果分析

靠接法操作比较简单，而且嫁接成活率高。然而，接穗的来源局限性比较多，所以只适合小范围小面积的嫁接。在生产中，主要是用于常规嫁接法愈合不好、难以嫁接成活的树木的嫁接。在自然界中，许多树木的枝条靠在一起后，不需要任何处理，都会生长贴合在一起。靠接的原理与之基本上相同，嫁接双方都有自己的根系，都是自养型的树木，所以砧木和接穗以及嫁接部位都不存在失水的现象，因此，嫁接比较容易成活。绑扎的目的只是让砧穗双方的切口能够贴合在一起，保湿作用不是太重要，所以绑扎时可以用线绳绑扎就可以了。

以上介绍的三种靠接方法，成活率都高，以舌靠接法的操作最容易掌握，愈合好，可作为靠接的主要方法加以推广和应用。靠接法，在嫁接前没有进行剪砧，所以嫁接成活后，要将砧木从嫁接口以上的位置剪去，而接穗要从嫁接口下方剪去。剪接穗最好分为两次进行，第一次在嫁接口下方将接穗剪去2/3或3/4，保留一部分，就是不把接穗接口下方全部剪断，还保留一部分皮层不断裂，使接穗根系的水分和养分能够输送到接穗上部，而上部制造的养分向下输送则不会受阻。这样，把砧木自嫁接口以上剪去，而接穗从嫁接口以下剪去大部分，使砧木和接穗根系的水分和养分都集中供应给接穗；第二次再将接穗从接口以下全部剪断。

3.1.13 锯口接

3.1.13.1 锯口接技术要点

锯口接是用手锯将砧木锯出一道或多道锯口，将接穗插入锯口中的嫁接方法称为锯口接（图3-19）。锯口接适合于比较粗大的砧木进行春季枝接。锯口接不必考虑砧木的离皮问题，嫁接时期可以提前并延长，采用这种嫁接方法，接穗在接口处不易折断或被风吹断，接合牢固。但不知之处是嫁接速度比较慢，操作比较复杂。锯

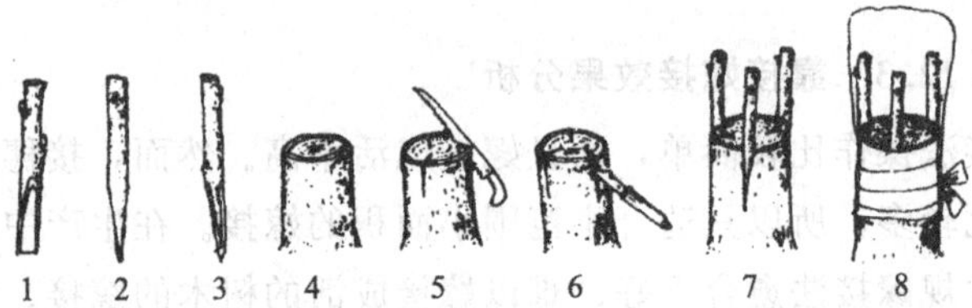

图 3-19　锯口接操作步骤

1—接穗削两个大小相同但不平行的削面；2—接穗削面后的一侧；3—接穗削面薄的一侧；4—锯断砧木；5—在砧木断面锯出接口；6—用刀加宽接口，并将接口削平；7—插入接穗，使厚的一侧靠外，并使接穗外侧形成层与砧木的形成层对齐；8—用塑料条将砧木和接穗捆紧，接口抹泥，再套上塑料袋，并将塑料袋扎紧

口接可以说是劈接的演化形式，操作比劈接还要复杂，只是在嫁接粗度较大的砧木，采用劈接法很难劈开的是采用。

3.1.13.2　锯口接操作步骤及要领

(1) 切砧木　把砧木在合适的嫁接部位锯断削平。用小手锯在所需要嫁接的位置斜锯裂口，每个锯口左右锯两次，用小刀把两个锯口之间的小块砧木挑出，使之成为宽度小于接穗直径，约为 1.5 厘米宽，长度为 4 厘米左右的缺口。锯口中小块砧木挑出后，用小刀将锯口两侧的边削平削滑，并将锯口适当加宽，使锯口能够承认接穗。锯口的数量需要根据砧木的大小而定，较粗的砧木可接3～5个接穗，也就是要锯 3～5 个锯口。

(2) 削接穗　接穗的削法与劈接接穗的削法相似。选择粗壮的接穗，剪成小段，每段上留 3～4 个饱满的芽，提前进行蜡封。削接穗是，与劈接法的削法一样，在最下面一个芽的两侧各削一个削面，长度为 3～5 厘米，把下面顶端削尖，形成楔形，并使削面两侧宽度不一致，里面一侧（也就是不嫁接的一侧）窄，外面一侧（也就是嫁接的一侧）宽厚一些，使楔形削面的横截面呈三角形或梯形。并使接穗楔形面的内侧（不嫁接侧）比外侧（嫁接侧）短一些。

（3）插接穗接合 将接穗的薄边插入锯口中，厚边左右两面的形成层和砧木锯口两边的形成层对准。在削接穗的时候，要先少削一些，插入的时候如果过宽，适当修整一下即可，能够使锯口夹紧接穗。如果削接穗的时候削得过窄，插入后锯口夹不紧，会影响嫁接成活率。接穗插入时要露白 0.5 厘米左右。

（4）绑扎 先用塑料条或线绳把接穗捆扎固定，然后在砧木锯口处抹泥，再用塑料袋把锯口和接穗全部套起来，扎紧塑料袋的下口，将其捆扎在砧木上。

3.1.13.3 锯口接嫁接效果分析

锯口接的嫁接方法，由于砧木比较粗壮，接穗也可以选择较为粗壮的枝条，锯口较小，所以愈伤组织生长快而且多，砧穗双方很容易愈合，嫁接成活率高。这种嫁接方法操作比劈接法复杂，特别是在将锯口内砧木小块挑出时比较困难，砧木锯口两侧切削光滑也难操作，所以嫁接速度比劈接慢得多。另外，还要注意，接穗嫁接侧的厚度不能太薄，如果太薄，插入后接合部位太松，会影响双方愈伤组织的接合和愈合。

3.1.14 钻孔接

3.1.14.1 钻孔接技术要点

钻孔接（图 3-20）是属于腹接的一种变化形式，也就是嫁接的部位是在砧木的腹部。钻孔接是在砧木的腹部需要嫁接的位置用电钻钻一个孔洞，把接穗插入孔洞的嫁接方法称为钻孔接。这种嫁接方法是适用于砧木特别粗的情况下进行的嫁接，尤其是一些直径比较粗大的古树、名贵大树或较大的树桩盆景，树干下部以及树冠内部枝叶稀少，降低了观赏价值或果实的产量，寿命也短。为了补充枝条的不足，可采用腹接的方法，然而由于树干太粗，树皮太厚，用腹接法很难操作，这时就可以采用钻孔接的嫁接方法，不仅操作方便，而且成活后的枝条牢固。可起到恢复树势、延长古树寿命的作用，或者让一些垂死的古树起死回生。

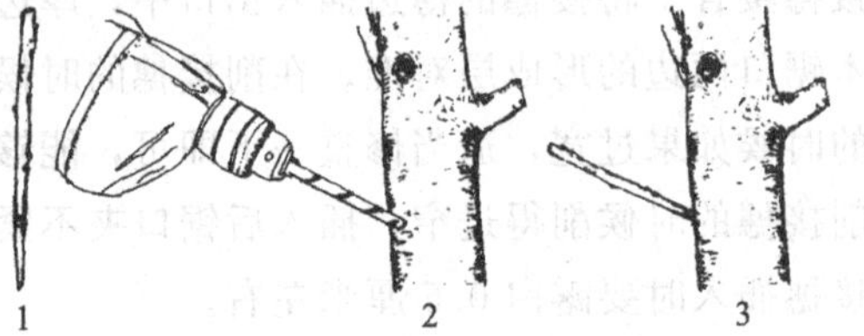

图 3-20　钻孔接操作步骤

1—接穗下端削成圆锥形；2—在砧木嫁接位置打孔；3—接穗插入钻孔内并绑扎

3.1.14.2　钻孔接操作步骤及要领

（1）砧木钻孔　在大树缺枝而且需要补枝的位置，用刮皮刀刮去一层老皮，然后用钻孔机打孔，孔的深度在3～5厘米，与树干的夹角在60°左右。孔钻好后，把孔内的木屑尽量掏出，并用小刀将孔口木质部与韧皮部连接处削平。孔洞与树干夹角的大小要根据树木的枝展角度而定，要符合树木的枝展角度，嫁接成活后能够使接穗萌发的枝条与其他枝条组成和谐的树冠。钻孔机有手动和电动两种，嫁接量小的时候，可以使用手动钻孔机，嫁接量大的时候，则最好使用电动钻孔机，使嫁接速度加快，提高嫁接工作效率。

（2）削接穗　接穗应该从生长旺盛的幼树上采集，采用粗壮、发育充实而不弯曲的发育枝（或者叫徒长枝）、一年生枝，剪截成为10厘米左右的长度并进行蜡封。接穗的粗度要与钻孔的直径一致，要使接穗皮层剥离后插入钻孔刚好合适，可以稍粗一些。把接穗下部皮层削去，削成圆锥形（或者叫钻形）。

（3）插接穗接合　把削好的接穗下端插入钻孔中，插到带皮层的位置，使接穗的形成层与砧木的形成层对准或基本对准。因为孔内看不清楚，大致估计即可，关键是接穗的形成层不能插入砧木的木质部中，处在形成层和韧皮部之间都可以。理想的方法是钻孔的深度与接穗切削的长度一致。例如，钻孔深度为4厘米，估计树皮厚度约为1厘米，木质部深度为3厘米，则接穗切削的木质部长度为3厘米为宜，圆锥形切削从3.5厘米处开始，形成层则在3厘米处，这样，当接穗插入到底时，接穗和砧木的形成层就对准了。

（4）封口保湿　接穗插入到合适的位置后，用接蜡涂抹接口保湿，或者可以用大小合适的正方形塑料膜，在偏下的位置剪一个孔，将接穗穿过塑料膜上的孔后，把塑料膜用线绳捆扎在树干上，接穗也在接口上面2厘米处用线绳将塑料膜扎紧。塑料膜的四边可以用胶带纸粘贴封口保湿。

3.1.14.3　钻孔接嫁接效果分析

砧木与接穗粗壮，生活力强，愈伤组织形成多，因此，只要双方接触紧密，形成层和韧皮部的生活细胞能够接合，愈伤组织就能够很快相接，把两者之间的空隙填满，使嫁接的接穗成活。

3.1.15　髓心形成层对接

3.1.15.1　髓心形成层对接技术要点

髓心形成层对接是指松柏类树木嫁接的时候，把砧木和接穗的髓心形成层贴合嫁接的方法，称为髓心形成层对接（图3-21～图3-23）。松柏类树木的枝条，特别是一年生枝条，具有一个明显的髓部，处于枝条的中心，从枝条基部直达顶部，所以称为髓心。髓心是由一些没有分化的细胞组成，当这些细胞处于伤口处时，受到创伤激素的影响，能够很快分裂，形成愈伤组织，故而称为髓心形

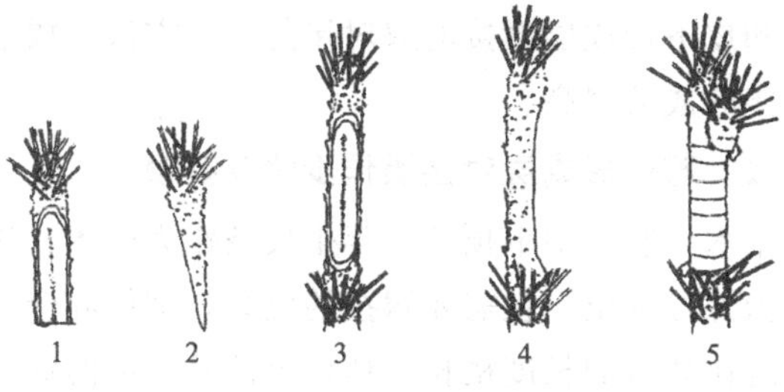

图3-21　双髓心形成层对接操作步骤

1—接穗削面正面（过髓心）；2—接穗削面侧面；3—砧木削面正面；4—砧木削面侧面；5—用塑料条捆紧包严

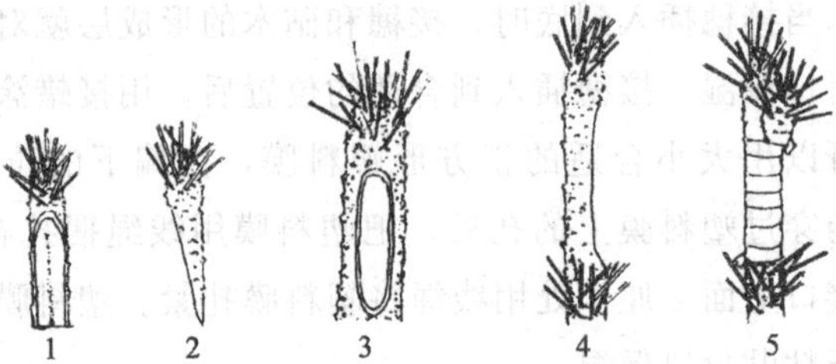

图 3-22 髓心形成层对接操作步骤

1—接穗削面正面（过髓心）；2—接穗削面侧面；3—砧木削面正面；4—砧木削面侧面；5—用塑料条捆紧包严

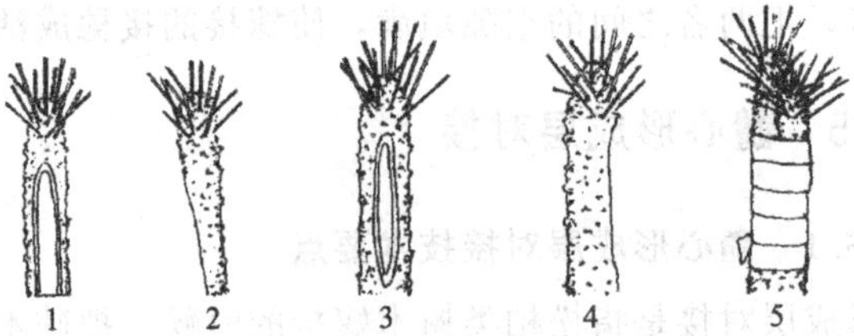

图 3-23 双形成层对接操作步骤

1—接穗削面正面；2—接穗削面侧面；3—砧木削面正面；4—砧木削面侧面；5—用塑料条捆紧包严

成层。在松柏类树木嫁接时，除了双方木质部与韧皮部之间的形成层相互愈合之外，双方的髓心形成层也能够相互愈合。而采用髓心形成层对接和皮下形成层对接的双对接的嫁接方法，成活率要比一种形成层对接的成活率高。

3.1.15.2 髓心形成层对接操作步骤及要领

（1）切砧木 利用中干顶端一年生枝条作为砧木，选择略粗于接穗之处作为嫁接部位。在需要嫁接的位置，把针叶全部摘除，除去针叶的长度比切口的长度稍长，切口上部及下部的针叶保留。在除去针叶的位置，选择嫁接的一面，用刀自上而下削一个长 4～7 厘米的削面。削面通过髓心，宽度与接穗削面宽度一致。削面可以削成舌形，也可以在削面下口斜下切一刀，成为一个斜口，使接穗插入稳定，并使接穗的小削面与砧木斜口外侧的部分贴合。

（2）削接穗　剪取带顶芽的长度为10厘米左右的一年生枝条作为接穗，保留顶芽以下10余束针叶以及2～3个轮生的芽，其余针叶全部摘除。从保留针叶的位置往下1厘米左右处切削，自上而下通过髓心平直削成一个削面，长度为6厘米左右，再在接穗削面的背面削一个1厘米左右的小削面。也可以不削小削面，把接穗下部削尖。如果砧木上有斜口，接穗要削小削面，如果砧木无斜口，接穗就不削小削面。

（3）插接穗接合　将接穗的长削面向里，与砧木的形成层对齐，小削面插入砧木的切面的切口。砧木无切口时把接穗与砧木的形成层对齐，左右、上下都对齐。

（4）绑扎　接穗与砧木的形成对齐后，用塑料条自下而上将接口处进行绑扎，绑紧扎牢。当嫁接成活后再把塑料条除去。

对于砧木比接穗粗度大得多以及两者都较细幼嫩时，接穗和砧木的削法与上述方法有所区别：①砧木的粗度比接穗大得多，接穗的削法与上一种一样，削一个长6厘米左右并通过髓心的削面，在长削面背面削一个1厘米的小削面；砧木的削法是在嫁接的部位削一个长度和宽度都与接穗削面一致的削面，由于砧木比较粗，所以砧木的削面不会到髓心；②砧木和接穗都较细而且幼嫩时，两种的削面都只削到刚好到形成层的位置，基本不削到木质部或者刚削到木质部，露出浅白色的形成层即可。双方削面的切削方法与前面介绍的相同。

3.1.15.3　髓心形成层对接嫁接效果分析

髓心形成层对接的嫁接方法，由于除了韧皮部与木质部之间的形成层相接合外，还有髓心形成层的贴合，所以嫁接成活率较高。对于以上介绍的不同的切削嫁接方法，只要操作得当，成活率都很高。针叶类树种还可以采用腹接（图3-24）和针叶束嵌接（图3-25）的方法进行嫁接。

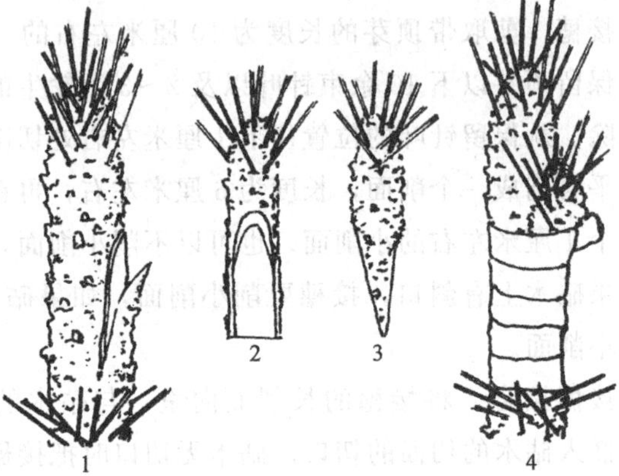

图 3-24　腹接操作步骤

1—在砧木嫁接部位向下切削一个3厘米长的切口，不超过髓心，宽度与接穗削面宽度一致；2—接穗按腹接的切削方法（正面）；3—砧木削面侧面；4—将接穗的削面按腹接方法插入砧木接口中；5—用塑料条捆紧包严

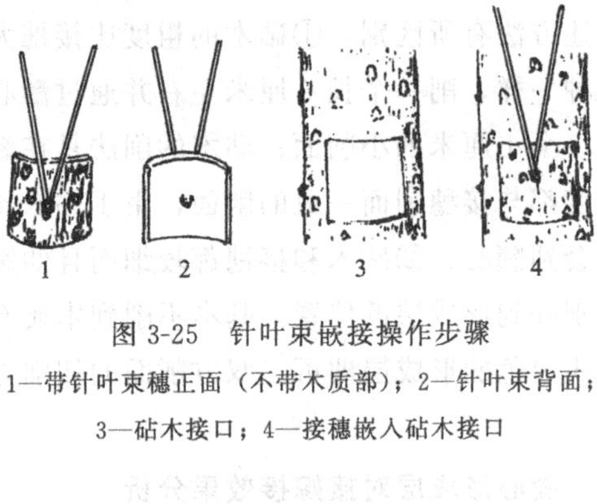

图 3-25　针叶束嵌接操作步骤

1—带针叶束穗正面（不带木质部）；2—针叶束背面；

3—砧木接口；4—接穗嵌入砧木接口

3.1.16　桥接

3.1.16.1　桥接技术要点

桥接是把接穗以搭桥的方法嫁接于树皮腐烂处，修补腐烂脱落的树皮的嫁接方法称为桥接（图 3-26）。一些名贵的古树或特大而且十分丰产的果树，基部、根颈部或其他部位出现腐烂或被虫危害

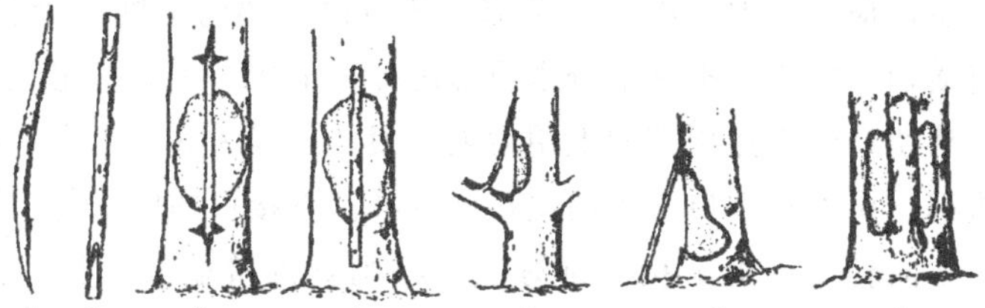

图 3-26 桥接操作步骤

1—选择弯曲的枝条作为接穗；2—接穗两端均在弯曲内侧削成马耳形的削面；3—在树皮腐烂处上下各削一个“T”字形的接口，用皮下腹接的方法将接穗正向插入上下接口中；4—采用去皮贴接的方法，将接穗贴在砧木去皮的沟槽中，用铁钉将上下接合处钉牢；5—保留腐烂树皮下方的枝条，将其顶部插入腐烂部位上部的树皮中；6—利用腐烂树皮下方基部萌发的枝条进行桥接；7—桥接成活后，接穗生长粗壮，修补腐烂树皮

或其他的外力导致的机械损伤后，会引起树皮腐烂，甚至木质部腐烂，逐步形成向树干中心扩散，出现大面积树皮枯死腐烂或者树体中空的现象。这些伤害妨碍树木水分和养分的运输，使树势日趋衰弱，寿命缩短，甚至死亡。这些很有保留价值的树木，可以采用桥接的方法使伤口上下接通，修补缺失腐烂的树皮，恢复树势，延长寿命。

桥接法在树桩盆景的制作中也是经常使用的一种嫁接方法，如过桥式树桩盆景，除了是树干横卧的方法外，还可以采用桥接法；基部中空的盆景造型，也可以通过桥接的方法来制作；枯木逢春式树桩盆景的制作中也会使用桥接的方法。

3.1.16.2 桥接操作步骤及要领

（1）切砧木　先将砧木伤口周围的腐烂树皮用刮刀全部刮掉，露出新鲜的健康组织。刮刀在刮腐烂树皮前要用75%的酒精进行消毒，避免腐烂组织上的病原传播到健康部位。嫁接的方法可以采用皮下腹接、去皮贴接，这两种嫁接方法在桥接时比较容易操作。

① 皮下腹接　在需要修补的位置，也就是皮层腐烂处，上面下面各削一个接口。上接口的削法是，在接口部位，用刮刀将老皮

刮掉一层，横切一刀，深达木质部，从刀口下端向上削一个斜面，削到与横切口相连，把这部分木质部削掉，形成一个有一定夹角的切口。从切口的中点用刀向上用力划一刀，长度为5厘米左右，深达木质部，用刀将划口两侧的皮稍微挑开。下接口的削法与上接口一样，方向相反。上下接口削好后，将削好的接穗上端插入上接口、下端插入下接口。

② 去皮贴接　砧木的切削位置与皮下腹接一样，先把腐烂的树皮削去，再把嫁接位置的老皮削去一层，然后按照接穗枝条的宽度，上下都切掉一条皮，长度在6厘米左右。切剥砧木树皮的时候，可以用双刀纵划，然后按6厘米左右的长度把条状皮层割下，上切口开口向下，下切口开口朝上。嫁接时把接穗上下端都削成平直面，分别与砧木的上下去皮接口贴合。

(2) 削接穗　接穗的选择要选用细长而柔软的一年生枝条。作为桥接接穗的枝条来源首先考虑病树基部是否有萌生的一年生枝条，二年生枝条也可以，如果有，则使用这种有病树基部或根颈部位萌发的枝条作为接穗。如果病树基部没有一年生或二年生的萌发枝条，那么接穗就只有从同种树木的幼树上采集离体的枝条作为接穗。

接穗如果是从病树基部萌发的枝条，切削的时候只需要根据所需长度切削上端，上切口的切削方法根据所采用的嫁接方式而定。如果采用的是皮下腹接，接穗的削法就按照皮下腹接的削法，从要嫁接的一面先削一个长度为6厘米左右的削面，可以削成斜面也可以削成直面，顶部削尖；如果是采用去皮贴接，接穗的上端在嫁接的一面削一个长度为6厘米左右的削面，削时先将刀向接穗中心方向切入，到达接穗中心髓部的时候，转向上削成一个与接穗枝条方向一致的削面。

如果接穗是从同种的其他幼树上剪下来的离体枝条，最好先把作为接穗的枝条进行蜡封，由于切接的接穗比较长，所以蜡封接穗时需要使用较大的蜡锅，没有足够大的蜡锅，可以使用刷子涂刷液体石蜡。切削接穗需要上下口都切削，上下口的切削方法相同，但方向相反。皮下腹接的切削方法与上面一样，上下两个削口要在同一面，上切口从枝顶向下 6 厘米的位置向上切削，下切口同样从接穗底部往上 6 厘米处向下切削。去皮贴接的相反，同样需要上下两个削面，削法与上面介绍的去皮贴接的削法相同，上下两面的位置与削法与上面介绍的相同。

（3）插接穗接合　把接穗的上削面插入砧木的上切口，下削面插入砧木的下切口；如果是去皮贴接，则直接把接穗的上削面贴在砧木上端的去皮接口，下削面贴在砧木下面的去皮接口，上下口的贴接处都分别用 1～2 个小铁钉钉住。如果是大树基部的萌生枝条作为接穗，那么只需要把接穗的上削面与砧木的上接口相接。

（4）绑扎　接穗插入砧木接口后，进行固定，让砧木与接穗的切口贴合。然后进行绑扎保湿，方法可以用液体接蜡涂抹接口处，再用塑料膜包裹接口或者直接用电工胶带绑扎保湿，也可以用宽带胶带粘贴。

3.1.16.3 桥接嫁接效果分析

桥接一般采用本种树木的枝条进行嫁接，所以不存在亲和力的问题，只要嫁接操作正确，保湿方法得当，一般都能够嫁接成活。特别是大树基部萌生枝条作为接穗时，更不存在亲和力问题，只要砧木和接穗的伤口贴合，基本都能够成活；对于离体的枝条作为接穗的时候，主要的问题是接口和接穗的保湿问题，保湿操作合理得当，嫁接比较容易成活。所以，桥接的成活率只在于接穗和接口的保湿效果。

桥接很容易成活，接穗成活后，搭桥的接穗生长出枝叶，当年不必将接穗萌发的枝叶剪除，保留接穗的枝叶有利于接穗枝条的加粗。到冬季休眠时，要将接穗上面萌发的枝叶剪除，第二年就要控制接穗上面枝叶的生长，尽量不要让接穗上面再有枝条生长。腐烂树皮处的伤口要涂抹杀菌剂，防止病菌再次感染。对于大树附近的小树，在用于桥接嫁接成活后要控制小树的生长，并加强水分管理，促进小树根系生长，使小树的根系逐步代替老树衰弱的根系，使老树的根系得到更新。

3.1.17 芽苗砧（子苗）嫁接

3.1.17.1 芽苗砧嫁接技术要点

芽苗砧嫁接，又叫子苗嫁接，是指在刚发芽、还未长出叶片的胚芽上进行的嫁接（图 3-27）。有些木本植物的种子较大，含有丰富的营养物质，种子萌发时胚芽较粗，可以进行嫁接。这样的树种有：核桃、板栗、银杏、香榧、榛子、文冠果、油茶等以及种子较小的柑橘、玉兰等，都可以进行芽苗砧嫁接。

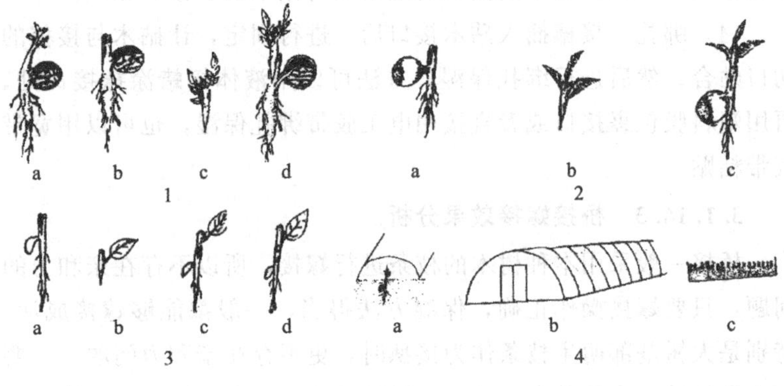

图 3-27 芽苗砧（子苗）嫁接操作步骤

1—核桃子苗嫁接（a. 核桃子苗；b. 截断顶芽并将芽茎劈开；c. 接穗切削；d. 插入接穗并捆扎）；2—板栗子苗嫁接（a. 板栗子苗，截断顶芽并将芽茎劈开；b. 接穗切削；c. 插入接穗并捆扎）；3—柑橘子苗嫁接（a. 柑橘子苗，截断顶芽并将芽茎劈开；b. 接穗切削；c. 插入接穗；d. 接口用铝箔包住）；4—子苗嫁接的管理（a. 接口埋于湿沙里；b. 塑料棚保温、保湿；c. 进行密植培养）

3.1.17.2 芽苗砧嫁接操作步骤及要领

（1）砧木的培育和切削　需要沙藏层积催芽的树木种子，要在适合的时候进行沙藏，到适合嫁接的时候，嫩芽或者胚芽已经长到可以嫁接的长度；如果不需要沙藏层积催芽的树木种子，同样要将其发芽的时间调整到接穗可以嫁接的时候。当种子的芽萌发到可以嫁接的长度（8～10 厘米），一般到第一片真叶即将长出时，用薄刀片从子叶柄上端 2 厘米处将芽柄切断，将上部的芽切去。再用刀从切断芽的横截面中心向下纵切一刀，深度为 1.5 厘米左右。要特别注意不要切断子叶柄，因为子叶中含有大量的营养物质，可以供接口愈合的营养，促进嫁接成活及根系的生长。

(2) 接穗选择和切削　芽苗砧嫁接的接穗要选择当年萌发的新梢，最好是带有顶芽的新生枝条。有些资料介绍，芽苗砧嫁接接穗采用头年的一年生休眠枝，经过试验效果不理想，而当年萌发的新梢效果较好。接穗的粗度要求和砧木芽茎的粗度相当，接穗要求带有 2～3 个芽，如果是当年的新梢保留 2～3 片幼叶。如果接穗是用当年萌发的新梢，就要根据树木在春季的发芽生长的时期来确定嫁接时期。例如，河北省核桃萌发在 4 月中旬，4 月下旬幼枝伸长，5 月中旬新梢可以长到 10 厘米以上，这时，就可以采集新梢顶端作为接穗进行子苗嫁接了。所以，作为砧木的核桃子苗，要求在 5 月上旬生长到可以嫁接的长度，可以在芽苗基部进行嫁接。在云南省，核桃一般在 3 月中旬开始萌芽，到 4 月中下旬，新梢就可以达到作为接穗的要求，因此核桃的芽苗砧嫁接在 4 月下旬。

芽苗砧嫁接大多采用劈接法，所以接穗的切削方法就与劈接法接穗的切削方法相同，只是接穗的削面较短，在 2 厘米左右，而且两个削面的两侧厚度一样厚。

(3) 插接穗接合　将接穗的削面轻轻插入砧木芽茎的劈口中，最好是接穗的粗度与砧木芽茎的粗度一样，插入砧木劈口时，虽然砧木的形成层看不清，但芽茎几乎都可以长出愈伤组织，所以只要保持接穗的形成层与芽茎对接就可以。

(4) 绑扎　在绑扎的时候，由于芽苗砧比较幼嫩，所以绑扎的时候用力不宜太大，否则会压伤芽茎甚至会使芽茎折断。绑扎的时候可以用塑料条先将接穗绑扎后，再往下绑扎接口和芽茎劈口；也可以先将塑料条在砧木劈口下打一个结，然后将塑料条展开，轻轻地往上绑扎，绑到接口以上，在接穗上打结。

3.1.17.3 芽苗砧嫁接嫁接效果分析

芽苗砧嫁接，由于芽苗茎上的细胞都处于生理活跃状态，所以芽苗的切口处所有的细胞都能够长出愈伤组织。而接穗选择当年萌发的新梢，也处于活跃阶段，削面的形成层也能够生长出大量的愈伤组织。因此，只要砧穗双方伤口能够紧贴在一起，就能够相互愈合，嫁接很容易成活。

嫁接后，要把子苗种植在营养钵中。营养钵的大小根据子苗的大小而定。比如，核桃要用较大的营养钵，而柑橘类可以用小型营养钵。种植的土壤要用预先配制好的营养土，以保证幼苗对各种营养的需要。用营养土把砧木的根系埋起来，接口保持在营养土上面。接口部位用锯末或湿沙掩埋，可以保持清洁和湿润。

芽苗砧嫁接的操作需要在温室内进行，嫁接苗也在温室中培养，温度保持在 20～25℃，前期要进行遮阴，使温度不会过高，并保持有较高的空气湿度，同时还要注意通风。芽苗砧嫁接法嫁接后，注意是双方的愈合，然后是边愈合边生长，15 天即可开始生长。

3.1.18 保持果树产量的推倒接

3.1.18.1 推倒接技术要点

在果树品种改良和更换的时候，大多采用高接法，但是高接法会使当年甚至今后几年的产量都比较低。为了保证结果产量，尽量减少经济损失，既暂时保持原有果树的产量，又能够改良成为新的品种，可以采用推倒接的方法。这种嫁接法不把砧木全部锯断，而是锯掉一部分，然后将原结果树推倒，在推倒后留下的砧木上进行的嫁接，故而称为推倒接（图 3-28)。

3.1.18.2 推倒接操作步骤及要领

（1）砧木的除了和切削　在春季嫁接的时期，把砧木靠近地面

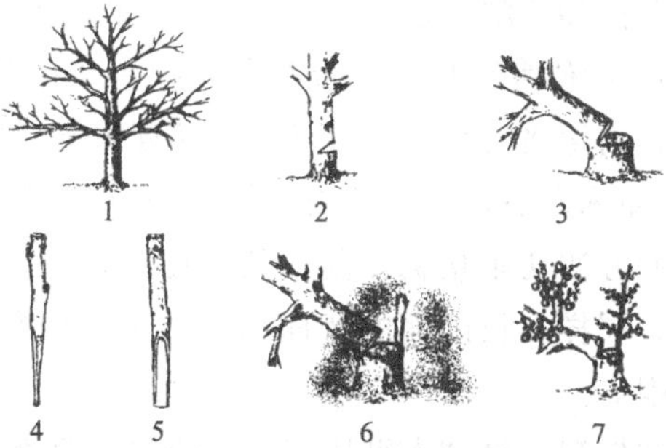

图 3-28　推倒接操作步骤

1—欲改良的砧木大树；2—在树干基部锯两个成 45°角的锯口，交汇处深度为砧木直径的 3/4，把砧木两个锯口之间的木质部取掉；3—将砧木向锯口方向推倒；4—接穗按插皮接的方法切削（侧面）；5—接穗削面正面；6—用插皮接、切接或贴接的方法插入接穗，用疏松湿润的土壤将嫁接处埋住；7—嫁接成活后将土扒开

处横锯两个锯口，锯到砧木横截面的 3/4，两个锯口相接成 45°角，下面锯口与主干方向垂直，上面锯口从上而下锯成 45°角，两个锯口相接，把锯口之间的砧木块取下。然后慢慢推倒砧木，由砧木树上的侧枝支撑，或者搭 2～3 个支架支撑，使树干与地面呈 45°左右的角度向锯口的另一侧倾斜。由于没有将砧木的木质部和韧皮部完全切断，所以，砧木的生长势虽然已经极大地削减，但仍然能够开花结果。在果园中，如果采用推倒接的果树较多，要使每一棵果树的锯口都保持在同一个方向，推倒的果树也在同一个方向，便于田间管理。

由于砧木粗度较大，嫁接的方法采用插皮接，嫁接位置在锯口端。砧木的切削方法与插皮接一样，可以同时插入 2～3 个接穗，如果嫁接的接穗都成活，保留生长旺盛的一个接穗即可。砧木切削切口前，先用刮皮刀将砧木的老皮刮去一层，然后用插皮接砧木的切削方法，在接穗插入的位置，用刀纵向由切面开始向下划一刀，深度达到木质部，保证把韧皮部切开，插入 1 个接穗的切削 1 个插入点，要插入 2 个接穗的切削 2 个插入点。

（2）接穗选择和切削　接穗选择需要改良或更换新品种的一年生枝条，在休眠芽饱满的时候结合冬剪，把一年生休眠枝剪下贮藏。或者在适合的嫁接时期，随采随接。接穗采集后剪成合适的长度，一般在 20 厘米左右，每个接穗上保留 5～6 个芽，在接穗的下端按照插皮接的方法切削接穗，削面的长度比普通插皮接的长些，在 6 厘米左右，同样在长削面的背面削一个 1 厘米左右的小削面，并将接穗下端削尖。

（3）嫁接和保湿　将砧木纵切口两侧的皮往两侧稍微挑开，把接穗的大削面向里从砧木的纵切口慢慢用力插下，插到削面剩下 1 厘米左右的露白即可。接穗插入后用胶带或电工胶带粘贴固定，或者用宽度大一些的橡皮（废旧车内胎），适当拉紧，兜住接穗，橡皮两端用小铁钉固定。由于这种嫁接方法的切口比较大，树冠和切口又连接在一起，形成不规则的接口，因此就很难适应塑料膜进行绑扎保湿，嫁接后的保湿就需要采用堆土保湿的方法。用土堆积的方法将接口连同接穗都埋起来，也可以先将接穗蜡封，接穗要走长一些，堆土后把接穗的 1～2 个芽露出土面，嫁接成活后不用将土扒开就可以长出新梢。

3.1.18.3　推倒接嫁接效果分析

推倒接的方法，是为了保持原有果树的结果性能，尽量减少经济损失而采用的一种特殊的嫁接方法，砧穗接合处采用插皮接的方法，嫁接后用堆土的方法进行保湿，所以嫁接成活率较高，而且为了保证接穗的成活，在砧木的切面处往往要嫁接 2 个以上的接穗，确保能够有一个接穗嫁接成活。

被推倒的果树部分，也就是嫁接的砧木，可以继续开花结果，需要进行正常的水肥土的管理。结果部位要尽量高一些，如果接近地面通风透光条件差，结出的果实品质较差，形成次果。在嫁接成活后，要控制砧木的生长，逐渐剪除影响接穗新梢生长的枝条，为嫁接成活的新品种的枝条的生长创造有利的条件。更换的新品种的树干及树冠生长 2～3 年后，就会初步成型，并进入初果期，这时就可以将推倒的砧木从嫁接的原锯口处锯断，全部更换成为新的一个品种，并且新品种已经开始结果。

3.1.19 炮捻接

3.1.19.1 炮捻接技术要点

炮捻接是用扦插难以生根的树种嫁接在扦插容易生根的树种的茎离体茎段上，然后进行扦插的一种嫁接和扦插同时进行的一种繁殖方法。由于砧木是无根的离体茎段，形似鞭炮，而嫁接的接穗比较细，并处于砧木顶端的一侧，很像鞭炮上面的炮捻，所以这种嫁接方法称为炮捻接（图 3-29）。

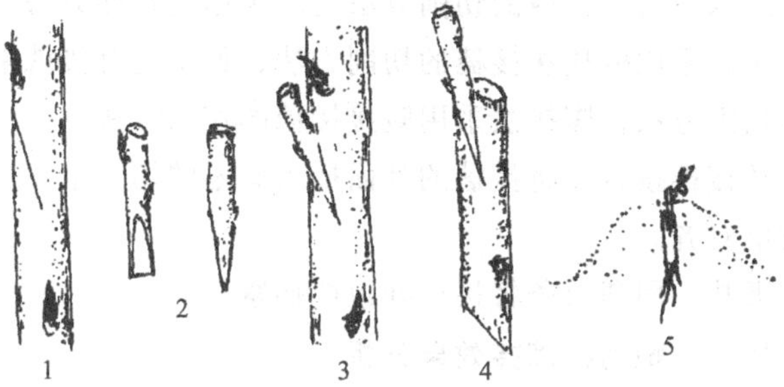

图 3-29 炮捻接操作步骤

1—砧木切削；2—接穗切削；3—插入接穗；

4—截断砧木并抹除砧木芽；5—扦插

在生产上，炮捻接广泛地应用于扦插难以生根的杨树的繁殖。杨树是一种速生的用材树种，在北方风沙地区，能够较好地适应环境，起到防风固沙的作用，也常常作为水土保持树种和各类防护林树种。杨树主要是扦插繁殖，但有少数的杨树树种扦插生根比较困难，例如毛白杨，以及白杨派的一些杂交树种，都比较难以生根，这些扦插难以生根的杨树就可以采用嫁接的方法进行繁殖。嫁接成活后，可以诱导接穗萌发自生根，克服嫁接后期不亲和的现象，使嫁接苗成活率很高，苗期生长加快。因此，炮捻接是繁殖和发展扦插难以生根的杨树的最有效的手段和方法。

3.1.19.2　炮捻接操作步骤及要领

（1）砧木的培育和切削　砧木选择扦插容易生根的杨树的一年生枝条，粗度要求不严格，将砧木剪成10厘米左右的茎段。嫁接方法可以采用劈接、合接和腹接都可以。需要采用何种嫁接方法，砧木的切削方法就与该种嫁接的切削方法相同。一般来说，砧木粗度比接穗粗得多时采用劈接法；砧木粗度比接穗稍粗时，采用腹接法；砧木粗度与接穗粗度接近是，采用合接法。

（2）接穗选择和切削　接穗选择难以生根的杨树种类，同样采用一年生枝条，剪成6厘米左右的长度，削面上端要有1～2个芽，粗度为1厘米左右。接穗的切削方法与所采用的嫁接方法一致，如果是劈接法就采用劈接法接穗的切削方法；如果是合接就采用合接法接穗的切削方法；腹接法采用腹接接穗的切削方法。

（3）插接穗接合　将接穗的削面插入砧木的切口中，并保持砧穗的形成层对齐。

（4）绑扎　用塑料条将接口处包严捆紧。

3.1.19.3　炮捻接嫁接效果分析

炮捻接是砧木特殊情况下的嫁接，嫁接方法是前面介绍过的劈接、腹接、合接等，成活率都比较高。嫁接后，如果在春季则可以立即扦插，如果是在冬季，则要将嫁接后的“炮捻”进行沙藏。在沙藏地点挖沟，贮藏沟要挖在阴冷背阳的地方。在沟底加水与沟底土壤搅拌成厚度为3厘米的泥浆，将嫁接好的插条捆扎成捆正向直立放置于泥浆中，用湿沙把枝条全部填埋。到可以扦插的时候，再将嫁接的枝条进行扦插。

用嫁接和扦插相结合的方法，来发展毛白杨派的杂交种，嫁接成活率很高，成活后插条下部很快生根。但砧穗之间有后期不亲和的现象，一般接后2～3年，嫁接后的毛白杨就会出现生长衰弱而逐渐死亡。为了解决嫁接后期不亲和的问题，在扦插的时候就需要插深一些，超过嫁接口，或者在接穗生长新梢后在基部培土，促进接穗萌发自生根。接穗长出自生根后，砧木就会逐渐死亡，所以，砧木实际上只起到短期的过渡性的作用。

3.1.20　挂瓶嫁接

3.1.20.1　挂瓶嫁接技术要点

在嫩枝嫁接时常采用靠接的方法，嫁接比较容易成活。对于一些嫁接愈合比较慢的树种或者嫁接难成活的树种，都会采用靠接的方法，提高嫁接成活率。用带有根系的两株距离较远的植株，几乎很难靠接，如果用花盆移栽后进行靠接，工作量比较大，而且嫁接比较困难。为了克服以上的弊端和困难，可以采用挂瓶法进行嫁接。即把接穗下端的剪口插入装有水的瓶中，移动水瓶及其中的接穗，将其挂在嫁接部位进行靠接，这种嫁接方法称为挂瓶嫁接（图 3-30）。

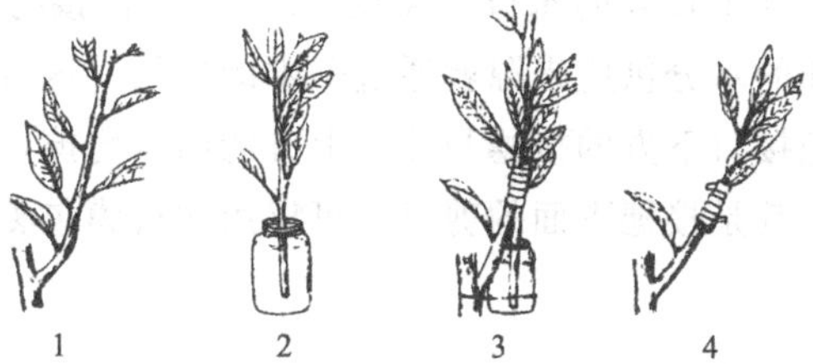

图 3-30　挂瓶嫁接操作步骤

1—砧木；2—带叶接穗下部插入清水中；3—用靠接法嫁接；4—嫁接成活后撤去瓶子并将接口以下的接穗和接口以上的砧木剪掉

3.1.20.2　挂瓶嫁接操作步骤及要领

（1）砧木的切削　砧木一般选择能够与接穗有亲和力的种类，通常是较大规格的树木，选择合适的嫁接枝条和部位，用靠接的切削方法在嫁接部位削一个长度为 4 厘米左右的削面。

（2）接穗选择和切削　接穗选择生产性能较好的品种的一年生枝条，长度要比较长，一般要达到 20 厘米以上。将接穗的下剪口剪成斜口，插入盛满水的瓶子中，瓶子使用罐头瓶、易拉罐瓶等类似大小就可以。把瓶子固定在砧木上，并使接穗能够与砧木的枝条靠接。在接穗嫁接的位置削一个靠接口，长度与砧木上的削口相同。

（3）插接穗接合　把接穗的削口与砧木的削口贴合在一起，并保持两者的形成层对齐。

（4）绑扎　用长度及宽度合适的塑料条对接口处进行绑扎捆紧，使砧穗双方的接合面能够紧贴在一起，绑扎过程中，如果两者的削面有错位的情况，要及时调整，确保双方形成层对齐。

3.1.20.3　挂瓶嫁接嫁接效果分析

在砧木和接穗接合部位的愈合过程中，在双方的愈伤组织没有接通之前，接穗没有能够得到砧木供应的水分，那么可以从瓶中吸收水分，保证接穗不会因失水而导致水分不足、叶片枯萎，甚至接穗抽干枯死。瓶中的水分蒸发比较快，因此每天都要向瓶中加水，保证瓶中的水处于较高的水位。需要20～30天，接穗与砧木就可以愈合，接穗的水分供应来源就通过砧木的根系，这时就可以把瓶子撤去，并把接口下方的接穗与接口上方的砧木剪掉，对两个剪口进行保护，尤其是接穗下面的剪口，可以用塑料膜包裹或者涂抹接蜡进行保护。

3.1.21　其他枝接方法

3.1.21.1　将大树结果枝转为盆栽果树的嫁接技术

（1）技术要点　为了加速盆栽果树的成型，尽快将其培育成为年龄较老的果树树桩盆景，可以利用正在结果的老龄果枝，通过嫁接的方法，使其转移到盆内，形成盆栽果树或盆景。嫁接的方法一般采用靠接法进行（图3-31）。

（2）操作方法　将砧木移栽至花盆中，要求根系发达，生长健壮的盆栽砧木。在丰产的大树上面选择造型理想、结果合适的结果枝作为接穗。把盆栽的砧木固定在作为接穗的结果枝上，使盆栽的砧木基部和所选的结果枝靠近，可以进行靠接。用刀在双方靠接的位置各削一个长度和宽度接近的削面，如果接穗和砧木的粗度差异

图 3-31 将大树结果枝转化成盆栽果树的嫁接操作步骤

1—选择一个结果部位合适、枝条形状好的结果枝为接穗；2—花盆培养砧木；3—将砧木盆绑在结果树枝上，采用靠接的方法嫁接；4—砧穗接口的切削方法；5—嫁接成活后，砧木新梢剪断并分 2 次与大树分离

较大，可采用镶嵌靠接法。然后将双方的削面贴合在一起，并用塑料条或线绳进行捆扎。接近后一般需要 60 天左右砧木和接穗才能够充分愈合。

(3) 嫁接效果及管理　砧木和接穗的伤口愈合之后，通过剪砧，就可以使盆栽的砧木变成一株结果的盆栽果树，达到快速培育盆栽果树的效果。

剪砧的过程要分 2 次完成，第一次是在嫁接后的 40 天左右，把接口以上的砧木剪除，并把接口下面的接穗剪断 3/4，保留 1/4 的皮层和少量木质部相连；到了嫁接以后 60 天左右的时间，将接口下面的接穗全部剪断。砧木花盆内要经常浇水，加强管理，使砧木根系有很强的生活力。一般在接穗剪断的时候，正是果实完全成熟的时期，所以果实的营养和水分来源基本上是结果大树的根系。接穗基部被剪断后，仍然能够保证果实的品质。这样，一盆果实累累、色香味俱全的盆栽果树就完成了，大大提高了该盆栽的观赏价值和经济价值。

3.1.21.2　果树盆景快速结果的嫁接法

(1) 技术要点　果树盆景的培育需要时间较长，而且把果树苗种植在盆内，或者从果园中寻找树形好、结果早的树木移栽入盆内，都很难培养出造型较好的盆景。如果采用嫁接的方法，将带有花芽的结果枝作为接穗，嫁接在盆栽的砧木上，嫁接成活后就可以开花结果，形成树体矮小、结果早的小老果树，也就是植株低矮、显得苍老、符合盆景的制作理念、能够在较短的时间内培养理想造型的果树盆景，具有较高的观赏价值和经济价值。

（2）操作方法　砧木要选择生长健壮、根系发达、无病虫害、有很强生活力的植株。为了培养造型或者培养根系，可以先在肥沃的圃地内培养，在砧木根系下方10厘米处的土层中，埋入一块石板或木板，防止砧木根系往土壤深层垂直方向生长，控制根系的深度及主根的长度，有利于今后上盆的时候能够很快服盆。到了秋季将其移植到盆内栽植，移植时要多带宿土，尽量减少对根系的伤害。上盆后将砧木移入温室中，加强水肥管理，使其根系得以恢复。也可以将其放置于室外进行管理，同样要加强水肥管理，并注意防冻、防寒。到春季砧木开始萌动的时候进行嫁接。另外，也可以选择多年生的老砧木，在土层中20厘米处切断砧木主根，并在主根下面埋入石板或木板，使其在田间恢复生长一年，培养成为健壮的砧木，秋季带土球移植栽入盆中，放置在温室中培养，这样可以形成苍老的树桩盆景。

为了能够达到嫁接成活后就开花结果，并且具有较好的冠形。到管理水平较高的果园，选择结果盛期的观赏价值较高的品种，从丰产的果树上选择生长健壮、无病虫害、花芽特别多的花束状结果枝作为接穗。桃树、杏树等核果类要求枝条顶端是叶芽，其他芽都是花芽；对于苹果等仁果要求顶端全部是混合芽的结果母枝；枣树盆景宜选用果实很小时就红似玛瑙的“胎里红”品种，嫁接时要接带枣股的老枝，这类枝条当年就开花结果。

由于接穗是一个较粗的结果枝，砧木接口和接穗的粗细基本相同，一般采用合接法，小型砧木嫁接一个接穗，老砧木可将接穗接在分枝上，可以多接几个接穗。不管嫁接了几个接穗，嫁接后每个接穗都用塑料条将接口绑扎包严，然后用一个大塑料袋，将地上部分全部套住，将塑料袋的下口绑扎在花盆周围，保证接口和接穗的湿度，嫁接后将其放置于25℃左右的温室内培养。

(3) 嫁接效果及管理　这种方法嫁接成活后，接穗上的花芽就能够开花并结果，形成一个比较理想、造型较好的果树盆景，可以在较短的时间内培养出理想的果树盆景。嫁接成活后，要加强水肥管理，先除去上面所罩的塑料袋，注意病虫害的防治，开花后要进行人工授粉，提高坐果率，结果的数量要控制，以免果实膨大后压断结果枝。砧木粗大者可以适当多留果，砧木细小者尽量少留果，这样能够保证果实硕大。小树接大果才能够更具有观赏价值。另外，还要进行整形，以及上部露根等盆景造型的工艺，使树形美观、树冠矮小而枝干粗壮、树上果实累累。

3.1.21.3　形成弯曲树形的倒芽接

(1) 技术要点　倒芽接与一般芽接一样，只是嫁接的时候将芽的方向向下，嫁接成活后，枝条开始生长的时候向下生长，然后再弯曲向上，使枝条生长的角度开张。这种嫁接方法所形成的树形可以使用在盆景制作上，特别是在果树盆景的制作上使用，可使树姿畸形生长，但不影响树木的正常开花结果。在果树生产中用倒芽高接法可以开张枝条的角度，提早结果（图3-32）。

(2) 操作方法　使用倒芽接的砧木要求生长势要旺盛。如果要

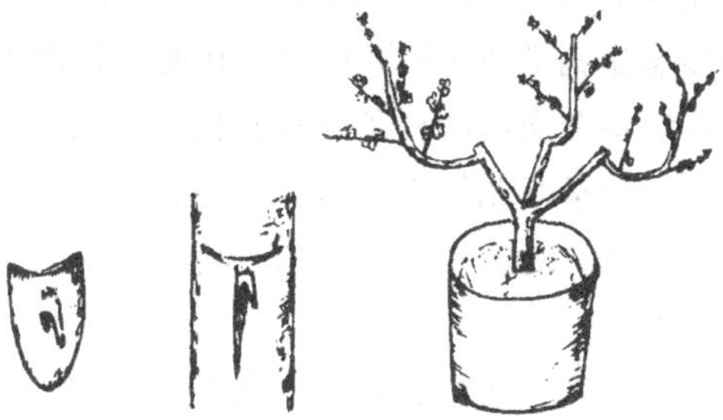

图3-32　形成弯曲树形的倒芽接操作步骤

1—芽片与“T”字形芽接相反；2—将芽片倒向按“T”字形芽接法嫁接；3—嫁接成活后萌发的枝条弯曲生长

培养果树盆景则要在地面以上5厘米处截断主干，培养2～3个主枝，倒芽接就接在这些主枝上。接穗选择观赏性较高的品种。嫁接的时期一般在初夏（5月下旬至6月上旬），采用“T”字形芽接。嫁接时，砧木切“T”字形接口，接穗倒切取芽，也就是与普通“T”字形芽接的方向相反。将芽片的芽向下插入砧木的“T”字形接口中，芽接的部位在分枝新梢的下部枝条的背下侧（外侧）。接合后同样用塑料条进行绑扎，将芽留出不包裹。

（3）嫁接效果及管理　倒芽接嫁接的成活率和正芽接基本相同，嫁接成活后接穗的生长液不会受到影响。嫁接成活后（嫁接后约10天），将接口以上的砧木剪除，接口下的砧木的叶片可以保留。接穗发芽后，枝条先向下生长，然后向上弯曲生长，达到适当的高度时进行摘心，促进分枝的生长。第二年，加强修剪和管理，使其形成具有特殊造型的盆景。

3.1.21.4　缩短育种童期的高接法

（1）技术要点　在果树的杂交育种过程中，如何提高果树杂交育种的效率，是育种工作者最为关心的问题。其中，有一个重要的问题，是杂交苗从种子发芽到开花结果前的童期较长，从种子萌发到开花结果一般都需要几年的时间。桃树是开花最早的果树之一，但从播种到开花也需要3～4年，结果后对果树的鉴定要2年，所以杂交苗的初步鉴定需要5～6年时间。其他树种则需要更长的时间。如果用高接法将杂交苗的枝条嫁接到树龄较大的砧木上，可以缩短树木的童期，提早开花结果，对果实性状表现不好的可以早期淘汰，节省管理经费；对果实性状好的，可提早发展无性系，进一步观察、研究和推广。

（2）操作方法　砧木选择树龄大、无病虫害的盛果期的果树，并对其加强水肥管理，嫁接前要进行重剪，使树冠外围能够长出旺盛的新梢，作为砧木进行嫁接。采集接穗的杂交种子在早春或冬季在温室播种，促进杂交种子提早萌发并加速生长，利用刚长出的新梢的芽进行嫁接。种子较大的胚芽，可以直接嫁接到砧木的新梢上，使杂交种子加速生长和结果，缩短树木的童期，提早观察杂交后代的优劣。

嫁接在砧木外围生长高的新梢上进行，一般在6月份嫁接，用"T"字形芽接法，分别在不同的砧木枝条上进行嫁接。一株杂交苗可嫁接几棵树。一棵大树可以嫁接几个不同杂交组合的杂交苗，利用率很高，每个接芽上都要挂上标签，注明杂交亲本组合。

(3) 嫁接效果及管理　砧木在嫁接前留4～5片叶片后剪砧，约经过15天后嫁接成活，将接芽上面的砧木剪掉，同时控制接芽附近砧木芽的萌发，促进接芽的萌发和生长。当杂交种苗枝条生长到一定长度时，要进行摘心，使枝条生长充实，能够安全越冬。到第二年春季芽萌发时，要控制砧木的生长，促进杂交种苗枝条的生长，当生长到20～30厘米时在进行摘心，促进副梢形成，同时能形成花芽或混合芽。一般第三年就能够开花结果，有些管理较好的树种，第二年即可开花结果。

3.1.21.5　试管苗嫁接

(1) 技术要点　利用组织培养快速繁殖技术来发展优良品种和脱毒苗木，常规的步骤需要将分化的试管苗转入生根培养基，生根后再炼苗和移苗。有些植物试管苗生根很困难，试管苗移栽也是一个难关，从一棵试管苗发展为大田生长的苗，要遇到很多技术难关。利用试管苗嫁接，可以省去试管苗生根和移栽的环节，同时可以充分利用砧木的特长。

(2) 操作方法　先将贴木苗用播种的方法栽植在营养钵里，播种时间根据试管苗的生长情况而定，一般播种的砧木达到可以嫁接的时候，试管苗也要能够作为接穗进行嫁接。例如，苹果脱毒试管苗嫁接的时候，根据试管苗的生长情况，在合适的时间将海棠的种子催芽之后播种在较小的营养钵内；核桃试管苗嫁接的时候，同样将核桃种子催芽后播种在较大一些的营养钵里。接穗分别催芽苹果脱毒试管苗、优质核桃脱毒试管苗。其他树木的试管苗嫁接也同样。试管苗作为接穗，要求生长比较粗壮，长度约为3厘米，在无菌的条件下，从试管中取出试管苗后用湿毛巾包好，放入容器中备用。

试管苗嫁接一般采用劈接法。由于试管苗和砧木都比较幼嫩，所以在切削砧木和接穗的时候，要用比较薄而且锋利的刀片操作，可以使用剃须刀的刀片。切削砧木的时候，先将砧木从子叶上端切断，再从断面的中点向下纵切一刀，深度在 1.5 厘米左右，不要伤害到子叶和子叶柄。接穗的切削方法与劈接的削法一样，将接穗的下端相对的两面各削一刀，形成楔形削面，削面的长度为 1.5 厘米。砧木劈接的深度和接穗削面的长度要保持一致，具体的深度和长度的大小，要根据所嫁接的树木种类以及试管苗的长短和粗细而定。接穗切削好以后，把楔形削面插入砧木的劈口中，插入的时候不要用力过大，要轻轻地插入，避免将砧木或者接穗折断。接穗插入劈口中，把双方基本对齐就可以，因为砧木和接穗都比较幼嫩，几乎所有的细胞都能够形成愈伤组织。接穗插入对齐后，用塑料条将接口处轻轻绑扎包严。在进行试管苗批量嫁接时，可在嫁接前将塑料条系在砧木的下胚轴上，打一个活结，待接穗插入后，将活结移到接口处轻轻拉紧，即可以固定住接口。

(3) 嫁接效果及管理　试管苗嫁接，由于砧木和接穗都处于比较幼嫩的阶段，切口处活细胞很多，能够形成较多的愈伤组织，所以嫁接比较容易成活，当然保湿工作也十分关键。嫁接后，要将嫁接苗放置于温室或塑料大棚内，再盖上小拱棚进行精细管理，保持 20～25℃的温度，湿度要基本处于饱和状态，防止接穗失水萎蔫。一般嫁接 5 天后，要适当进行间歇通风换气，1 周后基本已愈合，再打开一个小通气孔。10 天之后，可以撤掉小拱棚。在愈合过程中，要有充足的光照，但要避免高温。嫁接苗生长时期，要及时除去萌蘖，加强管理。苗高 10 厘米以上时，就可以移植到大田中。嫁接一般在早春进行，4 月份就可以移栽大田。

3.1.21.6　利用嫁接感染鉴定病毒

(1) 技术要点　为了发展无病毒苗木，对于经过推倒处理的原原种苗，包括微体嫁接或茎尖培养以及热处理过的原原种，是否还带有病毒，必须进行生物性鉴定，只有通过严格的鉴定，证明是已经不带病毒的原原种苗后，才能够用来发展。病毒鉴定的方法很多，在树木病毒的鉴定中，嫁接法鉴定是比较直接和可靠的方法，即将原原种苗嫁接到指示植物上（指示植物是对某些病毒高度敏感并且容易表现出病症的植物）。如果嫁接后指示植物出现病症，则说明这个原原种是带毒的种苗，则不能够应用和发展；如果嫁接后指示植物不出现病症，生长发育良好，则说明该原原种是无病毒苗，可以作为原原种进一步发展。虽然这种嫁接鉴定的速度比较慢，但准确性很高。

（2）操作方法　指示植物是国际公认的。例如葡萄斑纹病的指示植物是 *St. George*，葡萄卷叶病的指示植物是 *Cabernetfranc* 等。指示植物必须在无病虫害的隔离区，并设纱网防止蚜虫等害虫侵入传染病毒。

将通过脱毒处理的葡萄苗，嫁接在指示植物上。嫁接后 1 个月，接口附近的砧木生长的副梢嫩叶上就可能出现病症。根据是否有病症表现，来鉴定是否为无病毒株。嫁接一般可用嵌芽接。通过鉴定，如果是无病毒的植株，就可以按照优种发展的程序进行发展。

3.1.21.7　培养无病毒苗的微体嫁接技术

（1）技术要点　植物体内带有各种病毒，这些病毒可用通过普通嫁接而传染，叫做“嫁接传染”。带有病毒病的植物体，病毒在体内的分布是不均匀的，有的部位带病毒多，有的部位带病毒少。一般来说，植物茎尖由于细胞分裂很快，又没有疏导组织，而病毒主要是通过疏导组织进行传播的，所以茎尖部位基本上是不带病毒的。茎尖越小，带病毒的概率也就越小，所以切取很小的茎尖（0.2～0.3 毫米）进行微体嫁接，就可以获得无病毒苗。以这种无病毒苗为原原种，进行组培快繁、扦插相结合，就可以发展大量的无毒良种苗。

（2）操作方法　由于微体嫁接所用的接穗是很微小的幼嫩的茎尖，因此砧木也必须是幼嫩的材料。砧木种子要先消毒，然后接种在试管中培养，待出苗后取出来作为砧木在微体嫁接中使用。接穗要从经过热处理（38℃处理40天左右）的植株上取芽，进行消毒，然后在解剖镜下剥离茎尖，一般带2个叶原基，体积小于0.3毫米^3。如果从已经脱毒的试管苗上面切取茎尖最好，不用消毒，成功率高。

嫁接时，所有工作都要在超净工作台上进行，操作台机解剖器皿、工具都要用70%的酒精消毒。先将砧木从下胚轴处切断，在切口处挖一个小槽，长、宽各约为0.5毫米，槽底挖平。消毒好的接穗用解剖镊子夹住，用解剖针剥离，然后用枪形针挑下长度为0.3毫米、仅带2个叶原基、基部切平的茎尖，放入砧木切好的槽内，使接穗基部的切口与砧木的切口相互贴合在一起。以上操作很精细，一般都要在解剖镜下进行。如果从试管苗上取茎尖，用最小号的注射针头作解剖针来取，既快又好，操作方便。嫁接完成后，把嫁接苗移入试管内培养。

（3）嫁接效果及管理　通过嫁接苗的无菌培养，接穗和砧木愈合后芽即开始萌发，继而长成植株，然后将试管苗转移到温室过渡生长，最后再移植到大田栽植。通过微体嫁接、茎尖培养和热处理，都可以培养成为无病毒苗。虽然过程很复杂、很困难，但经过病毒检测后，一株脱去病毒的苗木就可以作为无性繁殖的原原种，培育发展出大量的无病毒苗。因此，培养无病毒苗的微体嫁接是一项非常有意义的生物工程技术。

3.2　芽接技术

芽接是用一个芽作为接穗的嫁接方法称为芽接。芽接的特点是节省接穗，一个芽就能够繁殖成为一个新的植株；对砧木的粗度要求不是太高，只要是一年生的砧木就可以嫁接；技术比较简单，容易掌握；嫁接效果好，成活率高，可以迅速培育出大量苗木；嫁接不成活时对砧木的影响不大，可以立即进行补接。但是，芽接必须在木本植物的韧皮部与木质部容易剥离时，也就是树木能够离皮的时候才能够进行嫁接。

芽接的接穗要采集当年萌发的新梢，应该在新梢的芽成熟之后采集接芽，过早芽不成熟，过迟不易离皮，采集不便。根据树种的生物性特性的差异，适应芽的时期也就不同。例如，北方地区柿树可以在4月下旬到5月上旬进行芽接，龙爪槐、江南槐等以6月中旬至7月上旬芽接成活率最高，而大多数树种以秋季芽接最适宜。樱桃、李树、杏树、梅花、榆叶梅等应该早接，在7月下旬至8月上旬进行；苹果、梨、枣树等可以在8月下旬进行嫁接；银杏、杨树、月季等则可以9月上中旬芽接最好，如果过早芽接，天气较温暖的时候接芽就会萌发抽条，到停止生长前不能够充分木质化，越冬困难。对于南方，大部分树种以春季芽接最为适宜。

芽接的方法使用比较多的是嵌芽接、“T”字形芽接、方块芽接，另外还有套芽接、环状芽接、芽片贴接、补片芽接、单芽切接和单芽腹接等方法，下面将逐一介绍各种芽接的操作步骤和方法。

3.2.1　“T”字形芽接

3.2.1.1　“T”字形芽接技术要点

“T”字形芽接是在砧木上切“T”字形的接口，在接口插入接穗的叶片的嫁接方法称为“T”字形芽接（图3-33）。是木本植物育苗嫁接中使用最为广泛的一种嫁接技术，操作简单方便，嫁接速度快，而且嫁接成活率比较高。嫁接的砧木一般采用1～2年生的树苗，或者在大砧木或大树上面一年生的枝条或当年萌发的新梢上面进行嫁接。3年以上的砧木或枝条，树皮较厚，不宜采用此法嫁接。“T”字形芽接都要在树木的生长期进行嫁接，北方地区最适合的时期是8月份，南方在整个生长季都可以进行嫁接。

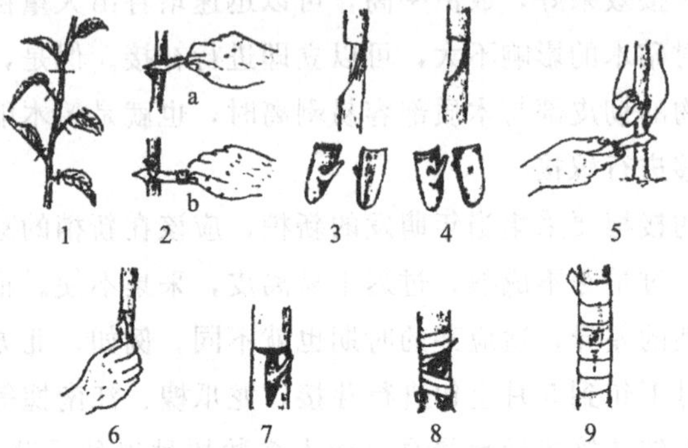

图 3-33 “T”字形芽接操作步骤

1—接穗剪去叶片，留下部分叶柄；2—切取芽片（a. 在接芽上方 1 厘米处横切一刀；b. 在叶柄下面 1 厘米处，向上向内切一刀，取下芽片）；3—横切较深，取芽片时会带一些木质部；4—横切时只将皮层切断，取芽片时不带木质部；5—在砧木嫁接位置上部横切一刀，从横切口中部向下垂直纵切一刀，形成“T”字形切口；6—将砧木纵切口两边的皮层挑开；7—自上而下将芽片插入砧木切口；8—用塑料条绑扎接口，当年萌发或伤口易流胶的树种，露出芽和叶柄；9—当年不萌发或不易流胶的树种，不露出芽和叶柄，用塑料条全部包裹

3.2.1.2 “T”字形芽接操作步骤及要领

（1）砧木的切削　在需要嫁接的部位，选择光滑无疤痕的一面或者一段，切削一个“T”字形的切口。切削切口是先在水平方向切一刀，宽度约为砧木粗度的一半，或者比芽片宽度稍宽即可；然后在横切刀口的这些点向下垂直纵切一刀，长度约为 2 厘米，在离皮很好的情况下，纵切口长度 1 厘米即可，嫁接的时候裂口会自然向下裂开。两刀组成一个“T”字形，入刀深度达到木质部，将韧皮部切开，使树皮能够剥离为准。嫁接部位根据实际情况而定，如果是在新繁育的小砧木上嫁接，没有其他特殊要求时，一般在离地面 5 厘米左右的位置切削接口；如果是在大树或者较多的砧木上嫁接，那么嫁接的位置要在预先留出的一年生枝条或当年萌发的新梢的基部切削；有些采用定干后嫁接，那么在主干截断后萌发的新梢的基部嫁接。

（2）取芽片　接穗的芽片可以不带木质部，也可以带木质部，根据是否带木质部或所带木质部的多少，分为三种情况，即不带木质部、带少量木质部、全带木质部。根据芽片所带木质部的不同要求，切取芽片的方法也有所不同。

① 不带木质部　不带木质部芽片的切取方法一般采用两刀取芽法。第一刀在芽的上面 1 厘米处水平横切，宽度为接穗粗度的一半，约为 1 厘米或略宽，深度以切到木质部为止，也就是把韧皮部切开；第二刀从芽下的叶柄以下 1 厘米的位置，由下向上切削深入木质部，并且渐上渐深，斜向切入，到横切的刀口位置时，深度达到接穗粗度的一半左右。当两刀切口相交时，用手拿住叶柄将芽片向左右两侧轻轻摇动或扭动，把芽片取下，木质部留在接穗茎上。

② 带少量木质部　带少量木质部的叶片取法同样采用两刀取芽法。一刀在芽上端 1 厘米处横切，深度比不带木质部的稍微深一些，切断部分木质部，宽度约为 1 厘米；另一刀在叶柄以下 1 厘米处由下向上削到芽上横切处为止。取芽时，一手拿住接穗枝条使其向切口的另一侧弯曲，使叶片凸起，另一手拿住叶柄由下往上取出芽片，可使芽片内部稍微带有一些木质部。木质部带有多少与切口的深度有关，切得深则所带的木质部多，切得浅则所带的木质部少。对于芽隆起的树种（如核桃、杏、梨等），取芽的时候，以稍带木质部为宜，使芽片内部平整，嫁接后芽片和砧木之间没有较大的空隙。

③ 全带木质部　这种芽片的取法也采用两刀法。一刀在芽上 1 厘米处横切，深度深入到木质部，宽度比第一种窄一些；另一刀也是从叶柄下面 1 厘米的位置自下而上切削，深入木质部往上切削刀芽上横切处，并把两刀交汇处切断，这样就可以取下带木质部的芽片。这种取芽的方法一般是在接穗形成层不活跃、离皮困难的情况下使用。对于秋季嫁接时间较晚，或者接穗经过长途运输后已经不能够离皮的情况下，取芽片也可以带木质部。

（3）接芽　接芽时，一手拿住芽片，一手用刀尖或芽接刀后部的牛角片把砧木的“T”字形切口两边的皮挑开，把芽片的下端放入挑开的切口内，拿住芽片的叶柄轻轻往下插入，插到芽片的上部横边与“T”字形的横切口对齐。

（4）绑扎　芽片插到合适的位置后，用塑料条自下而上、一圈压一圈地把接口全部包严。芽和叶柄是否包裹要根据嫁接的时间和季节而定。如果嫁接后要让芽在嫁接的当年萌发，也就是嫁接后就立即萌发，那么在包裹接口的时候，要将芽片四周包严捆紧，使芽和叶柄留在外面。这种绑扎方法适合于接芽当年萌发以及容易发生流胶的果树砧木（如杏树和樱桃树），因为流胶被长期包裹在塑料膜里面，容易引起腐烂，从而影响嫁接成活。另一种绑扎方法是将芽和叶柄都全部包裹在塑料膜内，这种操作方法比较快，但只适合于接芽当年不萌发的情况下的嫁接。当然，将芽片全部包裹，操作简单，速度快，并且在嫁接后遇到雨水，也进不到接口处，所以大雨也不会影响嫁接成活，因而成活率比较稳定。只是由于芽片被包裹，萌发后生长困难，因此，嫁接成活后芽萌发时要把芽所在位置的塑料膜剪开，促进芽的萌发和新梢的生长。

3.2.1.3 “T”字形芽接嫁接效果分析

“T”字形芽接，如果芽片不带木质部，愈伤组织是在芽片的内侧形成。如果芽片比较薄而且嫩，则内侧在正常情况下能够形成的愈伤组织比较少，因此，如果在操作的时候过多地摩擦芽片内侧，则芽片内侧就不能够形成愈伤组织。如果芽片较厚，加上操作的时候没有伤害到芽片的内侧形成层细胞，那么芽片内侧就能够形成一定数量的愈伤组织。对于砧木来说，形成层在接口木质部的外侧，砧木形成的愈伤组织比接穗形成得要多。当然，嫁接的时候同样不能擦伤砧木的形成层细胞，并且保持结合部的清洁。只有这样，才有利于砧穗双方的愈合。另外，在芽片的四周，砧木形成层所产生的愈伤组织比较多，能够很快地把接口的空间填满，这对嫁接的成活起到了重要的作用。

3.2.2 嵌芽接

3.2.2.1 嵌芽接技术要点

嵌芽接是砧木的切口和接穗芽片的大小、形状相同，嫁接时把接穗嵌入砧木接口中，故而叫嵌芽接（图3-34）。嵌芽接是带木质部芽接的一种重要方法，常用于春季的嫁接和秋后进行的嫁接。

3.2.2.2 嵌芽接操作步骤及要领

（1）砧木的切削　嵌芽接适合于小砧木的嫁接，粗度在1厘米左右比较容易操作。切削砧木的方法是，在离地面4厘米处，将叶片除去，用刀自上而下45°的角度斜切一刀，深达木质部，深度根据芽片木质部的厚度而定。再从第一刀切口上方2厘米处自上而下斜切一刀，深度达到木质部，并且越往下越深，与第一刀相交切下一块砧木。对于大砧木或大树，嫁接要在一年生枝条上或当年南方的新梢上进行，春季接在头年萌发的一年生枝条上，秋季接在当年萌发的新梢上，切削方法与小砧木上的切削方法相同。

（2）取芽片　取芽的方法与砧木的切削方法相同，先在接穗芽的下方1厘米处向下斜切一刀，然后在芽的上方1厘米处，自上而下斜向连同木质部一起往下切削到第一刀处。所有的取法、深度长度都与砧木上的切口相同，切下的芽片大小正好与砧木上切削的木质部一样，也是2厘米左右的长度。

（3）接芽和绑扎　把接穗的芽片嵌入砧木的切口中，方向和位置都能够贴合，下边要插紧，最好能够使砧穗双方的上下、左右四个方向的形成层都能够对齐。

芽片插入砧木的切口并所有位置都对齐后，用塑料条自上而下把接口处绑扎包裹。嫁接当年接穗要发芽的，绑扎时要把芽露出来；对于容易产生流胶的砧木树种，绑扎的时候也要将芽露出。如果嫁接当年不萌发的（秋季嫁接），绑扎的时候要把芽一起包裹起来，到翌年春季芽萌发前，再把塑料条打开并进行剪砧。

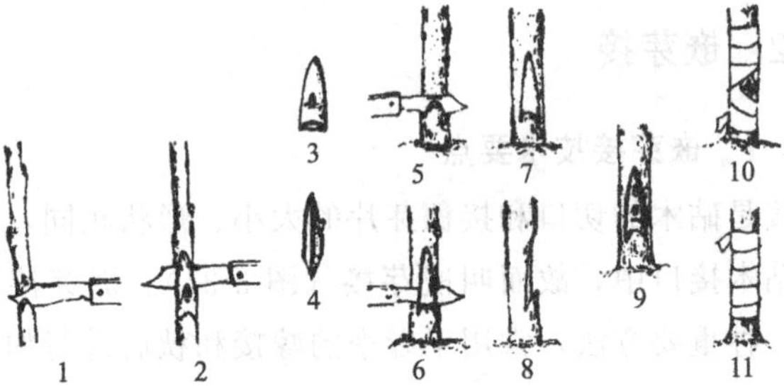

图 3-34　嵌芽接操作步骤

1—在接芽下方1厘米处向下斜切一刀；2—在接芽上方1厘米处自上而下斜削一刀，两刀相接，取下带木质部的芽片；3—芽片正面；4—芽片侧面；5—在砧木近地处由上而下斜切一刀，深达木质部；6—在第一刀上方2厘米处自上而下再削一刀，使两刀相接；7—取出砧木带木质部的树皮，形成与芽片大小接近的接口；8—砧木接口侧面；9—将接芽嵌入砧木接口；10—用塑料条绑扎，春季嫁接露出接芽，有利于芽的萌发和生长；11—秋季芽接不要求当年萌发，或砧木不易流胶的树种，将接芽全部包裹

3.2.2.3　嵌芽接嫁接效果分析

嵌芽接的砧木和接穗的切削方法相同，而且比较简单，因此嫁接速度比较快。如果是操作熟练的接穗人员，能够达到砧木和接穗切口的形成层完全对齐相接。这样砧穗双方的有效接触面比较大，双方产生愈伤组织的位置都相接，所以双方愈伤组织产生后能够很快愈合。砧木形成层的愈伤组织多而且产生的速度快。接穗的愈伤组织与芽片的生活力有关，生活力与芽片的大小、厚薄以及木质化长度有关，一般来说，芽片大一些、厚一些，其生活力也就强一些，反之亦然；芽片的木质化长度高，其生活力也就强。所以，在选择接穗的时候，要尽量选择木质化长度较高的枝条，并且切取芽片的时候，要把芽片尽量地切大一些，有利于愈伤组织的生长，有利于双方的愈合，提高嫁接的成活率。

3.2.3　方块芽接

3.2.3.1　方块芽接技术要点

方块芽接在嫁接的时候切取的芽片为方块形，砧木上也相应切去与芽片大小一致的方块形的树皮，这种嫁接方法称为方块芽接（图 3-35）。方块芽接在嫁接的时候接穗芽片不能够带木质部，并且嫁接的时候一定要在砧木和接穗形成层活跃的生长期进行。方块芽接是芽接中操作比较复杂的一种嫁接方法，一般是用于一些其他芽接不容易成活时候采用的芽接，因为方块芽接的芽片比较大，与砧木的接触面大，所以嫁接容易成活。例如核桃、柿树等树木，采用其他芽接不容易成活，采用方块芽接就比较容易成活。另外，嫁接成活后芽比较容易萌发。

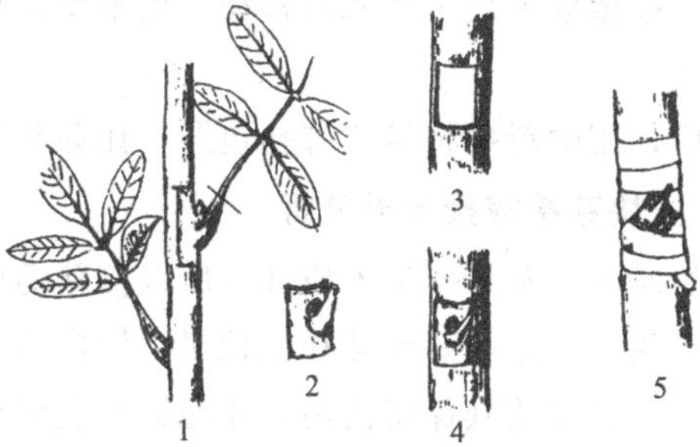

图 3-35 方块芽接操作步骤

1—在接芽上下、左右各切一刀；2—用刀尖挑开芽片皮层，轻轻扭动或弯曲取下芽片，剪掉叶片，留下部分叶柄；3—用同样的方法在砧木嫁接处切削掉一块与芽片大小相同的皮层；4—把接穗芽片嵌入砧木的接口中；5—用塑料条绑扎接口，露出芽

3.2.3.2 方块芽接操作步骤及要领

（1）砧木的切削　砧木切削前，根据芽片的大小来确定砧木切口的大小，并用刀在要切割位置边缘刻上记号，在砧木平滑处上下、左右各切一刀，使四刀相交，成为一个正方形或者长方形，切口深达木质部，切成方形后，用刀尖将切下的方形树皮挑下。

（2）取芽片　芽片切取的方法与砧木接口的切削一样，并且大小与砧木的切口一样，在所选择的芽的上下、左右各切一刀，取下芽片。

（3）接芽和绑扎　手拿接穗芽片的叶柄，将方块形的芽片放入砧木的去皮接口中，尽量使接穗芽片的上下、左右四条切口与砧木的接口贴合，最好能够四面正好闭合。如果芽片小一些，放入的时候最好使上边的皮层与砧木的切口对齐，下边可以空一些，因为在接口以上砧木留有叶片的情况下，砧木切口上部的愈伤组织比下部生长快；如果芽片过大而放不进去，则必须把芽片切小一些，使接穗的芽片与砧木的接口大小合适，不要把芽片硬塞进去，这样会损害芽片，一般嫁接不能够成活。方块芽接的时候，砧木的切口有一段时间暴露在外，这时千万不要把接口弄脏，因为愈伤组织需要从接口生长出来。接穗放入后不要来回移动，更不要搓动，以免搓伤形成层细胞。

芽片贴入后，用塑料条将接口绑扎包严，让芽和叶柄露出。

3.2.3.3 方块芽接嫁接效果分析

方块芽接的时候，芽片不带木质部，所以接穗的愈伤组织生长在芽片侧面的形成层，这就要求芽片比较厚，操作的时候不能够擦伤芽片的内侧，并且要让其保持清洁，才能够有利于愈伤组织的形成。去皮后的砧木的木质部外侧的形成层，能够形成比接穗要多的愈伤组织，达到内外的愈合。另外，在砧木方块接口的四周产生的愈伤组织，数量比较大，一般 10 天左右就可以将砧木接穗之间的空隙填满，所以在嫁接的时候，双方的接口处有一些缝隙也不影响嫁接成活。因此，嫁接的时候，芽片不宜削得过大，而应该比砧木的接口稍小，如果削得过大，芽片硬塞进嫁接口，就会对芽片造成损伤，影响嫁接成活率；如果芽片切削得过小，接后芽片四周较空，那么要让芽片与砧木接口的上边相接，因为砧木接口四个边中，上边的愈伤组织生长最快，可以加快与接穗的愈合。

3.2.3.4 双开门和单开门方块芽接

方块芽接除了以上介绍的将砧木接口处的皮层全部剥离的方法外，还有不把砧木接口处的皮剥下的嫁接方法，从中间纵切一刀，把皮层往两边挑开进行嫁接的方法称为双开门方块芽接；而从砧木切口的一侧纵切一刀，将皮层往一侧挑开的嫁接方法，称为单开门方块芽接（图 3-36）。这两种嫁接方法与方块芽接大同小异，而且许多资料介绍方块芽接的时候，都只介绍单开门和双开门方块芽接，而不介绍把砧木接口处皮层全部切下的方块芽接。无论是单开门还是双开门方块芽接，操作都比较复杂，都是用于其他芽接很难成活的树种，都要在树木生长季，可以离皮的时候才能够操作。

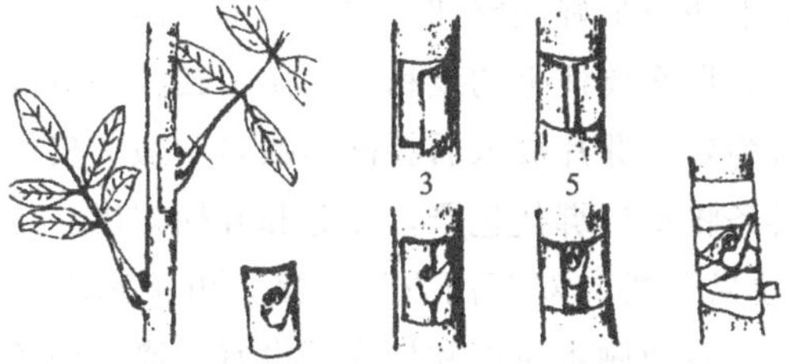

1　2　3　4　5　6　7

图 3-36　单开门和双开门方块芽接操作步骤

1—在接芽上下、左右各切一刀；2—用刀尖挑开芽片皮层，轻轻扭动或弯曲取下芽片，剪掉叶片，留下部分叶柄；3—在嫁接位置处上、下、左或上、下、右三面各切一刀，将树皮从一侧挑开，形成单开门；4—将接芽插入接口，把砧木挑起的树皮撕去一半，另一半合拢盖住接芽；5—在砧木嫁接位置上、下各切一刀，从两刀中间纵切一刀，用刀尖将树皮挑开，形成双开门；6—将接芽插入砧木树皮开口处，合拢树皮；7—用塑料条绑扎，露出接芽和叶柄

（1）双开门方块芽接

① 砧木的切削　砧木的切削方法是，选择在合适的嫁接位置，在树皮光滑的一面或者需要嫁接的一面，把嫁接部位的叶片剪掉。然后在嫁接位置，上下各横切一刀，深度达木质部，把韧皮部切断，长度为 3 厘米左右，两刀之间相隔 3 厘米左右。从两刀的中点纵向垂直从上而下切一刀，连接上下两刀，同样也要深达木质部。三刀形成一个“工”字形。嫁接的时候将皮层沿纵切的刀口把树皮往两边轻轻挑开，形成“双开门”。

② 接穗的切削　在接穗上取下一个方块形的芽片，接穗可以是剪离母体的枝条，最好是能够直接到母树上取芽。取芽的时候，先把叶片留一段一般剪掉，在芽上、芽下各横切一刀，两刀间距与

砧木上下两刀的一样，约为3厘米。切口同样要深达木质部，把皮层切断。在芽的两侧各纵切一刀，宽度比长度稍小，在2厘米左右。然后手拿叶柄左右轻轻摇动，把芽片取下来。

③ 接芽和绑扎　芽片取好后，一手拿住芽片外面的叶柄，一手用刀尖把砧木的接口沿纵切线往两边挑开，把芽片正向放入接口中，芽片的上下切口最好能够和砧木接口上下的切线相接，如果不能够上下相接，那么要使上切线相接。砧木接口的宽度以能够将接穗的芽片放入为好。芽片放入后将砧木接口两边的皮层合拢后进行绑扎。用塑料条将接口绑扎包严，让芽和叶柄露出。

④ 嫁接效果分析　双开门方块芽接，由于砧木皮层没有完全剥离，特别是左右两侧木质部和韧皮部没有分离，因此这两侧能够形成较多的愈伤组织，比把皮切掉的侧面要多得多。这样，两侧的愈合速度比上面还要快，成活率比把皮层切掉的方块芽接要高。

另外，在采用双开门方块芽接进行嫁接的时候，可以将砧木接口两侧的树皮纵向切掉一部分，只保留接穗芽片插入后能够把芽片夹住的一部分，这样，把砧木生长愈伤组织较少的部分切掉，只保留愈伤组织产生较多的部分，更有利于嫁接的成活。

（2）单开门方块芽接

① 砧木的切削　砧木的切削方法与双开门的方块芽接砧木的切削法相近，也是横切两刀，纵切一刀，只是纵切的一刀不在两刀的中点，而是在一侧。皮层挑开的时候就像单开门一样。

② 接穗的切削　接芽的切削和取芽方法以及芽片的大小和双开门芽接的芽片完全相同。

③ 接芽和绑扎　绑扎的方法也与双开门方块芽接的绑扎方法一样。

④ 嫁接效果分析　单开门方块芽接的砧木皮层一侧全部挑开离皮，也就是开门的一侧，这一侧的愈伤组织形成就比较少，皮层相连的一侧产生的愈伤组织比较多。与双开门方块芽接相比，愈伤组织产生得少一些，砧穗双方的愈合比双开门差一些，比整块皮切

掉的方法愈伤组织要多一些。因此，嫁接的成活率也就介于双开门方块芽接和全去皮方块芽接之间。

3.2.4　套芽接

3.2.4.1　套芽接技术要点

套芽接简称套接，接穗的芽片呈圆筒形，嫁接的时候套在砧木上，故而称为套芽接（图 3-37）。套芽接在生长季进行，一般用于芽接难以成活并且接穗枝条通直、芽不隆起的树种的嫁接。如柿树的嫁接通常采用套芽接。套芽接的方法，砧木与接穗形成层接触面大技术熟练者嫁接速度快，成活率高，接后能够很快发芽。

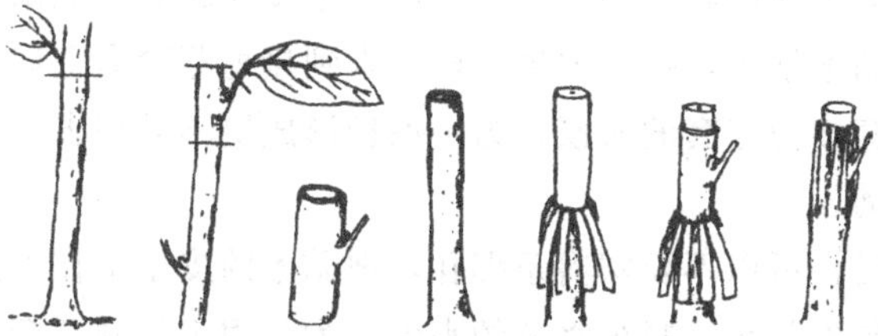

图 3-37　套芽接操作步骤

1—将与接穗粗度相同的砧木在嫁接处剪断；2—接穗选择通直的枝条，剪去叶片，在芽上方 1 厘米处剪断，在叶柄下方 1 厘米处横向切割一圈；3—再轻轻扭动，取出芽套；4—砧木从剪口处纵划数刀；5—从顶端撕下树皮；6—将筒状接芽套入砧木去皮部分；7—将砧木树皮上翻，裹住接芽，用塑料条绑扎，露出接芽和叶柄

3.2.4.2　套芽接操作步骤及要领

（1）砧木的切削　采用套芽接，要选择砧木与接穗的粗度相同的部位，将砧木剪断，然后用刀在砧木断口处向下纵向划开数刀，划口长度为 4 厘米左右，再沿划口把树皮逐条向下撕开到划口底部。

（2）取芽套　接穗一般选用一年生的枝条。如果枝条上部的芽已经萌发，则选用下部未萌发的枝条作为接芽。取芽时，把接穗在接芽以上1厘米处剪断，再从接芽以下1厘米处横切一圈，把树皮全部割断，然后拧动接穗，取出筒状的芽套。切的时候要注意，如果有一点树皮未切断，取芽套的时候会损坏芽套。在技术不熟练时，可以用一条小的布条缠住芽套再拧，让布条带动芽套转动，转松后再取出芽套。

(3) 接芽和绑扎　将接穗上取下的芽套，芽眼朝上，从上而下套在砧木撕下皮的木质部圆柱上，套到砧木皮层撕裂处。然后将砧木撕下的皮层一条一条往上拉起，包住接穗芽套。如果砧木粗，接穗芽套筒细，则套不进去；如果砧木过细，接穗芽套筒粗，套进去后太松。为了使两者大小合适，可以先把接穗的芽套取出，再剪砧木，如果砧木细了，往下剪掉一段，直到接穗芽套套上后大小合适为止。在套接穗芽套的时候，为了保护形成层不被伤害，套上后不要来回转动。

嫁接后，可以不要塑料条绑扎，把砧木的皮由下往上翻，把接穗的芽套包裹起来，减少水分的丧失。为了固定接穗芽套，可以用线绳绑扎，为了能够更好地保持接口的湿度，也可以用塑料条将接口和砧木全部包裹起来，只把芽眼露出。

3.2.4.3　套芽接嫁接效果分析

套芽接的嫁接方法，接穗芽套内侧和砧木木质部外侧生长愈伤组织，是双方愈合的关键。所以，在嫁接的时候，要注意避免双方形成层的过多摩擦，在比对好粗细合适后，将芽套轻轻套下一小段即可，切忌上下或左右旋转摩擦，因为摩擦会损伤双方的形成层。由于双方的形成层很幼嫩，所以要尽量减少损伤，这是嫁接成活的关键。

3.2.5　环状芽接

3.2.5.1　环状芽接技术要点

环状芽接的嫁接方法与套芽接的方法很接近，也是取下减少的一个芽套，再把芽套包裹在砧木的剥皮接口处。只是环状芽接接穗的芽套是从芽背面纵切一刀，取下的芽套是一个不闭合的芽套，或者叫做环形芽片。所以，环状芽接的带芽的树皮是裂开的。这种嫁接方法对于枝条不是很通直的接穗取芽比较方便。接穗的环状芽片套在砧木枝条的中间位置，故称环状芽接或者叫环形芽接（图 3-38）。这种嫁接方法操作比较复杂，但与套芽接一样，砧穗双方形成层的接触面大，嫁接容易成活，所以一般都用于其他芽接比较难成活的树种的嫁接。

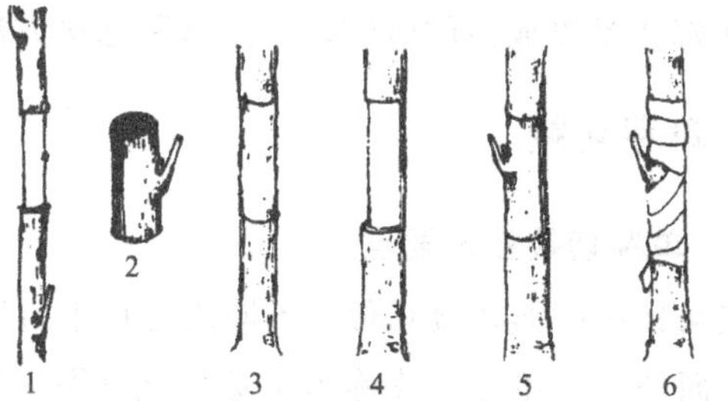

图 3-38 环状芽接操作步骤

1—在接穗接芽上方、下方1厘米处各横切一圈，从芽的背面纵切一刀；2—用刀尖轻挑，取下芽套，剪掉叶片，保留部分叶柄；3—在砧木嫁接位置上下各横切一刀；4—剥去砧木树皮，砧木比接穗粗的时候要保留一些树皮；5—将接穗芽套嵌入砧木接口；6—用塑料条绑扎，露出接芽和叶柄

3.2.5.2 环状芽接操作步骤及要领

（1）砧木的切削　在砧木的嫁接位置，上下相距2厘米各切一圈，在两条切线之间纵切一刀，用刀尖挑开树皮并将其剥下。三刀都要保证切断木质部，把韧皮部切断，取皮时才较为容易，而且不会伤及剥皮后木质部上面形成层细胞。如果砧木较粗，剥皮的宽度可以窄一些，剥皮的宽度与接穗环形芽片的宽度一致即可。

（2）取芽片　取芽片时，不用将接穗剪下，直接在连接在母树上的枝条上切取芽片。在芽的上面1厘米处横切一圈，芽的下面1厘米处再横切一圈，然后在芽的背面用刀把先切的两圈纵向切断，用刀尖轻挑就可以把芽片取下。

(3) 接芽和绑扎　把接穗芽片套在砧木去皮的接口上。如果芽片宽度比砧木切口的宽度小，则将接穗的芽片靠向一侧；如果接穗芽片的宽度比砧木接口的宽度大，则不能硬塞进接口，而是要把接穗芽片再纵向切掉一个纵条，然后再套接上。芽片套接上后，用塑料条将接口绑扎包严，绑扎时不要来回扭动。

3.2.5.3　环状芽接嫁接效果分析

环状芽接与套芽接相似，嫁接成活率较高，但操作复杂费工，在其芽接方法嫁接难以成活的时候才采用这种嫁接方法。

3.2.6　单芽切接

3.2.6.1　单芽切接技术要点

单芽切接与枝接中的切接相似，不同之处在于所嫁接的接穗不是一个枝条，而是一个单芽，故称为单芽切接（图 3-39、图 3-40）。有的也用切接的方法来嫁接单芽，芽接时，接穗和贴木的切削方法与切接完全相同，只不过接穗上只要一个芽，这是一种在砧木顶端的单芽嫁接，一般在春季进行。由于嫁接的时候只有一个芽，所以

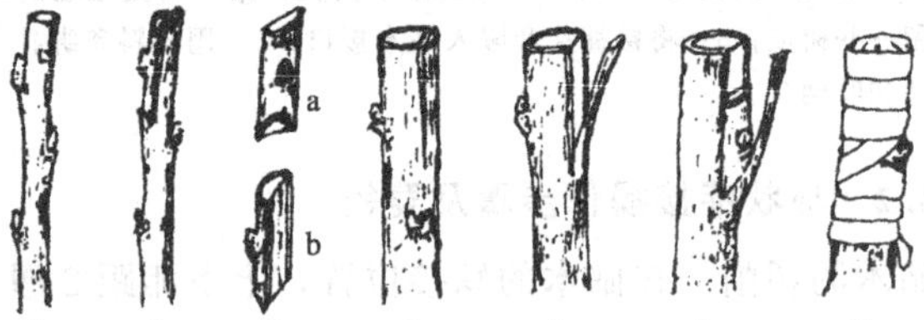

图 3-39　单芽切接操作步骤

1—选择充实的接穗，在芽的上方 1 厘米处剪断；2—在接芽下方 1 厘米处斜向深切一刀达枝条中部，再从剪口断面中点垂直向下纵切一刀，与第一刀相接；3—取下带木质部的芽片，上面平，下面斜（a. 芽片砧木，b. 芽片侧面）；4、5—砧木从合适的高度剪断，从剪口垂直向下纵切一刀，切口的宽度和接芽宽度相同；6—将接芽插入砧木接口，使双方的形成层对齐；7—用塑料条绑扎，露出接芽和叶柄

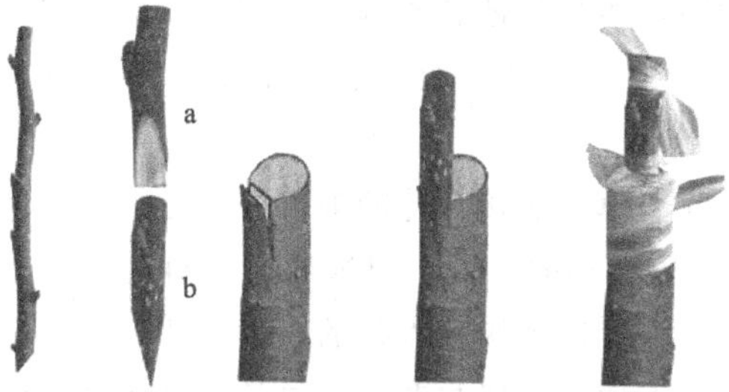

图 3-40 单芽切接（变形）操作步骤

1—选择充实的接穗；2—在接芽上下方 1.5 厘米处剪断，下口削成楔形（a. 芽片砧木，b. 芽片侧面）；3—砧木从合适的高度剪断，从剪口一侧约 1/5 处垂直向下纵切一刀，深度与接穗削面吻合；4—将接芽插入砧木接口，使双方的形成层对齐；5—用塑料条绑扎，露出接芽和叶柄

嫁接成活后接穗枝条的萌发顶端优势强，一般萌发生长都比较快。常绿树种（如柑橘、阳桃和油茶）嫁接的时候经常采用这种单芽切接的方法进行嫁接。

3.2.6.2 单芽切接操作步骤及要领

（1）砧木的切削　单芽切接一般适合于砧木比较细小时候的嫁接，大砧木要采用这种方法嫁接，应该嫁接在萌发出来的小的分枝上。切削砧木的时候，先将砧木接口锯断，然后切削。切断砧木的位置如果是小砧木，在离地面以上 3～5 厘米处；如果是大砧木上面萌发的小枝上嫁接，在萌发位置向上 3～5 厘米处。砧木切断后，切削其上面的嫁接口，一种方法是把砧木切掉一块，另一种方法是不把砧木切掉。切掉砧木的切削法是，在砧木断口以下 2～3 厘米处，向斜下方纵切一刀，切口与砧木树干呈 30°～45°夹角，深度达木质部，切到砧木粗度的 1/5～1/4，具体切割深度根据接穗芽片接口的宽度和砧木的粗度而定，要求使砧木切削的接口与接芽的接口宽度一致。然后从砧木的剪口处从上往下垂直纵切一刀，切削时要对准第一刀切削的位置，切到与第一刀切削位置相交，把削口外侧的砧木块切下。另一种砧木接口的切削方法是，不把砧木切口外侧的木质部切掉，而只是把砧木垂直下切一刀就可以，具体的切法是从砧木剪口一侧 1/5～1/4 处垂直向下切一刀，切削长度为 3 厘米左右。

（2）取芽片　单芽切接芽片的削取方法是，将接穗在芽的上方 1 厘米处剪断，再在芽的下方 1 厘米处往下斜切一刀，角度与砧木下切口的一致，深度达到接穗直径的一半，然后再从上剪口断面处垂直下切一刀，下切的位置与芽下切口的深度相符，两刀相接并切断，取下芽片。另一种取芽的方法是从芽下面 1 厘米处用刀以 30°～45°的角度斜下削断或用枝剪以同样的角度和位置剪断，然后在芽的上面 1 厘米处用枝剪，把芽从接穗上剪下来后沿中心纵向切削，将其切成两半即可取下芽片。还有一种取芽的方法就是与嵌芽接的一样，在芽下面 1 厘米处斜下深切一刀，深度达接穗中心，然后从芽上面 1 厘米处斜下切削到第一刀处切断，把芽片取下。三种方法取下的芽片，都可以与砧木的两种切削法对接。

（3）接芽和绑扎　将接穗的芽片正向也就是芽眼向上插入砧木的接口中，使芽片两侧的形成层与砧木接口两侧的形成层对齐，如果不能够两面对齐，要对齐一面。如果砧木是切掉一块木质部的削法，那么接口下部呈楔形，芽片的下切口正好插入楔形口中，比较牢固。这种砧木的切削方法，绑扎比较简单，用塑料条将接口以及砧木的接口全部包裹起来，如果是在春季嫁接，芽要露在外；如果是秋季嫁接，则把芽也包裹在塑料膜内。砧木的另一种切削方法是不把木质部切掉而保留，插入接芽的时候，同样正向插入，并尽量使芽片的下斜口接近砧木切口下部木质部连接处，然后将砧木上留下的木质部上拉包裹接芽，同样保持接芽与砧木切口的形成层对齐，尽量两侧对齐，不能够两侧对齐时也要保证一侧对齐。接芽插好后，用塑料条绑扎，方法与上一种完全相同。

3.2.6.3　单芽切接嫁接效果分析

单芽切接法可以使接穗与砧木两侧的形成层都对齐，砧穗双方的有效接触面比较大，嫁接容易成活。特别是砧木木质部块切下的方法，不仅双方两侧的形成层对齐，而且砧木楔形接口内侧和外侧的形成层都能够与接芽的形成层对齐，有效接触面更大，嫁接更容易成活。在切取芽片时，尽量把芽片切得大一些、厚一些，芽片的养分含量多，形成的愈伤组织也就多，嫁接就容易成活。

3.2.7 单芽腹接

3.2.7.1 单芽腹接技术要点

单芽腹接是在接穗上切取一个带木质部的单芽，嫁接在砧木树干的腹部的嫁接方法，称为单芽腹接（图3-41、图3-42）。单芽腹接节省接穗，也不必蜡封，嫁接方法比较简单，成活率较高，能够很快补充大树的缺枝，是在常绿树种的多头嫁接时经常采用的一种嫁接方法。

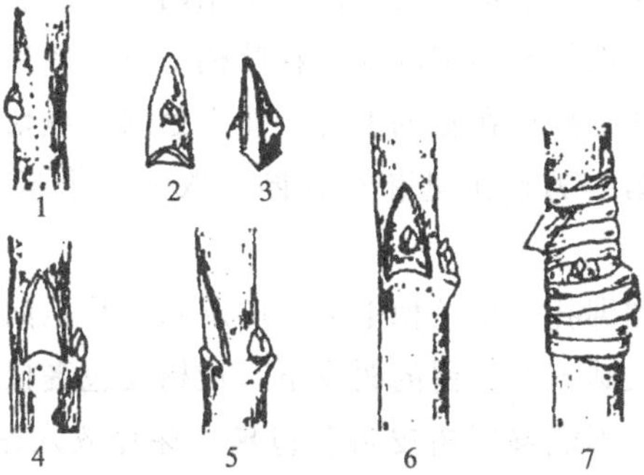

图3-41 单芽腹接操作步骤

1—选择充实的接穗，按嵌芽接的取芽方法取下带木质部的芽片；2—芽片正面；3—芽片侧面；4—按嵌芽接砧木的切削方法在嫁接部位切削砧木接口；5—砧木接口侧面；6—将接芽插入砧木接口，使双方的形成层对齐；7—用塑料条绑扎，露出接芽和叶柄

3.2.7.2 单芽腹接操作步骤及要领

(1) 砧木的切削　在砧木需要嫁接部位的枝条中下部，自上而下斜向纵切，从表皮到皮层一直切到木质部，渐下渐深，长度为3厘米左右，再在切削下的部分下端将皮切去一半到2/3。

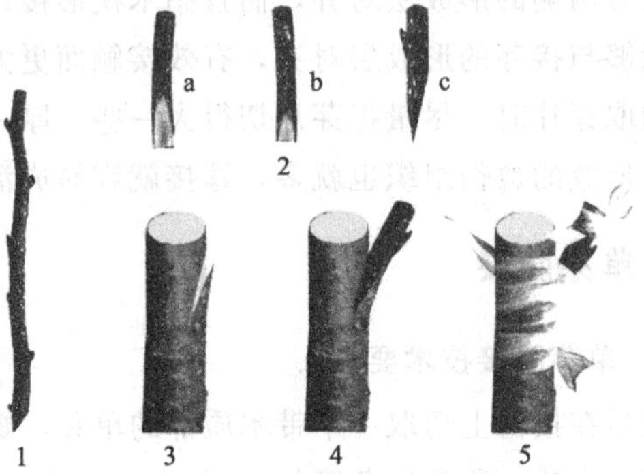

图 3-42 单芽腹接（变形）操作步骤

1—选择充实的接穗；2—剪成带单芽的茎段（a. 削面正面，b. 削面背面，c. 削面侧面）；3—砧木在嫁接的部位按腹接的方法切削；4—将接芽插入砧木接口，使双方的形成层对齐；5—用塑料条绑扎，露出接芽和叶柄

（2）取芽片　切取芽片的方法应采用两刀切削法。操作时，将接穗反向拿住，选好要切削的芽，在叶柄下方 1 厘米处斜下纵切一刀，深达木质部，然后在芽的上方 1 厘米处斜下纵切，深达木质部并向前切削与第一刀切削处相交切断，取下一个带木质部的盾状芽片。

（3）接芽和绑扎　把接穗上取下的盾状芽片正向插入砧木的切口中，下边插入砧木上保留的树皮下，让树皮包裹接穗芽片的下切口，把芽露出，不能够用树皮将芽包裹。芽片放入砧木的切口中，使双方的形成层都对齐相接。如果操作好的情况下，可使砧穗双方的四周的形成层都能够对齐。接芽插好后，用塑料条把接口全部封闭包裹，芽也包裹在内。如果砧木较粗，塑料条可以宽些，便于捆紧包严。

3.2.7.3　单芽腹接嫁接效果分析

在砧木切口处形成层都能够形成愈伤组织，切口下部包住接穗芽片的树皮内侧也能够形成愈伤组织。接穗形成层产生的愈伤组织较少，但形成较快。在砧木生长势强，温度在 25℃时，砧穗双方 15 天左右就能够愈合，嫁接成活率高。

3.2.8 芽片贴接

3.2.8.1 芽片贴接技术要点

芽片补接是将砧木的树皮切去一块，在树皮切掉的位置贴上一片大小相同的接穗的芽片，这种嫁接方法称为芽片贴接(图 3-43)。通常在南方常绿树种的嫁接时采用，嫁接在生长季进行，要求砧木和接穗容易离皮。芽片贴接具有“T”字形芽接和方块芽接的特点，嫁接速度介于两者之间，即比“T”字形芽接慢一些，而比方块芽接快一些，嫁接成活率高，接穗成活后容易萌发。

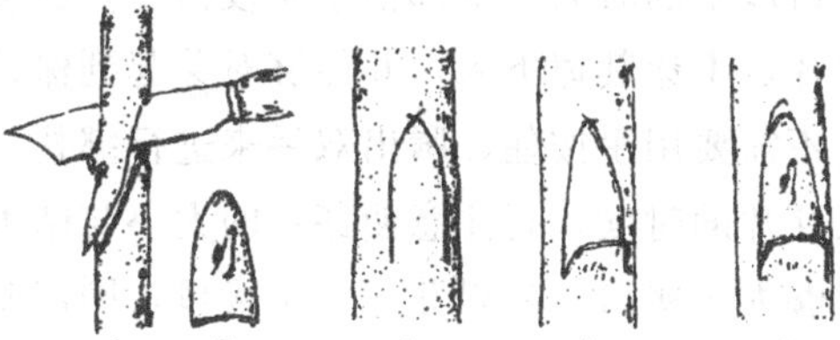

图 3-43 芽片贴接操作步骤

1—选择充实的接穗，按“T”字形芽接的取芽方法取下芽片；2—芽片正面；3—在砧木嫁接位置用刀尖自下而上划两条平行切口，宽度与芽片相同，再从两条切口上部斜向内切两刀交会于顶端；4—用刀尖从上将砧木皮层挑开往下撕开，切掉 2/3 的树皮；5—将芽片嵌入砧木接口并用塑料条绑扎，露出接芽和叶柄

3.2.8.2 芽片贴接操作步骤及要领

(1) 砧木的切削　芽片补接一般用于一年生的削砧木。在合适的嫁接位置，一般在离地面 10～20 厘米处，选择光滑的一面，用毛巾将嫁接位置的树皮擦拭干净，用刀尖纵向划两条平行的切口，宽度为 0.6～0.8 厘米，长度约为 3 厘米，深度达木质部，将韧皮部切断，再用刀从两条切口上端向上斜划两刀，左端切线向右斜上切，右边的切削向左斜上切，使两刀在上部交会，形成一个尖头舌状，长度约为 1 厘米，深度同样要将韧皮部切断。从后两刀上端交会处从上向下把皮挑开撕下，到整个切口的一半以下约 2/3 处把树

皮割掉，留下小半段树皮，以便接穗芽片放入后能够将其夹住。

（2）取芽片　接穗的芽片要从枝条中上部切取。芽片的切削方式与“T”字形芽接相似，但方向相反。切削芽片的时候，先在芽下横切一刀，深达木质部，到接穗枝条直径的一半左右。或者只将皮层切断，宽度与砧木去皮切口的宽度一样或者略窄。再从芽上面斜下切削，切到第一刀位置，取下不带木质部的舌状芽片。取下的芽片大小与砧木去皮切口的大小相同或略小。

（3）接芽和绑扎　把接穗枝条取下的芽片贴入砧木的切口，并将下部插入砧木留下的树皮中，然后用塑料条绑扎包严，芽露出在外。在砧木接口取下的时候，下部留下小段树皮，在接穗芽片插入时可以固定芽片，不让其掉下来，并能够对芽起到保护作用，还能够让操作人员不需要用手按住，腾出双手来进行绑扎，提高绑扎的质量。在插入芽片的时候，要注意使芽片的大小与砧木的接口相等或略小，并能够大于接口，如果芽片大于接口，则需要把芽片适当切小一些，不能将其硬塞入接口。

3.2.8.3　芽片贴接嫁接效果分析

芽片贴接的嫁接方法是，砧木切除一块皮后，去皮部分的木质部外面的形成层能够形成愈伤组织。嫁接后5～10天，形成的愈伤组织就能够把芽片与砧木之间的空隙填满。在砧木切口的四周也能够生长出愈伤组织，与接穗芽片的四周连接愈合。在嫁接操作过程中，要注意不要擦伤砧木去皮切口处的形成层细胞，以免影响其愈伤组织的产生，进而影响嫁接成活率。接穗芽片在离体的条件下，形成的愈伤组织很少，主要在芽片的内侧，但砧木的木质部外面以及切口四周都能够产生大量的愈伤组织，尤其是切口的四周，所以嫁接很容易成活。

3.2.9　补片芽接

3.2.9.1　补片芽接技术要点

补片芽接又叫贴片芽接或芽片腹接，是将接穗的一片方形芽片贴到砧木的去皮接口处的嫁接方法（图 3-44、图 3-45）。一般使用于南方地区常绿树种的嫁接中，在嫁接没有成活的时候也常采用这种嫁接方法进行补接，故而称为芽片补接法。芽片补接与其他芽接一样，具有节省接穗、成活率高、嫁接操作简单、容易掌握的优点。操作方法与方块芽接很相似，都是将接穗的芽片切成长方形，只是方向与方块芽接相反，方块芽接的芽片呈横向长方形，芽片补接的芽片是纵向长方形。另外，在砧木接口的下部保留部分树皮包裹接芽，成活率更高。

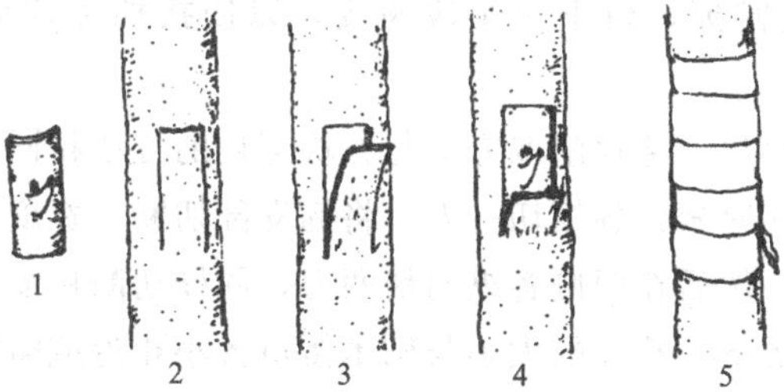

图 3-44　补片芽接操作步骤

1—按方块芽接的取芽方法取下芽片；2—在砧木嫁接位置，用刀纵切两条平行切口，在上端横切一刀；3—用刀尖从上方将砧木皮层挑起往下撕开；4—切掉上端 2/3 的树皮，将芽片嵌入砧木接口；5—并用塑料条绑扎

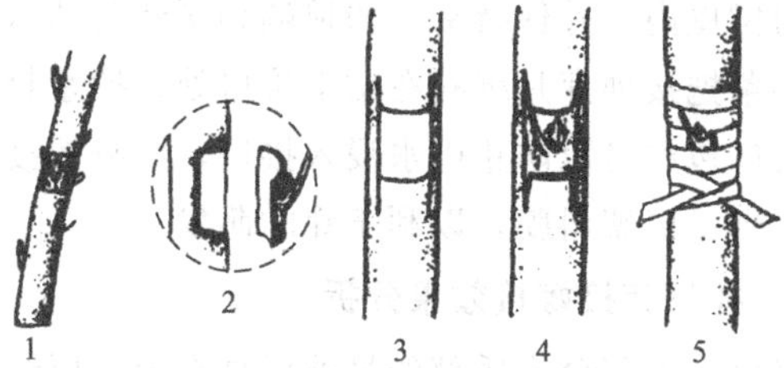

图 3-45　补片芽接（变形）操作步骤

1—选择适宜嫁接的枝条作为接穗；2—按方块芽接的取芽方法取下芽片；3—在砧木嫁接位置，用刀纵切两条平行切口，在两刀之间中部位置平行横切两刀并把中间的皮去除；4—用刀尖将砧木切口上下的皮层挑起，放入芽片；5—并用塑料条绑扎，露出叶柄和芽眼

3.2.9.2 补片芽接操作步骤及要领

(1) 砧木的切削　芽片补接法在切削砧木接口的时候不把砧木上部剪掉，在合适的嫁接位置，一般在离地面 10～20 厘米处，选择光滑的一面，用毛巾将嫁接位置的树皮擦拭干净，用刀尖纵向划两条平行的切口，宽度为 0.6～0.8 厘米，一般要根据砧木和接穗粗度或者芽片的宽度而定，长度约为 3 厘米，深度达木质部，将韧皮部切断。再在两刀顶部横切一刀，形成纵向长方形，从切口顶部由上向下把皮挑开撕下，到整个切口的一半以下约 2/3处把树皮割掉，留下小半段树皮，以便接穗芽片放入后能够将其夹住。

(2) 取芽片　芽片削取方法与方块芽接的方法相同，先在芽上以及芽下 1.5 厘米处各横切一刀，将韧皮部切断，宽度与砧木接口的宽度相近，然后在两侧各纵向切两刀，同样切断韧皮部，轻轻用刀尖把芽片挑下。芽片的大小与砧木接口大小相近或略比其小，并保持芽在芽片中心。取芽片时，也可以用枝剪直接在芽上和芽下各 1.5 厘米处剪断，然后在芽的背面纵划一刀，用刀尖轻挑把整个横向芽片取下，嫁接时根据接口的宽度再作适当削切即可。

(3) 接芽和绑扎　插入芽片时，手拿芽片上的叶柄，把砧木接口下端留下的树皮轻轻挑开，将接穗芽片放入接口的中央，下端插入砧木留下的树皮内，并保持芽片的顶端和两侧与砧木接口有稍许空隙。用塑料条把接穗芽片绑扎在砧木接口处，捆紧封严，使芽片紧贴砧木。接口包严可以防止雨水浸入接口，影响嫁接成活，但芽眼位置只需包裹一层塑料膜，以利于芽的萌发。

3.2.9.3 补片芽接嫁接效果分析

在砧木接口去皮部分木质部的最外层具有形成层细胞。嫁接初期，愈伤组织生长较慢，7 天后，愈伤组织生长明显，10～15 天时所产生的愈伤组织可以将砧木与接穗之间的空隙填满。在砧木接口四周也能够生长出愈伤组织，把接穗芽片与砧木切口之间的空隙填满。接穗芽片内侧形成层形成的愈伤组织极少，芽片比较厚的情况下，产生的愈伤组织会多一些。所以，接穗的芽片要采用粗壮枝条中部的芽为好。接穗芽片内侧的愈伤组织与砧木产生的愈伤组织相结合，能够促进接芽的萌发。

3.3　根接技术

用树根作砧木，将接穗直接接在根上（图 3-46、图 3-47）。各种枝接法均可采用，可以采用劈接、合接、切接、插皮接等枝接方法嫁接。根据接穗与根砧的粗度不同，可以正接，即在根砧上切接口；也可倒接，即将根砧按接穗的削法切削，在接穗上进行嫁接。

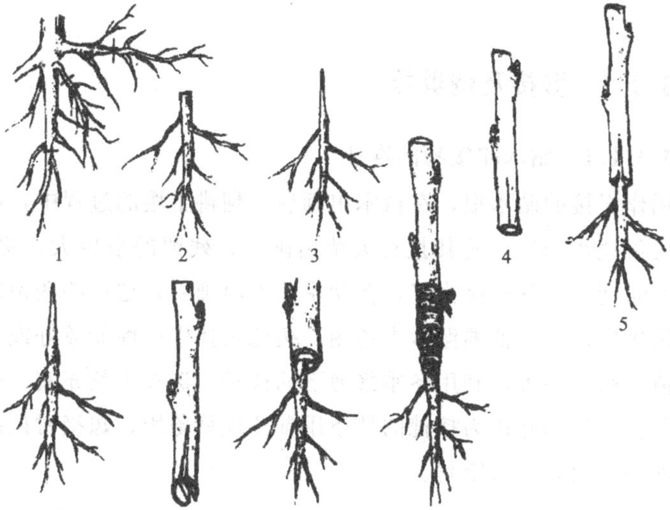

图 3-46　根接操作步骤

1—砧木根系；2—剪切嫁接根段；3—用插皮接接穗的切削方法进行切削根段；4—按插皮接砧木的切削方法切削接穗；5—插入根段；6—按劈接接穗切削的方法削根段；7—按劈接砧木切削方法削接穗；8—劈接的方法插入根段；9—绑扎，用可降解材料进行绑扎

根接可以大量利用苗圃地苗木出圃时切断留下的根来进行嫁接繁殖，实现变废为宝，缩短砧木的繁殖期，减少砧木繁殖的成本，

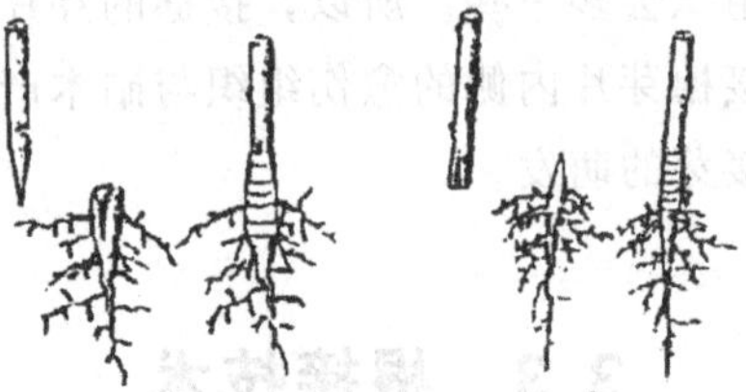

图 3-47　根接劈接法操作步骤

1—正向劈接；2—倒劈接

加速良种的发展。根接通常用于秋冬季节在室内进行嫁接，接后埋于湿沙中促其愈合，成活后栽植。牡丹的繁殖嫁接常用这种根接方法。

3.3.1　劈接及倒劈接

3.3.1.1　砧木和接穗的准备

用作根接的砧木根，在苗木出圃后，翻耕土壤的过程中，都会挖出大量残留的根。尤其是在大苗出圃后，残留的根更大、更多。嫁接的时期以秋冬嫁接为好，在秋季苗木出圃后，把这些残留的根段挖出集中，埋在低温湿沙中备用。接穗选择生产性能较好或者观赏价值较高的品种，利用冬季修剪下的枝条，选择生长充实、粗壮的营养枝，把选好作为接穗的枝条用湿沙埋藏备用，嫁接时把接穗从湿沙中挖出并进行蜡封。

3.3.1.2　嫁接方法

劈接就是将根段上端削平，从中心往下劈开一个接口，深度2厘米左右，如果根的粗度大，劈口深度可以深一些。接穗按劈接接穗的切削方法，削成两个削面，形成楔形。嫁接和绑扎方法与劈接完全相同。倒劈接是将接穗下端按砧木的切削方法向上劈开接口，根段上端切削成楔形，插入接穗下端的劈口中，最后进行绑扎固定保湿。

嫁接后将其正立埋入湿沙中，让接口愈合，成活后再进行栽植。如果嫁接时间早，则在温室内培养或室外用沙埋住；如果嫁接时间较晚，到树木萌发生长期，可以直接将嫁接后的苗木栽植于大田里，注意保湿，遮阴，促其愈合、成活、生长。因为嫁接之后就直接栽植，所以绑扎材料要采用能够自然降解的材料（如麻皮、蒲草、马兰草、稻草、玉米衣等），不宜采用塑料条进行绑扎。

3.3.2 插皮接及倒插皮接

砧木和接穗的准备方法与根砧劈接相同。砧木和接穗的切削方法与插皮接相同。插皮根接是把根段按插皮接的砧木的切削方法，即把根段上面横截削平，在嫁接的一侧纵切一刀，切开皮层，深度2厘米左右。接穗的切削方法也是在最下面一个芽的背面切削一个长度为2厘米的削面，长削面深度达到和接近髓心，在长削面的背面削一个0.5厘米左右的削面，把接穗下端削尖，如果根段和接穗粗大，削面可以长一些。接的时候，把接穗的大削面朝里插入砧木接口中，并适当留白，最后绑扎。插皮倒接是接穗按插皮接砧木的切削方法，而根段按插皮接接穗的切削方法，然后把根段插入接穗切口中，再绑扎起来。

3.3.3 切接及倒切接

根切接和倒根切接的砧木和接穗的准备方法与根劈接一样。砧木和接穗的切削方法与枝接的切接法一样。根切接把根段按枝切接的砧木的切削方法切削，而接穗按枝切接接穗的切削方法切削。倒根切接则反过来，根段按枝接切接的接穗切削方法切削，而枝段按枝切接的砧木的切削方法切削。然后将两者结合再进行绑扎。

以上介绍了20种枝接的方法、9种芽接方法、3种根接法以及7种特殊嫁接方法，共39种嫁接方法。在不同的地区叫法会有所不同，而且还会有一些更为特殊的嫁接方法。随着科学技术的不断进步和发展以及广大的嫁接技术人员不断的摸索和创新，还会发展和创造出许多新的嫁接技术和方法。并且嫁接技术也有可能在其他领域发挥新的或者更大的作用，发挥更大的效益。

各种嫁接方法，嫁接技术人员应该根据实际情况，因地制宜和合理利用。在介绍各种嫁接方法的同时，分析了各种嫁接方法的使用范围，以及砧穗双方愈伤组织形成的部位，接合后主要的愈合位置等，并列出不同季节愈伤组织形成的速度和数量，确定各种嫁接方法愈合成活的关键部位和操作技术要点，供各位嫁接技术人员参考。

3.4 嫁接成活后的管理

嫁接之后的首要工作是保证嫁接的成活率，所以首先要保证嫁接的成活率。当然嫁接的目的是通过嫁接来发展良种、改良新品种、提高树木的抗逆性和适应性、加快树木的生长、提早开花结果、提高树木的观赏价值，并最终达到提高经济效益、生态效益以及社会效益的目的。所以，嫁接成活之后的管理工作十分重要，是嫁接能否达到目的关键之所在。因此，如果嫁接成活后管理不善或管理不及时，那么即使嫁接成活了，也达不到嫁接的目的，会前功尽弃，甚至会因此而损坏砧木而得不偿失。所以，不能够仅仅满足于嫁接的成活，还必须对嫁接成活后的植株进行及时、认真、细致的管理。

3.4.1 确保嫁接成活的管理

在适合的嫁接时期，采用合适的嫁接方法，并且操作熟练正确的情况下，嫁接一般都能够成活。当然即使所有细节和操作都准确无误下，在砧穗愈合过程中，也会因为其他一些因素而导致嫁接不成活。嫁接不能够成活的最常见的是接穗和接口失水干枯，所以，要保证嫁接成活，最关键的是要保证接口和接穗不失水，需要保持接穗和接口不失水，主要注意以下几个方面。

3.4.1.1 接后浇水

嫁接之后立即进行灌溉，补充土壤水分，使砧木能够吸收充足的水分，并保持隔几天浇一次水，一直保持土壤水分充足。

3.4.1.2 遮阴或覆膜

为了减少接穗水的蒸发，降低水分丧失的速度，可以在嫁接后用遮阳网覆盖遮阴，减少光照强度，起到保湿的作用。如果是在大树上嫁接，可在嫁接位置设置遮阴棚为把接穗遮蔽；如果是在苗圃地的小苗嫁接，接后可以将圃地整块加盖遮阳网进行遮阴覆盖。也可以在嫁接后的圃地上加盖小拱棚用塑料膜覆盖保温保湿，小苗是袋苗（营养钵内的苗木俗称“袋苗”）的可以嫁接后移入温室里保温保湿。

3.2.1.3 检查绑缚材料

用塑料膜作为绑缚材料进行绑扎的情况下，塑料膜可能会因各种因素破裂或收缩或错位等导致接口和接穗绑缚不严而导致水分丧失加快，使接穗抽干而影响嫁接的成活。为此，嫁接后要经常检查绑缚物的绑扎情况，如果出现破裂或错位时，要及时将其处理好。

3.4.2 检查成活和补接

枝接和根接一般在接后20～30天可进行成活率的检查。成活后接穗上的芽新鲜、饱满，接口处产生白色的愈伤组织细胞，甚至已经萌发生长；未成活则接穗干枯或变黑腐烂。对于嫁接未成活的等到砧木萌发新枝后，在夏天采用芽接法进行补接。在检查成活情况时，可将绑扎物解除或放松。嫁接后埋土覆盖保湿的，检查后仍然要以松土覆盖，防止突然暴晒或被风吹干而死，要等到接穗萌发生长出土面后再结合中耕除草时把原来覆盖保湿的土推平整。

芽接一般7～14天即可进行成活率的检查，如果带叶柄，成活者的叶柄一触即掉，芽体与芽片呈新鲜状态；未成活则叶柄干枯不落或芽片干枯变黑。嫁接未成活应在其上或其下错位及时进行补接。

3.4.3 剪除萌蘖

剪砧是指在嫁接育苗时，剪除接穗上方砧木部分的一项措施。在枝接中的腹接法、靠接法和芽接的大部分方法都需要剪砧，以利于接穗萌芽生长。嫁接成活后，凡在接口上方仍有砧木枝条的，要及时将接口上方砧木部分剪去，以促进接穗的生长。一般树种大多可采用一次剪砧，即在嫁接成活后，春季开始生长前，将砧木自接口处上方剪去，剪口要平，以利愈合。在秋季的芽接，当年接芽不萌发，所以应该在翌年春季芽萌动前剪砧，剪口离接芽上部 3 厘米左右为好。对于嫁接难成活的树种（如腹接的松柏类、靠接的山茶、桂花等），不要急于剪砧，可分两次或多次剪砧。

嫁接成活后，砧木常萌发许多蘖芽，与接穗同时生长或提前萌发生长，会与接穗争夺养分不利于接穗的成活和生长，为集中养分供给新梢生长，要及时抹除砧木上的萌芽和根蘖，一般需要去蘖 2～3 次。如果嫁接以下部位没有芽片，也可以将一部分砧木上萌生的枝条留 2 片叶后摘心，促进接穗的生长，等到接穗萌发的枝条生长到一定程度再将萌蘖彻底剪除（图 3-48）。

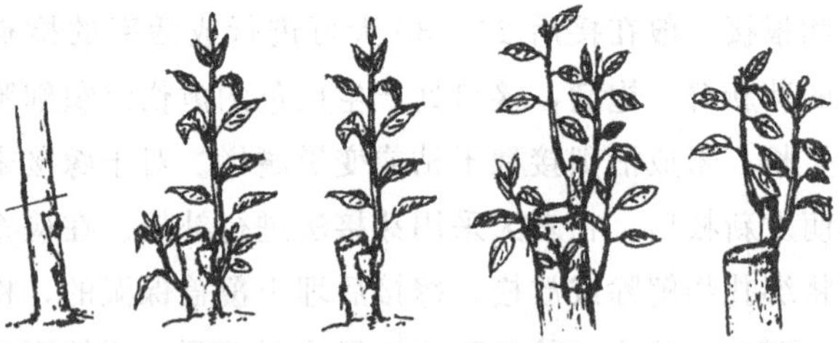

图 3-48 除萌蘖

1—接芽上面 1 厘米处剪断砧木；2—接芽萌发，砧木上也萌发萌蘖枝条；3—剪除砧木上萌发的萌蘖枝条；4—接穗短截后再次萌发枝条，砧木上也再次萌发萌蘖枝条；5—剪除砧木上二次萌发的萌蘖枝条

3.4.4 解除绑缚物

在检查时如发现绑缚物太紧，要松绑或解除绑缚物，以免影响接穗的发育和生长。一般当新芽长至2～3厘米时，即可全部解除绑缚物，生长快的树种，枝接最好在新梢长到20～30厘米长时解绑。如果过早，接口仍有被风吹干的可能。

3.4.5 立支柱

嫁接成活后，由于砧木根系发达，接穗的新梢生长很快，接合处一般不牢固，遇到大风易被吹折或吹弯，从而影响成活和正常生长。为了防止风害，一般在新梢长到30厘米左右时，紧贴砧木立一支柱，将新梢绑于支柱上。芽接的可在砧木旁边土壤中插一根支柱，将其下端绑在砧木上，然后把新梢绑在支柱上。绑缚时不要太紧或太松，太紧会勒伤接穗萌发的新梢，太松则起不到固定的作用。大树嫁接后生长量大，更容易遭受风害，所立的支柱要长一些，一般长度为1.5米。支柱下端牢牢固定在接口以下的砧木上，接口以上每隔30厘米左右绑扎固定新梢，随着新梢的生长，一道接一道地往上绑扎固定接穗萌枝。采用腹接和皮下腹接法，不需要另立支柱，把接穗新梢绑扎在上面的砧木上即可。

嫁接口的牢固程度与嫁接的方法有关，在春季枝接中，插皮接、贴接、插皮袋接、插皮舌接等嫁接方法，嫁接成活后，接穗容易被风吹断；而采用劈接、合接和切接的方法进行嫁接，接穗成活萌发后，接口处不容易被风吹断。所以，在风大的地区，要采用接穗萌发后不易被风吹断的方法进行嫁接。另外，多头高接时嫁接的头要多，缓减接穗萌发后的生长势，减少风害。还可以采用如降低接口、在新梢基部培土、嫁接于砧木的主风方向等其他措施来防止或减轻风折。

立支柱固定接穗的新梢是嫁接成活后一项非常重要的工作。很多地方嫁接成活率很高，但嫁接保存率不高，主要原因就是部分被吹断。因此，立支柱是保证嫁接成活率的重要工作。

3.4.6 新梢摘心

为了控制不让接穗萌发的枝条生长过高，嫁接成活后，当接穗新梢生长到40～50厘米时，要进行摘心。摘心可以控制接穗过高生长，减小风害；可以促进下部副梢的形成和生长，一般果树在生长很快的副梢上不会形成花芽，而在生长细弱缓慢的副梢上容易形成花芽。这样，嫁接后可以提早结果，往往在嫁接后第二年就有一定的产量，特别是大树高接更为重要；还可以控制结果部位外移。在高接时，接口较高，所以如果任其不断向上生长，就会引起结果部位外移，而内膛则无结果枝，不能够高产稳产。通过摘心，促进果树早分枝，可达到立体结果。对于园林花木树种，同样可以通过摘心使树冠紧凑，提早开花，提高观赏价值。对于乔木类的园林树木，嫁接成活后一般不摘心（图3-49）。

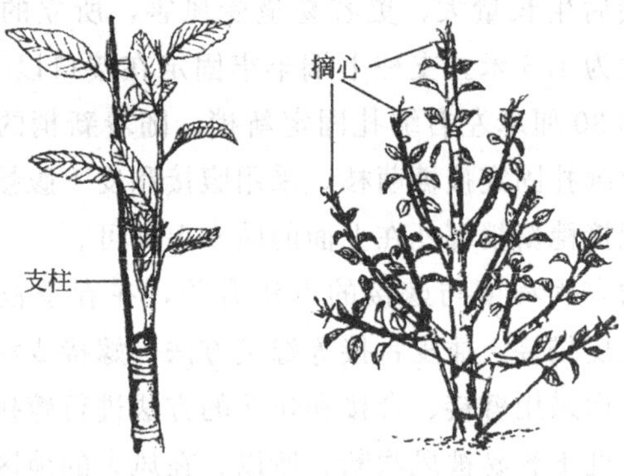

图3-49　立支柱、摘心

3.4.7 其他管理

嫁接成活后，接穗萌发的新梢叶片比较幼嫩，而很多病虫主要为害幼叶，所以，嫁接成活后必须加强对病虫害的防治工作，有效地保护幼嫩枝叶的健康生长。例如，蚜虫会从没有嫁接的树木老叶上转移到嫁接树的幼叶上；金龟子和象鼻虫、枣瘿蚊等害虫，则专门为害嫩梢，能够把新萌发的嫩叶和茎尖吃光，导致接穗死亡，使嫁接失败。对于高接的接口要加以保护，特别是对于接口太大、不能够在1～2年内愈合的大接口，在接口处要涂抹波尔多类杀菌剂，防止接口腐烂。

为了使嫁接成活后接穗萌发的枝条能够快速健康的生长，还需要加强水肥管理，及时施肥和灌水。同时，还要对砧木生长的土壤进行耕作，结合耕作防除杂草。

第4章　常见果树的嫁接技术

4.1　仁果类果树的嫁接技术

4.1.1　苹果的嫁接技术

苹果（*Malus pumila*）为蔷薇科苹果亚科苹果属落叶乔木，树高15米。果大，有红色、黄色、青色、绿色、条红、金红等颜色；形状有长形、圆形、扁形、棱形、柱形等。花期4～5月份，果期7～11月份。

苹果喜光照充足。要求比较冷凉和干燥的气候，耐寒，不耐湿热、多雨；对土壤要求不严，在富含有机质、土层深厚而排水良好的沙壤土中生长最好，不耐瘠薄。对有害气体有一定的抗性。

苹果原产于欧洲、亚洲中部，为温带重要的果树。我国适宜栽培区为东北南部、西北、华北及西南高地，以山东、辽东半岛产量最大，品质最优。栽培品种达1000多个，著名品种多属晚熟型，如红玉、国光、元帅、香蕉等。

4.1.1.1　苹果嫁接的意义

苹果被誉为“果中之王”，果大、味美、营养丰富，耐储存。生食或加工为果酱、果脯食用。嫁接之后3～5年就可以开花结果，盛果期达30年或更长，栽培经济效益高，是我国北方最重要的经济果树。苹果的品种较多，在栽培时要因地制宜，根据各栽培地的实际条件，发展适合当地的品种。选择在栽植地适应性强、抗性强、结果性能好、产量高的品种，并且所选择的品种的果形、果色、味道要适合栽植地的消费习惯和需要，或者适合销售地的消费习惯。苹果的繁殖都采用嫁接繁殖方法，品种的选择和更新都采用嫁接的方法来实现，因此，嫁接在苹果的栽培和繁殖过程中具有至关重要的意义。

4.1.1.2　苹果部分新优品种介绍

(1) 早捷　早捷 (Geneva Early)，美国纽约州试验站杂交育成，亲本为Quite×七月红，1964年杂交，1973年以代号NY444发表。果实扁圆形；果个小，平均单果重146克；充分成熟时，60%～70%果面着鲜红色；果粉多，果皮薄、韧；果肉乳白色，松脆多汁，风味甜酸，香气较浓，品质中上。在河南郑州6月上旬成熟，河北昌黎6月底成熟，室温下贮藏5～7天。幼树树体生长势强，腋花芽比例高，丰产性能好。

(2) 贝拉　贝拉 (Vista Bella)，又名别拉，美国新泽西州杂交选育的新品种，1962年选出，1963年以NJ36发表。我国20世纪80年代初引入。果实圆形，稍扁；果个小，平均单果重129.6克；充分成熟时，底色淡绿黄色，3/4果面紫红色，可全面着色；果面被有一层薄薄的灰白色果粉，颇为美观；果肉白色，肉质脆或稍感疏松，汁液中多，味道甜酸而浓，具有特殊香气，品质中上等或上等。在河南郑州6月下旬成熟，果实可存放10天左右。植株生长旺盛，幼树期腋花芽结果较好，丰产性能好。

(3) 萌　萌 (Kizasshi)，又称嘎富，日本1996年利用富士×嘎拉杂交育成，1997年引入我国。果实扁圆形；果个中等，平均单果重182克；充分成熟时，果面紫红色至暗红色；果粉少，果面光洁、无锈、皮薄、美观；果肉白色、致密、多汁，风味甜酸，香气较浓，品质上等。在山东泰安7月初成熟，可存放10～15天。幼树树体生长势较强，以短枝结果为主，可腋花芽结果，丰产。

(4) 藤牧1号　藤牧1号 (OBIR-2T-47)，又名南部魁，美国普渡大学杂交育成，1986年从日本引入我国。果实圆形稍扁，萼洼处微凸起；果个中等，平均单果重190克；成熟时果皮底色黄绿，着色面达70%～90%，果面有鲜红色条纹和彩霞；果面光洁艳丽；果肉黄白色，松脆多汁，风味甜酸，有香气，品质上等。在河北中部7月上旬成熟，可存放15天左右。果实成熟期不一致，有采前落果现象。幼树树体生长较旺盛，以腋花芽结果为主，较丰产。

(5) 松本锦　松本锦（Matsumoto Nishiki）为日本绿式会社杂交育成，亲本为津轻×耐劳26号，1994年引入我国。果实圆形或扁圆形；果个大，平均单果重300克；成熟时，果实底色绿，着色面达90%以上，果面红色至紫红色；果粉多，果皮中厚，洁净美观；果肉黄色，肉质疏松，果汁中多，有香味，甜中带酸，品质上等。在青岛7月底至8月初成熟，可存放15天，丰产。对斑点落叶病抗性稍差，栽培时应该注意防病。

(6) 珊夏　珊夏（Sansa）是1969年日本和新西兰利用嘎拉×茜杂交育成，1987年以盛冈42号发表，1988年引入我国。果实扁圆形或微圆锥形，大小较整齐；果个中等，平均单果重192克；成熟时果皮底色黄绿，果面50%～70%着鲜红色，有红色条纹，但不太明显，上色好的地区栽培，全果面浓红色，外观诱人；果面有蜡粉，果点小，果皮中厚；果肉白色，硬度较大，风味酸甜，松脆爽口，果汁多，有香味，品质上等。树势中等偏弱，冠形较开张，以短枝结果为主，可腋花芽结果。

(7) 津轻　津轻（Tsugaru）是日本品种，为金冠的自然杂交种，1975年由日本青森苹果试验场发表，1979年引入我国。果实圆形至长圆形；果个中等，平均单果重200克；成熟时果皮底色黄绿色，果面为红色粗条纹，着色好的地区着鲜红色；果皮中厚，有光泽；果肉乳黄色，肉质疏松，果汁中多，甜中带微酸，风味浓厚，品质上等。山东泰安8月上、中旬成熟，果实不耐贮藏，货架期10～20天，肉质易沙化。树势较强健，以短枝结果为主，有采前落果现象。

津轻果实着色不甚理想且在栽培过程中容易发生芽变，经芽变选种，现已筛选出津轻系品种（系），有红津轻、秋香、芳明、斯玛依鲁津轻（Smile Tsugaru）。除此之外，各地选出的不同名称的着色系津轻，如美玲系津轻、轰系津轻、梓津轻和津轻姬等。

（8）嘎拉　嘎拉（Gala）是新西兰品种，亲本为Kidds Orange Red×金冠，20世纪80年代初引入我国。果实近圆形或圆锥形，大小较整齐；果个中大，平均单果重180克；成熟时，果皮底色黄，果皮红色，有深红色条纹；果皮薄，有光泽，洁净美观；果肉乳黄色，肉质松脆，汁液中多，酸甜味淡，有香气，品质极上。在河北保定8月上、中旬成熟，可存放25～30天。树势中等，幼树腋花芽结果较多，盛果期以短枝结果为主。

嘎拉很容易发生芽变，目前已发现的芽变有皇家嘎拉（Royal Gala）、帝国嘎拉（Imperial Gala）、丽嘎拉（Regal Gala）、嘎拉斯（Galaxy）及烟嘎等。我国现在栽培的嘎拉多数是皇家嘎拉和烟嘎，两者均为嘎拉的浓红色芽变，较普通的嘎拉色泽浓且着色面大，其他性状同嘎拉。

（9）元帅　元帅（Red Delicious）又称红香蕉，原产于美国艾阿会州州秘路郡，是Jesse Hiatt于1881年发现的偶然实生苗，1895年开始推广。现在元帅这一古老的品种在生产中已很少见到。

元帅系苹果果实圆锥形，顶部有明显的五棱；果个大型，一般单果重250克，大者可达450克；成熟时，底色黄绿色，多被有鲜红色霞和浓红色条纹，着色系芽变为紫红色；果肉淡黄绿色，肉质松脆，汁液中多，味浓甜或略带酸味，具有浓烈的芳香，生食品质极佳。在河北中部成熟期为9月上旬。在无良好贮藏的条件下，果肉极易沙化，这一缺点限制了元帅系的发展。

（10）乔纳金　乔纳金（Jonagold），美国品种，1943年杂交，1968年发表，亲本为金冠×红玉，1979年引入我国，是三倍体品种。果实圆形至圆锥形；果个大，单果重300克左右；成熟时底色黄绿色，被有橘黄色或红紫色短条纹；果皮较好，蜡质较多；果肉乳黄色，肉质稍粗，较松软，汁液中多，味酸甜，味美，甚为浓厚，品质上等。在河北保定的成熟期为9月中、上旬，果实成熟期不一致，须分期采收。采收过晚时，果皮有大量蜡质溢出。耐贮藏性一般，不耐贮运，易碰伤。植株生长旺盛，结果早，丰产，但苦豆病较重，生长季宜补钙。

乔纳金有许多着色系芽变，主要有新乔纳金（New Jonagold）和红乔纳金（Jonagored）。乔纳金系列品种还有威尔摩塔（Wilmuta 荷兰）、定金（Growngold 荷兰）、乔尼卡（Jonica 德国）、德克斯特（Decoster）和国王（King）等。

（11）金冠　金冠（Golden delicious）又名金帅、黄香蕉、黄元帅，美国品种，1914 年，Anderson H. Mullin 在美国弗吉尼亚 Clay 郡的果园内发现的偶然实生苗。果实长圆锥形或长圆形，顶部棱起较明显；果个较大，单果重 200 克左右；成熟时，底色黄绿色，稍贮后全面金黄色，阳面偶有淡红晕；果皮薄，较光滑，梗洼处有辐射状锈；果肉黄白色，肉质甚细，刚采收时食之脆而多汁，贮藏后变软；味浓甜，少有酸味，芳香气味较烈；生食品质极佳。河北成熟期在 9 月中旬至10 月上旬，耐贮运。金冠植株生长中庸，枝条密集开张，丰产性能较好。金冠果实易受药害，致使果锈严重，叶片的早期落叶病也较重。

（12）澳洲青苹　澳洲青苹（Granny Smith），澳大利亚品种，自然实生。果实圆锥形或短圆锥形，果个大，单果重平均 230 克，果实大小整齐；果面全面翠绿色，少量红晕；果面光滑有光泽，无锈，蜡质较多，果粉少，果点多；果皮厚；果肉绿白色，肉质中粗，紧密，较脆，汁液较多，初果时风味酸、无香气，但贮藏后期风味较佳。山东泰安 10 月中旬成熟，耐贮藏。树势强健，树姿直立。以短枝结果为主，有腋花芽结果习性。

（13）国光　国光（Ralls Janet）为美国品种，来源不详，已有 200 多年的栽培历史。果实扁圆形或扁圆锥形；果个较小，单果重 140～150 克；成熟时底色黄绿色，被有暗红色彩霞和粗细不匀的断续条纹；果肉黄白色，肉质细脆多汁，味酸甜可口，品质上等。山东烟台地区成熟期为 10 月中、下旬，极耐贮运。植株生长健壮，枝条较多，结果较晚，丰产，抗寒。国光虽然是一个古老的品种，因其独特的风味和耐贮运，仍然受到一部分消费者的喜爱，且可进行加工，今后我国的某些地区仍有一定的发展前途。

(14) 富士　富士（Fuji）为日本品种，是从国光×元帅的杂交后代中培育的品种，1958 年以“东北 7 号”发表，1962 年开始推广。我国于 1966 年开始引入富士试栽，目前是日本和我国等国家苹果栽培面积最大的品种。果实扁圆形或短圆形，顶端微显果棱；果个中、大型，单果重 170～220 克，果大者 250 克；成熟时底色近淡黄色，片状或条状着鲜红色；果肉淡黄色，细脆多汁，风味浓甜，或略带酸味，具有芳香，品质极佳。在山东烟台 10 月下旬至 11 月初成熟，极耐贮运。树势中等，结果较早、丰产，管理不善时会出现隔年结果的现象。

(15) 粉红佳人　粉红佳人（Pink Lady），澳大利亚品种，亲本为 Lady wiliams×金冠，1985 年发表。果实长圆形；果个中等大小，平均单果重 160 克，果面底色黄色，几乎全面着以鲜红彩色；果肉白色，肉质较粗，紧而硬，脆度差，汁液中等，味甜酸较浓，品质上等。成熟期较晚，极耐贮运，适应于生长季节较长的地区栽培。

除上述品种外，我国还引进和选育出许多品种，如国红、辽伏、胜利、甜黄魁、泽西美、丰艳、多金、北之幸等。

4.1.1.3　苹果嫁接砧木的种类与培养

(1) 砧木的种类

① 苹果　现今世界上栽培的苹果品种，绝大多数属于苹果或者本种与其他种的杂交种，我国原产的绵苹果和引进的栽培品种都是属于该种，在生产上有价值的变种有 3 个：a. 道生苹果（*M. pumila var. paraecox* Pall），此变种类型很多，矮生乔木或灌木，树冠高度 5～6 米，枝干易生不定根，可用分株、压条、扦插等方法进行繁殖。可作为苹果矮化或半矮化砧木，或者作为矮化砧木育种材料。b. 乐园苹果（*M. pumila var. paradisica* Schneider），该

变种极矮化，高约2米，灌木型，可用分株、压条、扦插等方法繁殖。可作为苹果的矮化砧，或矮化育种材料。c. 红肉苹果（*M. pumila var. medzwetzyana* Dieck.），乔木，芽片、木质部、果肉和种子都有红色素，新疆叶城的甜红肉、酸红肉，伊利的沙衣拉木，辽宁北部的红心子即属于该变种，可作为培育红肉苹果品种的原始材料。

② 山荆子（*M. baccata* Barkh.） 别名：山定子、山顶子、林荆子。产于黑龙江、吉林、辽宁、内蒙古、河北、山东、陕西、甘肃等地。落叶乔木，树高10米，树冠广圆形；果实近球形，重1克，红色或黄色，10月份成熟。抗寒性较强，有些类型能耐－50℃的低温。在东北及河北、山西等北部地区，是苹果主要的砧木之一。

③ 毛山荆子［*M. manshurica*（Maxin）Kom.］ 别名：毛山定子、辽山定子、棠梨木。原产于我国东北、华北和西北。乔木，高15米，果实椭圆形或倒圆形，比山荆子稍大。在东北、河北、山西北部地区作为苹果的主要砧木。

④ 海棠果（*M. prunifolia* Borkh.） 别名：楸子、林檎、柰子、圆叶海棠、海红。莱芜茶果、烟台沙过和崂山柰子均属于海棠果。原产于我国，分布于西北、华北、东北以及长江以南各地。落叶小乔木，高度3～8米，小枝圆柱形，嫩枝密被柔毛，老枝灰褐色，无毛。果实卵形或圆锥形，直径2～2.4厘米，黄色或微具红色，萼片宿存，下面突起；8月中下旬到9月上旬成熟。海棠果适应性广，抗寒、抗涝、抗旱，在盐碱地表现比山荆子强。对苹果棉蚜和根头癌肿病也有抵抗力，嫁接亲和力强。果实除了少数改良品种可供鲜食，大部分作为加工用，也可作为育种的原始材料。

（2）砧木的繁殖　苹果嫁接砧木的繁殖方法可用种子繁殖实生苗，也可以用压条、分株和扦插的方法繁殖营养苗作为无性系砧木。

① 实生苗的培育　山荆子和海棠的种子要经过沙藏层积处理

才能够发芽。种子采收后进行净种，沙藏前用 40°左右的温水浸泡 12 小时或者 24 小时，水与种子的比例为 2∶1，把水温调好后，将种子慢慢倒入，边倒边搅拌，种子全部浸湿后放置自然冷却。沙藏时间山定子为 40～50 天，海棠果为 80～120 天，一般在 12 月底或翌年 1 月开始。在背阴的位置挖沟，沟深 60～100 厘米，宽度60～70 厘米，长度根据种子的多少而定。将种子与沙按 1∶5 的比例混合放入沟内，放至离地面 20 厘米，上面用湿沙盖住，再铺上塑料膜和遮阴物。沙藏到 30%的种子裂口时即可播种。如果种子数量少，可以用花盆、水桶、木箱、纸箱的容器在室内或室外进行沙藏催芽处理。

沙藏过的种子比较容易发芽，沙藏后就可以播种。可采用苗床播种，但播在育苗钵里管理比较方便，而且在运输的时候十分方便，栽植时成活率高。苗床播种法是把苗床做成 100 厘米左右的宽度，表土整平打碎。播种前 1 周，用 5%的高锰酸钾水溶液按每平方米 500 毫升的量进行喷洒，喷完后再喷一次透水，使高锰酸钾溶液淋到土壤深层，然后覆盖塑料膜，1 周后揭开地膜即可播种。播种可以用条播也可以撒播，条播按 20～30 厘米的行距开 1 条深 2 厘米的沟，把种子均匀撒在种沟中，播种后覆盖 0.5 厘米厚的细土，然后覆盖地膜或稻草。

经过沙藏的种子一般 10 天左右就可以出苗，出苗后破膜或揭稻草，加强土肥水管理和病虫害防治以及杂草的防除。管理较好的情况下，第二年春季就可以嫁接。

② 压条法繁殖无性系砧木　苹果的一些外国引进的砧木以及需要用无性繁殖法来繁殖的砧木，可以采用压条和扦插法繁殖。

压条法可以采用空中压条法、堆土压条法和水平压条法。空中压条：在压条的枝条的基部以上 20～30 厘米处进行环剥 3 厘米，并将环剥部位的木质部用刀刮一次，包裹上保湿材料，用塑料袋绑扎保湿。待枝条萌发的新根生长到 10～20 厘米时就可以将其剪下栽植。堆土压条法：在春季萌发前，将茎秆在离地面 2～3 厘米处剪断，使剪口下萌发 2～5 个新枝，当新枝长到 30 厘米时，用疏松的湿土埋到新梢基部 10 厘米处，等新梢生长到 50 厘米时，再埋土到 20 厘米处。两次埋土要在 7 月份雨季之前完成。到了秋季，新梢基部就会生长出很多新根，就可将其切割分离栽植。这种压条方法可以连续使用，繁殖大量的砧木。水平压条法：将 1 年生的砧木植株斜向种植，把植株水平压入沟内并覆土，新梢长出后进行两次覆土，到秋季每个新梢基部都能够长出新根，然后将萌发的新梢带根系切割分离栽植。对于扦插能够成活的矮化砧，可以用扦插的方法进行繁殖。

4.1.1.4 苹果树苗期嫁接技术

（1）实生苗嫁接方法　苹果幼苗期的嫁接最适宜的方法是采用“T”字形芽接，嫁接的时间在 8 月中下旬到 9 月上旬。这时在春季播种的砧木实生苗直径基本已达到 0.6～1.0 厘米，达到芽接的粗度，而且形成层活动力强。接穗木质化程度高，芽体饱满，嫁接成活率高。在嫁接前 1 个月，把砧木离地面 5～10 厘米处的枝条和叶片除去，使茎秆光滑，便于嫁接。接穗要从优种树上采树梢部位的发育枝，也就是一年生的营养枝，或者从无病毒苗圃的采穗圃里采集，确保接穗品种符合要求并且不带病毒病和危害较大的害虫。

“T”字形芽接的嫁接方法在前面已经介绍过。进行“T”字形芽接，速度很快，操作熟练的嫁接人员，每天每人可以嫁接 1000 株以上，并且这种嫁接方法的成活率比较高。在秋季嫁接后，接穗当年不萌发，所以在绑扎的时候要用塑料条将接口、芽和叶柄全部包裹起来，这样可以防止雨水浸入，并有利于保护芽片越冬。嫁接当年不要剪砧，要到翌年春季在接芽的上方 0.5 厘米处剪砧，并除去绑扎的塑料条促进接芽的生长。嫁接成活后要及时除萌，加强管理，秋季后就可生长成为壮苗出圃或移栽定植。

（2）中间砧嫁接法　在苹果嫁接的过程中，为了能够既保证根系的发达，又降低树冠的高度，通常采用矮化砧木作为中间砧，这种利用矮化砧木作为中间砧的嫁接方法称为中间砧嫁接法。常用的中间砧嫁接法有二重嫁接法和分段嫁接法两种。

① 快速繁殖中间砧的二重嫁接法　砧木一般采用根系发达的实生苗，例如用西府海棠的实生苗作为砧木。春季催芽播种，并加强管理，到8～9月份就可以进行嫁接。中间砧采用极矮化砧木，例如M9或M27。嫁接的时候，在离地面3～4厘米处进行嫁接，嫁接方法采用“T”字形芽接，嫁接上1个矮化砧木的芽和1个优良品种苹果的芽。使两个芽的位置相对，即1个在正面1个在反面，或1个左1个右，上下位置也错开，矮化砧的芽在下面，苹果的接芽在上面。两个接芽均采用“T”字形芽接，嫁接当年不萌发，所以同样要把芽和叶柄都包裹起来，到翌年春季剪砧后，两个芽都萌发新梢。当新梢生长到50厘米以上，在离砧木基部15～20厘米处将两个新梢进行靠接。中间砧的长度决定着苹果树的矮化程度，如果要求苹果树的矮化程度高，中间砧要留长一些，靠接的部位要高一些；如果要求苹果树的矮化程度低，树冠大一些，那就要把中间砧留短一些，靠接部位要降低一些。

靠接后约20天，双方就可以愈合，这时就可以将矮化砧从接口上部剪除，将接口下面的苹果枝条横向剪断3/4，使之还有一小部分相连。1个月后，再将接口下端苹果枝条剪断。这样，通过同时嫁接两种芽片的二重嫁接，两年就可以育成中间砧苗，比常规嫁接法要快一年的时间。

② 快速繁殖中间砧的分段嫁接法　这种中间砧的嫁接方法，分两次嫁接。第一次嫁接是将苹果的芽片接在矮化砧上。先培育生长旺盛的矮化砧，使矮化砧新梢生长得长一些，然后在矮化砧上，每隔一段距离（5～8厘米），用“T”字形芽接法接上一个苹果芽片，每个矮化砧的枝条上可以接几个苹果芽。嫁接时间在8月份，嫁接后翌年萌发。第二次嫁接是在苹果芽嫁接在矮化砧上的第二年春季。把带有苹果芽的矮化砧作为接穗，按5～8厘米的长度剪下并进行蜡封。砧木选用根系发达的海棠，提前1年在苗圃地里播种培育并已达到枝接的粗度。嫁接的时间在春季，嫁接的方法采用插

皮接或切接法。嫁接成活后，只保留顶端苹果芽的生长，其他萌蘖，包括海棠萌蘖和中间砧的萌蘖全部都要清除。嫁接苗生长1年后，一般能够长成1米以上的中间砧壮苗。

矮化砧带接芽的枝条，在春季被剪除后会长出更多的萌蘖，可适当控制萌蘖枝条的数量，每年可以用这些萌蘖的枝条进行中间砧的分段嫁接，新繁殖的中间砧越来越多，提高了中间砧的繁殖速度，形成每年进行中间砧嫁接的嫁接圃。

4.1.1.5 苹果大树高接换种

对于已经结果的苹果大树，如果要进行品种的更换，为了尽量减少经济损失，这就要求嫁接后能够尽快恢复树冠和产量，或者在嫁接换种的同时，原品种还有一定的产量，所以在苹果的高接换种嫁接时就需要采取以下新的措施和方法。

(1) 超多头高接换种　在一株较大的苹果树上进行高接换种时，可以高接100～200个头。接口处的粗度一般在2厘米左右，主侧枝、辅养枝和结果枝组都要进行嫁接。由于接头较多，要采用嫁接速度快的方法，插皮接是速度最快的方法，只是要在砧木萌芽、树液流动、砧木能够离皮的时候才能够嫁接。对于更小的砧木，可采用合接，速度也比较快；也可以采用切接。嫁接前对接穗进行蜡封，每个头接1个接穗，接后用塑料条包扎。

(2) 长接穗嫁接技术　一般春季嫁接所采用的接穗，基本上都是接穗削面以上留2～3个芽，留芽少，嫁接成活后萌发旺盛，但形成的枝叶比较少。如果采用长接穗嫁接，芽萌发量大，形成的小枝多。而苹果花芽多在短小的枝条顶端，生长旺盛的枝条一般不能够形成花芽。所以，用长接穗嫁接的方法，可以形成大量短枝而提早开花结果；同时，由于芽萌发多，生长量削，枝条不易被风吹断。

长接穗嫁接的接穗可以在长度20～30厘米，每个接穗上面带8～12个芽，嫁接方法采用枝接的几种方法，以插皮接最为理想，嫁接速度快，操作简单，成活率高。嫁接之前最好也对接穗进行蜡封，这样，嫁接后就只需要绑扎接口，而不必绑扎整个接穗，提高嫁接的速度，同时也使嫁接的成活率较高。采用长接穗进行多头高接，是一种加快恢复树冠，提早开花结果的好方法。

（3）腹接换头嫁接技术　腹接换头嫁接是不影响正常结果的一种嫁接方法。嫁接的时候，将各个需要嫁接的枝条的顶端慢慢向下拉弯，使其成为脊状，或者也可以结合拉枝，用绳子将枝头下拉，在下拉枝条的凸起处进行腹接（图 3-12）。嫁接成活后，接穗萌发生长在枝条的高位，由于顶端优势的作用，使其生长势比前段下垂部分的枝条旺盛。下垂的枝条可以正常开花结果，保留 1～2 年后剪除。这样，既可以保持原有的产量，又可以逐步更换品种。

（4）高接花芽当年结果的嫁接技术　嫁接常用带有腋花芽的长枝，或者带有几个短果枝的枝组，基部粗度在 0.8～1.0 厘米，也可以适当长一些。嫁接前，将接穗进行蜡封。由于枝条较多，或分枝多，所以必须采用较多的石蜡以及较大的熔蜡锅，以保证所有的枝条都能够封蜡。嫁接的方法可以采用劈接法或者合接法。由于所用的接穗比较粗，因此进行插皮接时要困难一些，如果接穗不太粗，也可以采用插皮接。高接带花枝时，一般将其接在砧木相应的小枝上，嫁接成活后当年就可以开花结果。如果营养不足，坐不住果也没有关系，第二年肯定能够开花结果。这是一种使新品种提早开花结果的嫁接方法。

（5）折枝高接换头技术　为了保持苹果的产量，又要使嫁接的接穗成活后能够很快生长，可以采用折枝高接技术。操作方法为：将砧木枝条锯断约三分之二，而后进行折枝，不能够全部折断，而应该使树皮和一些木质部仍然相连。在断口处进行嫁接，一般采用插皮接，使用蜡封接穗，嫁接后绑扎锯口和接口。这种嫁接方法，由于原果树的枝条没有完全折断，当年还能够开花结果。又由于砧木接口下枝条生长的角度低，而接穗又具有顶端优势，所以生长速度较快。到新品种的枝条长大结果后，就可以逐步将折枝口以上的砧木剪除。

4.1.2 梨的嫁接技术

梨是蔷薇科梨属落叶乔木，梨属植物共有30多种，从栽培上划分为两大类，即东方梨和西方梨。我国生产与栽培主要种有：①秋子梨（*Pyrus ussuriensis* Maxim.），乔木，高达10～15米。生长旺盛，发枝力强，老枝灰黄色或黄褐色。果实后熟以后可食，抗寒力强。②白梨（*Pyrus bretschneideri* Rehd.），乔木，高8～13米。嫩枝较粗，有白色密生茸毛。嫩叶紫红色，密生白色茸毛，叶大，卵圆形，基部广圆形或广楔形，叶缘锯齿尖锐有芒，向内合，叶柄长。果实倒卵形至长圆形，果皮黄色，果柄长，子房4～5室，果肉有许多石细胞，味甜，食用梨的多数优良品种属于白梨。③砂梨（*Pyrus pyrifolia* Nakai)，乔木，高7～12米。发枝少，茎多直立，嫩枝和幼叶有灰白色茸毛，2年生枝紫褐色或暗褐色。叶片大，长卵圆形，叶缘锯齿尖锐有芒，略向内合，叶基圆形或心形。花型较大。果实多为圆形，果皮褐色，杂交种砂梨有绿皮的种类，萼脱落，子房5室，肉脆、味甜、石细胞略多。④西洋梨，乔木，高6～8米。茎多直立，小枝光滑无毛有光泽。叶小，卵圆形或椭圆形，革质平展，全缘或有钝锯齿，叶柄细而略短。栽培品种果实多为葫芦形、坛形。萼宿存，多数需要后熟以后才可食，肉质软腻易溶，味美香甜，可加工，不耐贮藏。

4.1.2.1 梨嫁接的意义

梨是我国的大众水果之一。我国梨树的种植面积较广，产量接近全世界梨产量的一半。然而在梨的生产上存在品种比例不当，优质果比例不高，有些品种老化，在国际市场上的竞争力弱。因此，对梨现有品种的改良和换种以及对新品种的繁育等工作就成为当务之急。梨树的经济寿命长，所以虽然在换种时会影响1～2年的产量，但经济效益很快会得到增长，可改变梨树品种结构不合理、果品质量差、病虫害严重等问题。高接换种是加速发展优良梨品种的重要途径。重点要淘汰和更新一批效益低的老、劣、杂梨园，发展国外引进的以及国内最新培育的品种，使早熟、中熟、晚熟品种的比例合适，同时还要适当发展西洋梨和加工梨等的品种，以填补国内外市场的空白。

4.1.2.2　梨部分新优品种介绍

梨的传统优良品种有：秋子梨系统（南果梨、京白梨）；白梨系统（鸭梨、酥梨、雪花梨、茌梨、库尔勒香梨）；砂梨系统（苍溪梨、二十世纪）；西洋梨系统（巴梨、伏茄梨）。以下介绍部分新优品种和国外引进品种。

（1）早酥　早酥是由中国农业科学院果树研究所育成，我国北方各省均有栽培。果大，单果重200～250克；倒卵形，顶部突出，常具明显棱沟；黄绿色；果肉白色，肉质酥脆，汁多味甜而爽口，品质中上等。8月中旬成熟，不耐贮藏。栽后4年结果，丰产性强。适应性广，抗寒性略逊于苹果梨。抗黑星病、食心虫，对白粉病抗性差。

（2）锦丰　锦丰是由中国农业科学院果树研究所育成，我国北方各省均有栽培。果大，平均单果重230克；不整齐扁圆形或圆球形；黄绿色，果点大而明显；果肉细，稍脆，汁多，味酸甜，品质上等。9月下旬成熟，耐贮藏，可贮藏到翌年5月，贮藏后果皮黄色，有蜡质光泽，风味更佳。栽植后4～5年结果，丰产。以短果枝结果为主，中、长果枝腋花芽均有结果能力。抗寒性强，但不及苹果梨，适应于冷凉地区栽培。喜深厚砂质壤土。抗黑星病能力较强。

（3）黄冠　黄冠是由河北省农林科学院石家庄果树研究所育成。在天津、江苏、北京、湖南、浙江、青海等省市有栽培。果实椭圆形，个大，平均单果重235克。果皮黄绿色，贮藏后为黄色，果面光洁无锈，果点小而密，美观。萼片脱落，果心小，果皮薄，果肉白色，细而松脆，汁液多，酸甜适口，有蜜香，石细胞小，品质上等。在河北石家庄地区果实8月中旬成熟。果实不耐贮藏，室温下可贮藏30天，冷藏条件下可延长贮藏期。植株生长健壮，幼树生长旺盛而且直立，萌芽力强，成枝力中等。2～3年即可结果，以短枝结果为主，果薹副梢连续结果能力强，幼树腋花芽较多，丰产稳产。适应性强，抗黑星病能力很强。

(4) 中梨一号　中梨一号也叫绿宝石，由中国农业科学院郑州果树研究所育成。果实大，平均单果重220克，近球形，绿色，果肉白色，肉质细脆，味甜多汁，品质上等。山东淄博7月下旬采收，常温下可存放1个月。树势中庸，栽后2～3年结果，丰产。抗病虫害能力较强。

(5) 硕丰　由山西农业科学院果树研究所育成。果实大，平均单果重250克，近圆形或阔倒卵形，底色黄绿具红晕，肉白色，质细松脆，味甜至酸甜，多汁，品质上等，晋中地区9月初成熟，耐贮藏。树势中庸，栽后3年结果，丰产。抗寒，较耐旱，对土壤要求不严，抗病性强。

(6) 翠冠　由浙江省农业科学院园艺研究所培育而成。果实大，平均单果重230克，大果重500克，果实长圆形，果皮黄绿色，平滑，有少量锈斑，果肉白色，石细胞少，肉质细嫩酥脆，汁多，味甜，果心小，品质上等。7～8月份成熟。树势强健，生长势强，树姿较直立，花芽较易形成，丰产性好。叶片浓绿，长椭圆形，大而厚。定植3年结果，抗性强，山地、平原、海滩都宜种植。抗病、抗高温能力明显优于日本梨。

(7) 雪青　由原浙江农业大学园艺系育成。果实大，平均单果重230克，大果重400克；果实圆形，果皮黄绿色，光滑，外观美；果肉白色，果心小，果肉细腻，多汁，味甜，品质上等。果实8月中旬成熟，可延迟采收，果实耐贮运。树形开张，生长势强，萌芽率和成枝率高，腋花芽多，以短枝结果为主。丰产稳产性强。授粉品种为黄花、新世纪、新雅。

(8) 西子绿　是由原浙江农业大学园艺系选育的品种。果实中大，平均单果重190克，大果重达300克；果实扁圆形；果皮黄绿色，果点小而少，果面平滑有光泽，被蜡质，外观极美，果肉白色，肉质细腻酥脆，石细胞少，多汁味甜，品质上等；较耐贮运。7 月中旬成熟。树势开张，生长势中庸，萌芽力和成枝率中等，以短枝结果为主。定植 3 年结果，花期迟，不易受早春霜冻，花期长，有利于配置授粉品种。

(9) 金水 2 号（翠伏）　由湖南农业科学院果树茶叶研究所选育。果实中大，平均单果重 183 克，疏果后可达 200 克以上，最大单果重近 500 克；果实圆形或倒卵形；果皮黄绿色，果面平滑有光泽，外观美；果肉乳白色，肉质细腻酥脆，石细胞少，汁液特多；味酸甜适中，微香，贮藏后香气更浓；品质上等；耐贮性较差。7 月下旬成熟。树势健壮，萌芽率高，成枝力弱。抗逆性和抗病虫性较强。因为果实成熟后有香气，延迟采收易受果叶蛾危害。

(10) 大南果梨　为南果梨的大果型芽变，辽宁省内已经推广栽培，吉林、内蒙古、甘肃等省已引种栽培。果中等大，平均单果重 125 克，最大达 214 克；果实扁圆形；果皮黄绿色，贮藏后转为黄色，阳面有红晕，果面光滑，具有蜡质光泽，果点小而多；果皮薄，果心小；果肉黄白色，肉质细脆，采收即可食，经过 7～10 天后熟，果皮变软呈油脂状，柔软易溶于口，味酸甜并有香气，品质上等。在辽宁兴城果实 9 月上、中旬成熟，不耐贮运，常温下可存放 25 天左右，在冷藏条件下可贮藏到翌年 3 月底。果实可供鲜食，也可以制作罐头。幼树生长势强，萌芽力和成枝力均强，一般定植 3 年开始结果，以短果枝结果为主，并有腋花芽结果的习性。产量中等，采前落果轻。管理不善会出现隔年结果的现象。适应性强，抗寒力强，可忍耐－30℃的低温。抗旱、抗黑星病、抗轮纹病、抗虫能力均较强。可在寒冷的东北和西北山区栽培。

(11) 寒香梨　由吉林农业科学院果树研究所育成。果实近圆形，大小整齐，单果重 150～170 克；果皮薄，黄绿色，向阳面有红晕；果点小，萼片宿存；果肉白色，采收时果肉坚硬，经 10 天的后熟变软，肉质细腻多汁，石细胞少，味酸甜，品质上等，耐贮藏。树冠阔圆锥形，干性弱，幼树枝条较开张，萌芽率较高，成枝力强，自花结果率低，以短果枝和腋花芽结果为主。定植4年后结果，6年丰产。抗寒力强，适应性强，较抗黑星病。在吉林公主岭9月下旬成熟。

(12) 黄金梨　韩国1984年用新高与二十世纪杂交育成。果实近圆形，果形端正，果个整齐，平均单果重430克，最大可达500克；果皮乳黄色，细薄而光洁，具透明感；果肉白色，肉质细腻，石细胞极少，味甜而清爽，果汁多，果心小。9月中旬成熟，常温下贮藏期为30～40天，冷库内可贮藏6个月以上。生长势强，树势开张，树体小而紧凑，适应性强，抗黑斑病和黑星病，结果早，丰产性好。因为雄蕊退化，花粉量少，所以需要配置两种授粉树。

4.1.2.3　梨嫁接砧木的种类与培养

(1) 砧木的种类

① 杜梨　根系强大，须根多；枝条开张下垂，枝上具刺；叶片长卵圆形；果实小，圆球形，褐色。耐旱，耐湿，抗盐碱，抗寒性比较强，抗腐烂病中等。与多种梨品种之间亲和力好，但嫁接西洋梨品种时虽然能够愈合成活，但果实易患铁头病。分布于我国华北、西北各省区，是我国北方嫁接梨的常用砧木。

② 山梨　根系强大，须根较少，生长旺盛；植株高大，枝条黄褐色，平滑无刺；叶片有光泽，具有刺毛状锯齿；果实中等大小，平均单果重30～80克。抗寒性很强，能耐－52℃的低温。山梨是嫁接秋子梨、白梨、砂梨系统品种的砧木，亲和力强，树冠大，丰产，寿命长，抗腐烂病，但不耐盐碱；与西洋梨嫁接后，易得铁头病。山梨为野生的秋子梨，主要分布于东北及华北北部地区。

③ 豆梨　是我国长江流域及其以南地区广泛应用的梨树砧木。枝条褐色无毛，嫩叶及茎秆红色；果实球形，褐色，直径1厘米左右。适合于温暖湿润的气候，能够适应于黏土及酸性土壤；耐涝，抗旱，较耐盐碱。与砂梨系统的品种亲和力强，尤其适于嫁接西洋梨。豆梨有矮化的作用，根系较浅。

④ 麻梨　主要分布于湖北、四川和陕西等省。树高 10 米左右；嫩枝及嫩叶被茸毛，后期脱落，2 年生枝紫褐色；果实近球形，长 1.5～1.8 厘米，褐色。抗寒，较耐旱，是西北地区常用的梨树砧木。

（2）砧木的培育

① 沙藏　梨的砧木都是用种子培育实生苗，根据所在地的情况，选用适合当地的砧木种类进行繁殖。梨的种子要经过沙藏才能够出苗，沙藏时间为 50～60 天，一般在 12 月进行沙藏。沙藏前将种子用水浸泡 24 小时，然后把种子控水捞出，将种子和湿沙按 1∶2或 1∶3 的比例混合或者分层放置，湿沙的水分在 50%～60%，用手握紧成团，放开后撒开。种子多的情况下，可在室外挖沟进行沙藏，沟的宽度为 1 米、深度为 60 厘米，长度根据种子的数量确定，沟挖好后，先在沟底部铺一层 20 厘米厚的湿沙，然后将种子和沙的混合物放入沟内，厚度在 20 厘米左右，在上面覆盖一层沙到地面的高度或者略高于地面，最上面再盖上稻草或遮阳网。

② 催芽　沙藏结束后，将种子筛除并用清水淘洗干净，然后进行催芽。有催芽设备如发芽箱的可以直接在这些催芽设备中进行催芽，没有发芽设备的，可以把种子放置于箩筐内，盖上麻袋片或草席，每天淋水 1～2 次，等种子露白后就可以播种。

③ 播种及管理　可以采用苗床播种和营养钵播种的育苗方式。苗床播种：苗床做成 1 米的宽度，长度根据立地条件以及播种的数量决定。苗床的土壤要先深翻，然后耙平耙碎，把苗床表面整平，整地过程中，用辛硫磷与细土或细沙按 1∶300 的比例混合制成毒土，按每亩 15 千克的量施入毒土，并在整地中将毒土和土壤充分混合，苗床整平后，用福尔马林或者生石灰或多菌灵进行土壤消毒。苗床制作好以后，就可以进行播种，采用撒播或条播均可，一般采用条播，按 20 厘米的行距开沟，沟深 3 厘米左右，将催芽后的种子均匀地撒在播种沟内，或者按 5 厘米的距离每点放置 1 粒。

播后覆土1～2厘米，覆土后盖上稻草或草席，然后进行浇水。因为已经催过芽，出苗比较快，10天左右就能够出苗，出苗后将稻草或草席揭掉，加强水肥管理。营养钵育苗：现在大多数的育苗都是采用营养钵育苗，方便管理和搬运。先配制营养土，把土壤打碎过筛，加入有机肥，土壤和有机肥的比例为2∶1或3∶1，充分混合后进行消毒和防虫处理，方法同上。配制好营养土后，进行装袋，营养钵采用5厘米×5厘米或10厘米×10厘米，营养土装到离营养钵口面3厘米的位置，装好营养土的营养钵放置于温室或塑料大棚里，按每行8袋整齐摆放。全部排列好后就可以进行播种，将催过芽的种子按每钵1粒播入，播种结束后用细土覆盖，厚度为1厘米，把种子盖严即可。最后盖上稻草或加盖遮阳网，进行浇水。10天左右出苗进入苗期管理，等小苗长出4～5片真叶后就可以将小苗移出室外进行愈合管理。

4.1.2.4 梨树苗期嫁接技术

(1) 春季枝接　在春季播种的砧木苗，水肥管理条件好的情况下，到生长季结束时能够长到1米的高度，直径达到1厘米，到翌年春季充分木质化后就可以进行枝接。接穗从目标优良品种壮年期的大树上采集，结合冬剪把剪下的适合作为接穗的枝条进行贮藏，到春季的时候进行嫁接。因为砧木的粗度不大，嫁接的方法可以采用切接、劈接、合接。嫁接前将接穗蜡封，砧木在地面以上5厘米处剪断，然后进行嫁接。

(2)“三当苗”嫁接　“三当苗”是指当年培育砧木，当年嫁接，当年成苗的苗。采用温室育苗，可使砧木的生长期提早2个月，到6月份，砧木幼苗已经比较粗壮，可以进行嫁接。这时宜采用“T”字形芽接。这时的芽接其部位与一般的芽接不同，要在砧木的基部留5片叶片，嫁接位置在5片叶片上面，嫁接后，在接口上面也要留5片叶片，以上部分剪掉。接芽的上下各5片叶片都是老叶，能够制造养分，供芽片愈合，同时提供根系所需要的有机营养。嫁接10天后，接芽即成活，在接芽上面1厘米处将砧木斜向剪断，接芽的一面高于另一面，同时除去塑料条。

4.1.2.5 梨大树高接换种

在梨树改换品种的时候，为了能够提早结果，很快见效，可采用以下措施。

（1）超多头高接　为了尽快恢复梨树大树的结果能力，在嫁接的时候，可以采用超多头嫁接，就是在梨树的主干、主枝、侧枝、副侧枝、辅养枝和结果枝组全部都进行嫁接。嫁接在春季树液开始流动的时候进行，接穗进行蜡封，砧木接口处的直径应该在2厘米左右。嫁接的方法采用插皮接，速度快，成活率高。对于2厘米直径的枝条，直接用枝剪剪断，不必把剪口削平，可以直接插入接穗，每个头插1个接穗，用塑料条绑扎速度也很快。对于较细的接口，可采用劈接、切接、合接等嫁接方法进行嫁接。嫁接当年可以不解开塑料条，不绑支柱也不会被风吹断。采用超多头高接，嫁接当年就可以恢复树冠，第二年就能够大量结果。

（2）嫁接长接穗或结果枝　嫁接长接穗或结果枝，是使果树能够快速恢复产量的嫁接方法。接穗采用20厘米或更长的枝条，或者采用当年的结果枝或结果枝组。接穗采用后进行蜡封，将接穗嫁接在砧木直径为2～3厘米的接口上。嫁接方法以插皮接为主，也可采用合接或者劈接。长接穗嫁接成活后，芽萌发数量明显增加，生长势缓和，当年就可以形成花芽，使嫁接的接穗成为翌年的结果枝组；如果嫁接结果枝或结果枝组，当年就能够开花结果，如果树势旺，可以促进结果，增加收益，如果树势弱，则疏掉当年的花和果实，第二年再让其结果。嫁接花芽是提早结果的有效方法，通常嫁接后接穗的生长势较弱。

4.1.2.6 梨老树更新嫁接

对于年龄老的梨树，果实产量已经不高，品质也有所下降，收益已经显著下降，为了提高结果的能力，增加收益，可以通过嫁接的方法进行更新复壮。

（1）先更新后嫁接　在冬剪时进行重剪回缩，用锯子将主枝和侧枝截头，锯口直径为5～10厘米。第二年春季，锯口附近会萌发出许多萌蘖枝条，对这些萌蘖进行有选择均匀地保留，将多余的、不需要的萌蘖枝条及早抹除。嫁接可在两个时期进行。一个时期是秋季芽接，当新梢生长到一定长度，到了8月份进行“T”字形芽接，接后不要剪砧木，不影响砧木的生长。芽接的数量要多一些，一般每个新梢都要接一个芽。到翌年萌发之前进行剪砧，在接芽上面1厘米处剪断砧木，促进接芽的生长。另一个时期是春季枝接。为了不影响砧木萌蘖枝条的生长，重剪的当年不嫁接，让枝条尽量生长粗壮充实一些，到翌年春季再进行枝接。嫁接前对接穗进行蜡封，嫁接常用合接或劈接，嫁接方法不需要离皮，嫁接时间可以提前，在砧木萌发前半个月进行嫁接，可使接穗提早萌发，几乎与不嫁接的芽同时萌发，接穗的生长量大，有利于老树的更新。

（2）边高接边更新　在老树回缩的锯口处直接嫁接，形成边回缩边嫁接的更新方法。在老树锯口处，采用插皮接或插皮贴接的方法进行嫁接。每个头可以嫁接多个接穗，一般来说，直径4厘米的接口接2个接穗，直径6厘米的接口接3个，直径8厘米的接口接4个，直径10厘米的接口接5～6个。所嫁接的接穗多有利于锯口的愈合。锯断大枝后，要用刀把锯口削平，然后插入接穗，用塑料条固定牢固，锯口最好抹泥密封，套上塑料袋。除枝条外侧嫁接外，对于内膛枝条光秃的部位，可以用皮下腹接法补充缺枝。

树体很大的老梨树，内部有一些下垂的结果枝，基本上不影响嫁接成活枝条的生长，嫁接的时候可以适当保留一些小枝，增加地上部分的叶面积，达到地上部分与地下部分的平衡，同时还能够保持一些产量。当接穗新梢生长叶面积扩大后，对保留的枝条就应该逐步压缩，在1～2年内全部剪除。老树回缩嫁接后，接穗生长旺盛，能够起到既嫁接换种，又更新老树的作用。

4.1.3　山楂的嫁接技术

山楂是蔷薇科山楂属几个种及其栽培品种的食果性树木。山楂属植物全世界约有1000种，在我国有17种，作为果树或砧木的只有3～4种，其他多作为观赏树种。作为果树栽培的种类主要有山楂和云南山楂两个种及其一些栽培品种。

山楂（*Crataegus pinnatifida* Bunge），落叶小乔木，树高6米，具枝刺或无刺。叶宽卵形、三角状卵形，3～5羽状深裂，裂片披针形或带形，具有不规则锐尖重锯齿。伞房花序。果近球形，深红色，有白色皮孔；每个果实具有种子3～5，花期5～6月份，果期9～11月份。产于东北、华北、西北地区及江苏省，生于海拔1500米以下的坡地。耐寒、耐旱，萌芽力强。果实富含维生素C和糖分，可生食或做果酱、果酒、果糕，药用能健胃、化痰、降血压和血脂。花艳果红，可作园林观赏树种，也可以作为栽培品种的砧木和苹果的砧木。

云南山楂［*Crataegus scabrifolia*（Franch.）Rehd.］，落叶乔木，高10米，常无刺；叶片卵状椭圆形，不裂；伞房花序或复伞房花序，无毛；果球形或扁球形，直径1.5～2厘米，黄色或带红晕，小核5。花期4～6月份，果期8～10月份。产于四川、贵州、云南、广西海拔1400～3000米处。果实用途与山楂相近。

4.1.3.1　山楂嫁接的意义

山楂果实既可以鲜食、加工，也可以药用，树木可作为园林和盆景树种。我国的山楂生产，在20世纪80年代曾一度发展过快，到了90年代产量过剩，致使大量山楂树被砍伐。山楂生产出现大起大落，现在又回到平衡发展期。由于大发展时期需要大量的种苗，致使栽植的山楂树良莠不齐，有些低劣的品种混入了新建的山楂园。对于这些劣种，需要进行改良。近年来，在山东平邑县发现了一些优良山楂品种，也有一些果形大、药用价值高的品种或矮化优良品种。这些新品种，在改劣换优和新建山楂园时应当大力发展。

4.1.3.2　山楂部分新优品种介绍

(1) 毛红子　山东省平邑县流峪乡泉子峪村发现的生食新品

种。果实扁圆形，单果重 7.1～7.8 克；果皮鲜红色，有光泽，果点黄白色；萼筒部和果梗部密被白色茸毛，故称毛红子；果肉黄红色，细密，味甜，略带酸味，口感颇佳，改变了山楂果实以酸为主的一贯特性，成为可以生食的小型果类；维生素 C 含量是一般品种的 2 倍。果实 9 月下旬成熟，耐贮运。生长矮化，丰产，抗旱，耐瘠薄。

(2) 大金星　产于山东平度。果实扁圆形，近果梗部略收缩；果皮深红色，果点黄褐色；果个特大，平均单果重 16 克，故而称为大金星；果肉厚，粉色至浅粉色，酸甜适口，品质上等，适于生食和加工。果实 10 月下旬成熟。

(3) 超金星　山东省平邑县山楂优选品种。果形和大金星相似，但果个更大，平均单果重 24 克，最大单果重 37 克；果点小而稀，外观更为光洁美丽；甜味比大金星浓，而酸味较小，是优良的生食山楂品种。丰产性好，果穗大，平均每穗有 11 个果，最多 33 个果；产量高，每亩产量能够达到 5000 千克。成熟期 10 月下旬，果实耐贮藏。

(4) 辐早甜　山东青州市林业局用 $Co_{60}\gamma$ 射线照射敞口山楂枝芽而培育的山楂变异新品种。果面鲜红艳丽，果点小而不明显，果实扁圆形，果肉嫩黄，质地细而松软；酸甜可口。成熟期比敞口山楂提前 10～15 天。

(5) 大五棱　山东省平邑县天宝镇优选品种。果实特大，平均单果重 24.3 克，最大单果重 31.6 克；果实长圆形，萼部较膨大，萼洼周围有明显的五棱突起，形如红星品种苹果；果实全面鲜红色，有光泽，果点小而稀；果肉黄白色，肉质细腻，风味以甜为主，微带酸，不绵不涩，鲜美可口。果实 10 月下旬至 11 月上旬成熟，在自然条件下可贮藏到翌年 5～6 月份仍然不绵，而且酸味消失。树势强健，叶厚大而浓绿。高抗炭疽病、轮纹病和白粉病。幼树定植 3 年见果，5 年丰产。盛果期每亩最高产量 4000 千克。

(6) 算盘珠红子　山东省平邑县小广泉优选品种。果实扁圆形；单果重 6.8 克；果皮鲜红光亮，果点大而突出；果肉绿白色，质地细腻，贮藏性能好。树体矮小，树冠紧凑，短枝多，结果早，短枝率 91.3%，是明显的短枝型矮化品种，适合于早期丰产的矮化密集栽培。

4.1.3.3 山楂嫁接砧木的种类与培养

(1) 砧木的种类 各类栽培和野生的山楂均可以作为山楂的砧木，以下介绍部分山楂砧木种类。除了前面介绍过的山楂和云南山楂之外，还有以下一些种类。

① 山楂（*Crataegus pinnatifida* Bge.） 别名：山里红、山楂果、山楂扣、山梨、棠棣子。小乔木，枝有针刺，无毛，叶倒卵形或三角形，基部楔形，两侧各 3～5 深裂，有不规则的粗锐锯齿，新梢顶端着生伞房花序，花白色或淡红色，果圆形，鲜红色，有鲜明的淡色果点，有蒂，味酸甜，10 月中旬成熟。分布于黑龙江、吉林、辽宁、河南、河北、山东、山西、陕西、江苏及内蒙古一带，生长于山坡、林边或灌木丛中。一般作为观赏栽培，也可以作为嫁接的砧木。

② 辽宁山楂（*Crataegus sanguine* Pall.） 别名：牧狐梨、红果山楂、白海棠。落叶灌木或小乔木，高 3～7 米，枝刺短，新梢紫红色，枝开张；叶阔卵形或菱状卵形，3～5 浅裂；花白色；果近球形，直径 1 厘米，血红色。秋季叶出现血红色，可作为庭院观赏树种，也可作为寒地砧木。分布于辽宁、吉林、黑龙江、内蒙古及西伯利亚。

③ 阿尔泰山楂［*Crataegus altaica*（Loud.）Lange.］ 别名：黄果山楂。落叶乔木，新梢紫红色；叶片阔卵形或三角形，托叶大；复伞房花序，每个分生花序均密集多花，一般可达 30～70 朵，花白色；果近圆形，金黄色直径 1 厘米。与大山楂嫁接亲和力强，是较为理想的砧木种类。分布于新疆。

④ 准格尔山楂（*Crataegus songarica* C. Koch） 小乔木，新梢紫红色；叶菱状卵形，有 2～3 对深裂；果黑色，可食。与山楂

亲和力好，可作为砧木使用。分布于新疆伊犁、霍城，生于海拔500～2000 米的灌木丛中、河谷或峡谷地段。

（2）砧木的培育 山楂砧木的繁殖基本都是采用种子播种的方法繁殖实生苗。山楂种子种皮坚硬，所以要经过较长时间的沙藏处理才能够发芽，一般在 10～11 月份种子采收后就可以沙藏，经过 2 个冬天和 1 个夏天，到第三年春季进行播种。苗床的准备及种子的播种方法如前所述。有条件的情况下，将种子催芽后播种在营养钵里，放置于温室内培养，等生长到株高 10 厘米左右移出，进行室外管理。

4.1.3.4 山楂树苗期嫁接技术

（1）春季枝接 春季嫁接，砧木要用生长 2～3 年的山楂实生苗，接穗选择在所需要的品种树上采集生长健壮、无病虫害的营养枝。接穗结合冬剪将剪下来的枝条进行贮藏，到适合的嫁接时期，将接穗挖出后进行蜡封然后嫁接。嫁接的方法采用切接法、合接法或者劈接法都可以，嫁接的操作过程如上一章所述。嫁接时间可以提早，如果采用插皮接，则要到可以离皮的时候才能够嫁接。嫁接后 30 天左右即可成活。

（2）秋季芽接 秋季嫁接一般在 9～10 月份进行，嫁接的方法采用“T”字形芽接，绑扎接芽是将芽和叶柄全部包裹，接后不剪砧，到翌年春季再从接芽上部将砧木剪掉。

4.1.3.5 山楂大树高接换种

如果要改造山楂树，采用多头高接的方法。树龄在 20 年左右的山楂树，以每生长 1 年接 2 个头计算，每株大约要接 40 个头，嫁接头越多，树冠恢复就越快，结果也就越早。嫁接头多，所需要的接穗数量也就多，在进行大面积品种改良时，要在 2～3 年完成。具体的做法是：第一年嫁接几株，第二年从嫁接成活的树上剪接穗，第三年再从前两年嫁接成活的树上采集接穗，这样逐步增加接穗的数量，实现大面积高接换种的目的。

嫁接一般在春季进行枝接，嫁接的方法使用插皮接，每个头插

1个接穗，接后将接口包严捆紧。山楂树的木质部劈口比较直而且整齐，所以用劈接法比较好嫁接，接后接穗萌发的枝条比较牢固，不易被风吹断。

4.2 核果类果树的嫁接技术

4.2.1 杏的嫁接技术

杏（*Armeniaca vulgaris* Lam.）是蔷薇科李亚科杏属落叶乔木，高15米，小枝淡褐色或红褐色；叶片宽卵形或圆卵形；花单生，先叶开放，粉红色或微红；果实球形，直径2～3厘米，黄色至黄红色，果肉多汁味苦或甜。花期4月份，果期6～7月份。主产于秦岭、淮河以北，新疆伊犁一带有野生纯林。树势强健，适应性强，抗寒能力强，能够耐－30℃，抗旱力强，沙地、轻盐碱地也可以种植。嫁接后3～4年开始结果，6年进入盛果期，经营寿命达50年，个别树的生理寿命可达100～200年。杏的果实可供生食或制作果干、果脯；种仁供食用或药用；木材淡红色，坚硬致密，纹理美丽，为美工、工具柄、手杖、雕刻用材；杏树根系发达，是防风固沙的良好树种；杏树在园林上也有使用，特别是垂枝杏和花叶杏2个变种使用更多。

4.2.1.1 杏嫁接的意义

杏果实的经济价值高，可以鲜食、加工果干或果脯，杏仁是深受人们喜爱的仁果，并已经有企业加工为杏仁露，因此杏树栽培的经济价值很高。我国栽培面积较大，但产量很低，近年来还有下降的趋势。我国现在栽培的杏品种很多很杂，有些品种果个较小，品质较差，有些品种不耐贮运，也有一些大果类优质品种，但常常因为授粉不良和晚霜冻害而引起落花落果，形成“10年9不收”。近年来，我国引进了不少欧美杏，特别是自花结实率较高的大果品种，为改造低产小果杏创造了条件，可以使我国杏的产量和品质有一个大的提高。同时，我国的仁用杏，也有条件快速发展。可以通过嫁接育苗和高接换种来加快杏优良品种的发展。

4.2.1.2 杏部分新优品种介绍

(1) 金太阳　我国从欧洲及美洲引进的特早熟甜杏新品种。果个中等，平均单果重60克，最大单果重达100克；果实金黄色，阳面有红晕；味酸甜，风味极佳；特早熟，在山东泰安市果实于5月下旬上市，比凯特杏早熟20多天，比麦黄杏早熟1个月左右；产量高，栽植第二年，单株最多结果66个，重4千克，第三年每亩产量500千克以上，第四年亩产2500～3000千克。金太阳适应性强，有较强的抗寒性，在花期遇到－5℃的低温时，当年照常丰产，适合露地栽培，也是大棚栽培的首选品种。树姿开张易成花，自花坐果率高。

(2) 凯特杏　美国1978年培育的特大型优良品种，在美国广泛栽培，山东省果树研究所于1991年引进，通过多点试栽，表现良好。果实近圆形，属特点果型，平均单果重105克，最大单果重130克；果顶平，缝合线明显；果柄短；果皮橙黄色，阳面着红晕；果皮中厚，不易剥离；果肉金黄色，肉质细腻，汁液多，味酸甜可口，芳香味浓，品质上等；果实耐压，耐贮运，6月上中旬成熟。适应性和抗逆性强，抗旱、耐瘠薄，对花期晚霜有较强的抗性。树姿直立适合密植。成花早，花量大，具有自花结实能力，坐果率高，极丰产。适宜于保护地和露地栽培。

(3) 红丰　山东农业大学园艺系选育出的早熟品种。平均单果重56克，最大单果重78克；果面着浓红色，果实具浓香味，品质上等。自花结实，丰产性能好，开花晚，可躲避晚霜危害。果实发育期65天，6月上旬果实成熟。是露地和保护地栽培的优良品种。

(4) 早金蜜　中国农科院郑州果树研究所选育的优良新品种。果实近圆形，果定平，微凹；果个平均整齐，平均单果重60.2克，最大单果重80.3克；果面橙黄色，洁净美观；肉质细软，纤维少，味浓甜芳香，汁液多，品质上等。离核，核小，极早熟，在郑州地区于 5 月 16 日成熟上市。常温下可存放 5～7 天。树体矮化健壮，萌芽力强，成枝力弱，容易管理。适宜密植栽培。对倒春寒及病虫害都有较强的抵抗能力，无裂果和采前落果的现象。成花早，花量大，自花结实率高，丰产稳产性强。适宜于露地和保护地栽培。

(5) 金中香　中国农科院郑州果树研究所选育的优良品种。果实近圆形，果顶平而对称；果个特大，平均单果重 100 克左右，最大单果重 165 克；果面橙黄色，阳面有红晕；果肉金黄色，肉质细而多汁，味甜，品质上等；离核，仁甜。果实在郑州地区 6 月上旬可成熟上市，发育期为 70 天左右。树势生长健壮，树姿开张，萌芽力和成枝力中等，嫁接后结果早，4～5 年单株产果量 30～50 千克。

(6) 龙王冒　又名大扁，大扁仁。原产于河北省怀来、徐水及北京市门头沟等地，为著名的仁用品种。果实长椭圆形，缝合线浅而明显；平均单果重 25 克；果面黄色，阳面微有红晕；果肉较薄，纤维多汁液少，味酸不宜鲜食；离核，核大，单核重 2.9 克；种仁肥大饱满香甜，单仁重 0.83～0.9 克，出仁率 27%～30%；果实于 7 月中下旬成熟。树势健壮，幼树成形快，结果早，丰产性强。对土壤要求不严，耐寒耐旱。杏仁品质优良。

(7) 一窝蜂　又名次扁、小龙冒。主产于河北省涿州市，为优良的仁用杏品种。果实长圆形，果顶较龙王冒尖；平均单果重 15 克；果面黄色，阳面有红色斑点；果肉薄，粗纤维多，汁液少，味酸，不宜鲜食；果实成熟后沿缝合线开裂；离核，出核率为 40%；平均单仁重 0.62 克，出仁率 30%～35%，仁饱满香甜。果实于 7 月下旬成熟，发育期为 90 天左右。结果早易成花，结果量似一窝蜂，极丰产。适应性强，抗寒抗旱，适宜于偏远干旱山区发展。

(8) 超仁　由辽宁省果树研究所从龙王冒的无性系中选育。果实长椭圆形，平均单果重 16.7 克；果面和果肉均为橙黄色，肉薄，汁液极少，味酸涩；离核，核壳薄，出核率 41.1%；果仁极大，比龙王冒大 14%，味甜。丰产稳产，5～7 年的树木平均单株产果量57千克。抗寒性、抗病能力都强，能耐－36.3℃的低温；对流胶病、细菌性穿孔病和疮痂病，有较强的抗性，栽培中要注意防治球坚蚧，是大有发展前途的抗寒、丰产、稳产、优质的仁用杏新品种。

(9) 北寒红杏　北京平谷县北寒村优选的鲜食和加工兼用优种杏品种。果实圆形，果顶平；平均单果重50克；果皮底色为黄色，彩色为1/4～1/3的片红色，表面有少量茸毛；果皮薄，较光滑，成熟后易剥离；果肉黄色，肉厚1.07厘米，肉质纤维少，味道好；离核，品质佳，仁甜。果实成熟期为6月下旬，耐贮运，适于生食和加工，加工利用率90%。加工制成的杏酱为黄色，能成块。3年生开始结果，7年达到盛果期，果枝寿命可达3年，坐果部位全树均匀分布，生理落果和采前落果少，丰产性强，盛果期单株年产量为100千克。对土壤、地势选择性不强，管理粗放。

4.2.1.3　杏嫁接砧木的种类与培养

(1) 砧木的种类

① 山杏　也称西伯利亚杏。小乔木，广泛分布于我国东北地区、河北省、山西西部、内蒙古、新疆，以及西伯利亚地区。果实小，圆形，果肉薄而韧，味苦；果实成熟后自行开裂露出果仁。山杏抗旱，抗寒，可耐－35℃的低温，是我国北方地区广泛应用的杏砧木。

② 东北杏　又称辽杏。在我国东北部及朝鲜均匀分布。乔木，枝条直立生长；叶片大，圆形或长圆形；果实小，圆形，离核，核小，长圆形。东北杏抗寒性极强，可作为抗寒砧木。

③ 藏杏　分布于四川西部和西藏。乔木，叶片广圆形；果实近球形，直径2～3厘米，果肉少，果核椭圆形，藏杏抗旱性极强，在当地作为杏的抗旱砧木。

以上砧木均与杏的亲和力强，嫁接后生长结果良好。此外，其他种类的杏也可以作为杏的砧木；山桃、毛桃也可以作为杏的砧木，嫁接杏树后，幼树生长快，结果早，品质好，但寿命短；用梅作为砧木嫁接杏树，成活率低。

(2) 砧木的培育　杏树砧木的培育采用各种作为砧木的种类进行播种实生苗的培育。育苗用的种核要充分成熟，并及时采收。在秋末冬初进行沙藏，沙藏前，先将种子用清水浸泡3～5天，每天换水一次，使种子膨胀，然后在背阴处挖沟，沟底铺上一层10厘米厚的细沙，将种子与5倍的湿沙均匀混合放入沟内，上面再盖上10厘米厚的湿沙。沙藏到翌年春季进行播种。

播种前，先制作苗床，浇足底水，按30～40厘米的行距，15～20厘米的株距点播，播后覆土3～5厘米，然后覆盖地膜或稻草保温保湿。山杏的种子每千克550～650粒，每亩播种量为20～25千克，出苗1万株左右，嫁接可成活8000株左右，可培育成为壮苗。

4.2.1.4　杏树苗期嫁接技术

(1) 生长季芽接　杏树芽接在6～9月份都可以，只要接芽充实饱满，砧木达到嫁接的粗度并能够离皮即可。为了嫁接后接芽当年不萌发，能够安全越冬，嫁接时期要在砧木能够离皮的情况下，尽量晚一些。杏的接芽伤口容易流胶，流胶会影响嫁接的成活率，为了克服伤口流胶的不利影响，嫁接时要注意：首先，避开雨天嫁接，最好在雨季以后进行，北方地区可到8月中下旬进行；其次，嫁接时不要使刀口过多地切伤木质部，例如“T”字形芽接的上面横刀不要切得太深，减少流胶；第三，就是用塑料条绑扎时，要把芽和叶柄露出，避免接口不通气，湿度过大。注意以上几点，在进行杏苗嫁接时，一般可以克服流胶的不利影响，而使嫁接获得很高的成活率。

杏树的生长季芽接，可采用“T”字形芽接（参照图3-33）和嵌芽接（参照图3-34），接后不要剪砧，到翌年芽萌发前，在接口以上0.5厘米处剪砧，促进接芽的萌发和生长。

(2) 春季枝接　在杏树育苗的苗圃地可以进行春季枝接，嫁接的方法多采用劈接法。接穗嫁接之前先进行蜡封。用劈接法进行嫁接，以前认为必须要大砧木才能够夹紧接穗，所以嫁接的时候，双方的形成层就只能够对齐一边，其实，与接穗粗度接近的小砧木，劈接的时候可以做到双方形成层左右两侧都对齐。嫁接时，小砧木劈口不必用劈刀劈开，直接用枝剪剪开接口，由于枝剪比较厚，剪口有利于将裂口撑开，便于接穗的插入，插入接穗后用塑料条捆紧，可以保证砧木和接穗紧密相连。杏树的枝接也可以采用切接法进行嫁接。

4.2.1.5 杏大树高接换种

（1）需要高接换种的杏树类型　目前，有三类杏树迫切需要高接改造：第一类是山区自然生长的山杏。这些山杏一般成片生长于干旱的山坡和沟谷中，只有少量收益，主要是苦杏仁。可以采用高接换种的方法将其换成优质的仁用杏。第二类是品质差的劣种杏树。我国现有的杏品种，多数很酸，而且不耐贮藏和运输，市场价格低，不受欢迎。对于这类杏品种，可以通过高接换种的方法将其换成优质鲜食杏。第三类是花期自花授粉能力差，现有异花授粉。另外，杏花开放在早春，经常会遇到晚霜和倒春寒，造成坐果率低。对于这类杏品种，可以用多头高接法改换成或金太阳或凯特等自花结实好的优良品种，确保优质、丰产稳产。

（2）杏树高接换种的方法　对于树体较大的高接换种的杏树，一般采用多头高接法进行换种。接口的直径以 2～3 厘米为宜，接口过大不易愈合，还会将大树改成小树，根冠比失去平衡，会引起树势衰弱。通过多头高接，接口小，愈合良好，同时枝叶茂盛，根冠比合适，而且每个接口的生长量减少，接穗萌发的枝条不易被风吹断。一般 10 年的杏树可接 20 个头，成活后 1 年就可以恢复树冠，下一年就可正常结果，第三年可大量结果，达到丰产稳产。

杏树高接换种的嫁接方法可以采用插皮接或劈接等枝接方法进行，对于树体内膛的缺枝，可采用皮下腹接的嫁接方法来增加枝条数量，达到离体结果的目的。嫁接前要先将接穗蜡封，嫁接时期在树液流动、砧木芽萌动的时期进行。杏树用蜡封接穗进行春季嫁接，成活率很高，大面积嫁接成活率在 98%以上。嫁接成活后要注意保存率，主要是因为大风会将嫁接成活的接穗枝条吹断，所以接穗萌发到一定长度时，要立支柱保护或对新梢进行摘心，控制徒长，促使副梢的生长和结果。

4.2.2　桃的嫁接技术

桃（*Amygdalus persioa* L.）是蔷薇科李亚科桃属落叶乔木，高 3～8 米，树冠宽广或半展，树皮暗红褐色，嫩枝细长无毛，向阳面转变为红色，具多数皮孔；顶芽既有单芽也有复芽，多为 3 芽，中间为叶芽，两侧为花芽；叶片长圆披针形或倒卵披针形，先端渐尖，基部楔形，叶缘有细锯齿；花单生，萼筒钟状，外被短柔毛，花冠粉红色、罕为白色；果实形状和大小因品种不同而差异较大，有卵形、扁圆形。阔椭圆形，直径 5～7 厘米，腹缝线（缝合线）深浅不一；果柄短且深入果洼；果皮密被短柔毛或无毛；果肉白色、淡绿白色、黄色、橙黄色、红色，汁多有香味，甜或酸甜；离核或粘核，核大，椭圆形或圆形，两侧扁平，顶端渐尖，外面有深沟纹或呈蜂窝状。3 月下旬至 4 月中旬开花，4 月中旬展叶，6～9 月果实成熟。

桃有三个变种：油桃（*Amygdalus persioa var. nucipersica* L.），又名李光桃，由无毛桃芽变而来，其果皮光滑无毛。油桃在西亚、南欧及美国栽培较为普遍，我国近些年也广泛种植。蟠桃（*Amygdalus persioa var. compressa* Bailey），果实扁平，核小，圆形，有深裂纹，肉色有黄、白两色，还有油蟠桃类型。主要在我国南方栽培，北方有少量栽培。寿星桃（*Amygdalus persioa var. densa* Makino），树体矮小，枝短节蜜，根浅；花色有红、粉红、白三类，白花、粉红花两类植株较高，结实能力较强，红花类植株较矮，结实率弱。寿星桃常用于观赏，现也有用于矮化砧及矮化桃育种材料。

桃原产于我国，在我国约有 3000 年的栽培历史。桃果实味道香甜，营养丰富，是著名的鲜食果类，除了鲜食外，还可以加工成果汁、果脯、桃片、罐头等；桃核可做活性炭，桃仁可榨取工业用油；桃树根、叶、树皮、花、果、仁可以入药；桃树木材致密，花纹美丽，可作为美工用材。在园林绿化和盆景制作上，也有一些观赏价值极高的品种，如碧桃、绯桃、千瓣白桃、紫叶桃等。桃树还可以作为嫁接李树、梅花的砧木。

4.2.2.1 桃嫁接的意义

由于桃品种更新很快，因此桃的嫁接育苗和老品种的高接换种工作，便显得尤为重要，搞好这项工作，对于加速我国桃品种的更新、提高桃生产的技术水平、增加栽培的经济效益，具有重要的意义。

4.2.2.2 桃部分新优品种介绍

(1) 普通桃品种

① 早美　北京农林科学院选育。平均单果重 97 克，最大单果重 168 克；果实近圆形，果顶平；果皮底色黄白色，阳面玫瑰红色晕；果肉白色，味甜，成熟后柔软多汁；粘核。树姿丰满开张，树势中庸。长、中、短果枝都能够结果，在北京地区果实 6 月上旬成熟上市，发育期 50～55 天。是优质丰产的极早熟品种。

② 京春　北京农林科学院选育而成。果实近圆形；平均单果重 100 克，最大单果重 124 克；果皮绿白色，阳面有红晕，易剥离；果肉白色，肉质细密，味甜，成熟后柔软多汁，粘核。在北京地区 6 月上旬成熟。

③ 仓方早生　日本引进品种。果实圆形，果顶圆平；平均单果重 127 克，最大单果重 206 克；果皮乳白色，阳面有红色斑点，不易剥离；果肉乳白色，稍有红晕，肉质细紧，汁液中多，味甜有香气，粘核。在杭州地区 6 月中旬成熟。

④ 晖雨露　江苏省农科院选育而成。果实圆形；平均单果重 110 克，最大单果重 174 克；果皮乳黄色，果面有玫瑰红晕；果肉乳白色，柔软多汁，味甜有香气，粘核。在南京地区 6 月上旬成熟。

⑤ 朝晖 江苏农科院选育而成。果实正圆形，果顶圆或微凹；平均单果重155克，最大单果重375克；果面乳白色，稍带绿，着玫瑰红晕；果肉乳白色，近核处玫瑰红色，肉质紧密，汁液中多，有香气。在南京地区7月上中旬成熟。

⑥ 线间白桃 日本品种。果实椭圆形；平均单果重161克，最大单果重250克；果皮乳白色，着红晕中等，难剥离；果肉白色，肉质致密细韧，为浓甜，粘核。在南京地区7月中旬成熟。

⑦ 新川中岛 日本品种。果实圆形或椭圆形；平均单果重260克，最大单果重460克；果皮绿白色，全面着鲜红色，外观艳丽；果肉乳白色，肉质细脆，味浓甜，有奇特香气。在杭州地区8月初成熟。

⑧ 甜乐蜜桃 河北农业大学园艺学院果树系选育。果实圆形，果形端正对称，果顶圆平；果实大，平均单果重237克，最大可达400克以上；果皮底色黄白色，着色鲜红，色泽艳丽，果皮稍厚，易剥离；果肉黄白色，硬溶质，致密；风味甜，有香气，半离核。在保定6月中下旬成熟，果实发育期70～75天，较耐贮运，室温下可存放1周以上。树冠半开张，复花芽多而且节位低，长、中、短枝均可结果；花粉量少，需要配置授粉树，自然授粉条件下，坐果率30%～50%。

⑨ 京选3号 河北省顺平县林业局从该县栽培的大京红桃中选出。果实圆形，果形端正；平均单果重250克，最大单果重600克以上；果面近全面着色，粉红，色泽艳丽；果肉乳白色，成熟时带红色，果实硬度大，熟而不软，硬溶质。在顺平县4月13～15日开花，果实发育期80天左右，6月底到7月初成熟。树势健壮，树姿直立，长、中、短枝均可结果，以中、短枝结果为主，单花芽较多，无花粉，需要配置授粉树或人工授粉。

⑩ 沙红桃 陕西省礼泉县从仓方早生中选出的早生品种。果实圆形至扁圆形，果顶凹入；平均单果重255克，最大单果重346克；果皮底色乳白色，80%以上着红色，果皮不易分离；果肉白

色，硬溶质，硬度大，味甜，汁液中多，粘核。树势健壮，树姿较直立，萌芽力、成枝力强，长、中、短枝均能结果，以长、中果枝结果为主，花粉量大，自然坐果率高。

（2）蟠桃品种

① 早露蟠桃　北京市农林科学院育成。果实中等大，平均单果重103克，最大单果重200克；果形扁圆形，果顶凹入；果皮底色乳黄色，50%盖红晕，易剥离；果肉乳白色，近核处微红，肉质柔软，纤维少，汁液多，味甜，有香气，粘核，核小。树势开张，以中果枝结果为主。在北京地区6月上旬成熟，果实发育期65天。是优质的特早熟蟠桃品种。

② 早黄蟠桃　中国农科院郑州果树所育成。平均单果重95克，最大单果重120克，果皮黄色，近70%着玫瑰红晕和细点，外观美，果皮易剥离；果肉橙黄色，软溶质，汁液多，味甜，香气浓郁，半离核。树势强健，较开张，各类果枝均可结果，坐果率高，丰产。果实发育期为80～85天，在郑州果实于6月下旬成熟。

③ 瑞蟠系列　北京农林科学院林果所育成的蟠桃系列品种。瑞蟠2号：果实扁圆形，玫瑰红色，果皮底色黄白色；平均单果重125克，最大单果重180克；果肉黄白色，粘核，硬溶质，味甜。北京7月初成熟，果实发育期72～79天。树势中庸，树姿半开张，花粉红色，花粉多，丰产。瑞蟠4号：果实扁平，圆整，果顶凹入；平均单果重220克，最大单果重350克；果皮底色淡绿，完熟后黄白色，果面一半以上着深红晕，果面茸毛较多；果肉淡绿色或黄白色，硬溶质，味浓甜，粘核。在北京地区8月底至9月初成熟，果实发育期135天。树势中庸，半开张，花粉多，极丰产，是优良的蟠桃完熟品种。瑞蟠5号：果皮底色黄白色，玫瑰红晕，果肉黄白，硬溶质，味甜，粘核，平均单果重160克，最大单果重220克，果实发育期110天，北京7月底至8月初成熟。为晚熟品种。瑞蟠8号：果实扁圆形，玫瑰红色，果皮底色黄白，平均单果重125克，最大180克；果肉黄白色，粘核，硬溶质，味甜。北京

7 月初成熟，发育期 72～79 天。树势中庸，树姿半开张，花粉红色，花粉多，丰产。

④ 碧霞　北京平谷县刘店乡桃园 1964 年发现的优株。是优良晚熟蟠桃品种。果实扁平，平均单果重 100 克，最大 180 克，果皮黄白，具红晕，不易剥离；果肉乳白色，近核处红色，肉质致密有韧性，汁液中等，味甜，有香气，粘核。9 月中下旬成熟。树势半开张，抗寒性强。

⑤ 中油蟠桃 1 号　中国农业科学院郑州果树研究所育成。果形扁平；果皮光滑无毛，果顶圆平凹入；平均单果重 90 克；果底浅绿白色，果顶有红色斑点及红晕，覆盖率 70%，外观美；果肉白色，硬溶质，致密，味浓甜，为浓甜型油蟠桃，为稀有品种。树势中强，果树发育期 120 天，在河南郑州地区 7 月底成熟。

（3）油桃品种

① 早红珠　北京市农林科学院选育而成。平均单果重 100 克，最大单果重 130 克；果实近圆形，全面鲜红色，外观艳丽；果肉白色，肉质软溶，味甜，香味浓郁，粘核。树姿半开张，各类果枝均能够结果，丰产性好，坐果率高，适合于大棚栽培。在北京地区 4 月中旬开花，6 月中下旬果实成熟，果实发育期为 65 天。

② 丹墨　北京市农林科学院选育而成。平均单果重 97 克；果实圆正；果面光滑，全面深红色或紫红色，着色不均匀；果肉黄色，皮下红色较多，近核处无红色，硬溶质，味浓甜，香味中等，粘核。树姿半开张，以中、长果枝结果为主。在北京地区 6 月下旬果实成熟，发育期 67 天，适合于大棚栽培。

③ 布雷顶峰　从美国引进的晚熟油桃品种。果实短圆形；平均单果重 250 克；果顶圆，果面鲜红色，有光泽；完全成熟时果肉软而细腻，黄色，有韧性，汁多，酸甜适口，品质好；核小，离核，较耐贮运。在河北昌黎县 9 月中旬成熟。树势强，易成花，可自花授粉；抗旱，耐寒，丰产稳产。

④ 曙光　中国农业科学院郑州果树研究所杂交培育而成。果

实圆形或近圆形，果形整齐；平均单果重 100 克；底色浅黄，果面全面着鲜红色或紫红色，无茸毛，有光泽；果肉黄色，肉质溶，纤维中等，近核处无红，味酸甜，香气浓郁，多汁，粘核。在保定 6 月上中旬成熟，发育期 65 天，是特早熟黄肉油桃品种。花粉量大，自花结实，配置授粉树更佳。

⑤ 瑞光系列　瑞光系列是北京农林科学院林果所培育的系列油桃品种。瑞光 1 号：平均单果重 135 克；硬溶质，有浓郁甜酸味，完熟后柔软多汁，不裂果；果面 75％以上着深红色，粘核。北京地区 6 月下旬至 7 月初成熟，发育期 70 天。树势强，树姿半开张，树体抗寒性强，各类果枝均可以结果，花粉多，丰产性强，为优良的早熟白肉油桃。适合于华北、东北、辽宁、大连地区栽培。瑞光 2 号：果实椭圆形，果形正，两半面对称，果顶平；平均单果重 134 克，最大单果重 187 克；果皮底色黄，果面 75％覆盖红晕，不离皮；果肉橙黄色，核周围无红色素，硬溶质，枝中多，味甜，有香气，半离核。树势强健，树姿半开张。小花型，花粉量多，花芽抗寒性强，丰产。是优良的早熟油桃品种。瑞光 5 号：果实近圆形，果顶圆，缝合线浅；平均单果重 150 克，最大单果重 240 克；果皮底色黄白色，果面 50％着紫红色或玫瑰红色晕，不易离皮；果肉白色，肉质细，硬溶质，完熟后柔软多汁，味甜。树势强，树姿半开张，花芽饱满，复花芽多，小型花，花粉量大，丰产。瑞光 18 号：果实短椭圆形，平均单果重 210 克，最大单果重 260 克；果皮底色黄，果面紫红色；果肉黄色，硬溶质，粘核，味甜。树势强健，树姿半开张，为优良的中熟油桃品种。瑞光 27 号：果实短椭圆形，两半部对称，果顶圆；平均单果重 180 克，最大单果重 250 克，底色黄白色，果面近全面着红色晕；果肉白色，硬溶质，味甜，粘核。北京地区 8 月上中旬成熟，果实发育期 118 天，花粉多，丰产性强。

⑥ 早红 2 号　美国品种，1985 年从新西兰引入我国。果实圆形，两半部对称，果顶微凹；平均单果重 160 克；果皮底色橙黄

色，全面着鲜红色晕，有光泽，不易剥离；果肉橙黄色，有少量红色素，硬溶质，汁液中多，味酸甜适中，有芳香，离核。在河南郑州地区 7 月上旬成熟，果实发育期 90～95 天。裂果现象极少，耐贮运。树势强健，树姿半开张，枝条粗壮，各类枝条均能够结果，花型大，花粉多，生理落果轻，丰产，耐贮运。适宜于露地或设施栽培，适合于我国南北各地栽培。

⑦ 晴朗　原产于美国，1984 年从澳大利亚引进我国。果实圆形，果顶凹入，缝合线明显，两半部对称；平均单果重 201 克；果皮底色橙黄色，阳面紫红，稍具条纹，外观美丽；果肉橙黄色，近核处有红色，软溶质，粘核。在石家庄地区 9 月下旬成熟，果实发育期 160～165 天，耐贮运。树势中庸或强健，抽生副梢能力强，各类果枝均可结果，花粉量大，结实能力强，丰产性强。为极晚熟油桃品种，但缺点是味偏酸。

⑧ 金红　昌黎农业技术师范学院从生产园中选出的优良晚熟油桃新品种，亲本不详。果形近圆形，两侧对称；平均单果重 200 克，最大单果重 400 克以上；果肉金黄色，果面底色黄色，全面着红色，内膛果也能够着红色；味浓甜，有浓郁香味；果实极耐贮运，在室温下可存放 1 周而不变软。在河北保定 8 月中旬成熟。树势中庸，树冠半开张，极易成花，花粉量大，自花结实率高，长、中、短果枝及花束状果枝均可结果，以中、短果枝和花束状结果枝结果为主，极丰产。该品种适应性强，抗旱、抗寒、耐瘠薄，不裂果，是极有发展前途的优良晚熟油桃品种。

(4) 黄桃品种

① 弗雷德里克　美国品种。果实圆形，果顶具小突尖，缝合线浅，两半较对称，果形整齐；平均单果重 182 克；果皮黄色，果面具少量深红色细点及晕；果肉黄色，无红丝，核与肉同色，肉质为不溶质，汁液中等，味甜多酸少。北京地区 8 月初成熟，发育期 107 天。粘核，罐制成的块形好，全果色较深而且均匀，肉质柔软，味甜而有香气。树势半开张，花粉形成容易，丰产性强。

② 郑黄2号 中国农业科学院郑州果树研究所培育而成的早熟罐藏黄肉桃系列品种。果实近圆形，两半部对称，果顶圆有小尖，缝合线浅；梗洼中广；平均单果重123克；果皮金黄，具红色晕；果肉橙黄色，香气中等，酸甜适中，粘核。在郑州地区6月底成熟，果实发育期80天左右。树势强健，半开张，花芽形成良好，复花芽多，花粉败育，栽培时应配置授粉树。结果早，丰产性强，果实耐贮运。加工性能好，果实合格率88%，原料利用率57.6%，块形完整，质地细韧，香气浓，味酸甜适中。郑黄3号：平均单果重132克，7月上旬成熟。树势强健，树姿直立，成枝力中等。加工性能好，果实合格率94%，原料利用率62.7%，成品色泽金黄，有光泽，肉厚，软硬适度。果实病虫害危害较轻，耐贮运。为早中熟罐藏黄桃品种，品质上等。

③ 丰黄 大连市农业空隙研究所选育出的中熟罐藏黄桃品种。平均单果重130克；果实长卵圆形，两半部稍不对称，果顶圆凹入，缝合线浅，梗洼窄而深；果皮底色浅黄，阳面暗紫红色点状红晕和斑纹，果皮不易剥离；果肉金黄，顶部、腹部、背部及近核处有红丝，汁液中多，味酸甜适中，粘核。加工性能较好，易去皮，耐煮，成品金黄有光泽，块形完整，组织致密，软硬适度，香味较浓，品质优良，但外观欠佳。树势强健，树姿半开张，枝条粗壮，节间短，萌芽力和成枝力均强，各类果枝都能够结果，以长果枝为主，花粉量大，坐果率高，丰产，树体抗寒耐旱，适应性强，抗病虫害能力强。

④ 金童系列黄桃品种 金童系列黄桃品种是美国培育的品种。金童5号：果实较大，平均单果重160克，最大单果重275克；果实近圆形，略扁，两边不对称，果顶圆平，凹入，缝合线浅；果皮底色金黄，果面50%着红晕，近核处与肉色相同；果肉黄色，肉质细密，汁液中等，香气浓，味酸甜适中，粘核。加工易去皮，耐煮，果肉煮后红丝消失，成品块形完整，金黄色至橙黄色，肉质细密。树势强健，树姿半开张，枝条生长旺盛，萌芽力中等，成枝力

强，花粉量多，坐果率高。品质中上等，丰产，为中熟罐藏黄桃品种，适宜于各地栽培。金童 6 号：平均单果重 230 克，最大单果重 288 克。为晚熟罐藏黄桃品种，品质上等，丰产性好，适应性强，适宜各个桃产区栽培。金童 7 号：平均单果重 178.4 克，最大单果重 222 克。为优良的中晚熟加工黄桃品种，产量高，加工性能好。金童 8 号：平均单果重 173.4 克。罐藏成品块形好，金黄色均匀，肉质细软，味酸甜适口。

4.2.2.3 桃嫁接砧木的种类与培养

(1) 砧木的种类

① 毛桃 毛桃是栽培桃的野生种。小乔木，果实卵圆形，品质差，一般不能食用，有些类型也可以食用。用毛桃作砧木嫁接桃品种，亲和力强，根系发达，生长快，结果早，果实大，汁液多，品质好。但树体寿命不长。

② 山桃 为我国东北、西北的野生桃种。小乔木，树干表皮光滑，枝细长。果实圆形，成熟时不开裂，不能食用。抗寒性、抗旱性强。稍耐盐碱，与桃树的栽培品种之间亲和力好，不耐涝，根际土壤被水浸泡后，树体容易死亡，易得根腐病。应用范围在东北、华北和西北地区。

③ 毛樱桃 毛樱桃原产于我国西北、华北北部及东北地区，云南也有野生分布。灌木，萌蘖力极强，枝粗而密，叶小，叶面有皱褶和茸毛，果小，红色或黄色，成熟期很早，抗旱、抗寒力强。用毛樱桃作为砧木嫁接桃品种能够亲和，但生长较慢，可起到矮化作用。

(2) 砧木的培育 培育桃砧木实生苗的种子，需要沙藏才能够发芽。沙藏前，用清水将种子浸泡 48 小时，捞出后与 5 倍的细沙混合。在背阴处挖深 80 厘米的沟，宽度和长度根据沙藏种子的多少而定。先在沟底铺一层 10 厘米厚的沙，将种子和沙的混合物放入沟内，到离沟面 40 厘米处，上面覆盖细沙到地面，覆盖一层塑料膜，上面再盖上一层 20 厘米厚的土，使覆盖的土壤高于地面，防止积水。

到了春节播种时，把种子从沟中取出。已经发芽的种子可以直接播种，没有发芽的种子，堆放于温度较高的地方，或放置于向阳处，每天喷水保湿，表面覆盖塑料薄膜，几天后即能发芽。播种前要用50%苯菌灵拌种，每千克种子用药15克。

在华北地区3月下旬播种，其他地区根据具体情况提前或延迟播种。苗床要在背风向阳处翻耕后耙细整平并进行消毒。按50厘米的行距、10厘米的株距点播。现在育苗均采用营养钵，可用10厘米×10厘米的营养钵育苗。

4.2.2.4 桃树苗期嫁接技术

(1) 生长季芽接　桃生长季芽接可以在8月中下旬，这时，砧木的形成层非常活跃，接穗也多，砧穗双方都容易离皮，可进行不带木质部的“T”字形芽接。接后为了防止雨水浸入，也便于操作，用塑料条绑扎时，不必露出芽和叶柄，从下而上将接口部位全部绑扎起来。这种嫁接方法成活率极高，嫁接速度快，操作熟练的嫁接人员，每人每天能够嫁接1000个芽。接后不剪砧。要注意为了不刺激接芽萌发，在砧木切横刀时要浅一些，不要过多地伤木质部。到第二年春季，在接芽上面0.5厘米处剪砧，并除去塑料条。

(2) 春季枝接　在桃树育苗的苗圃地可以进行春季枝接，嫁接的方法多采用切接法或劈接法。接穗嫁接之前先进行蜡封，嫁接时根据所选择的方法进行。成活后及时管理。

(3) “三当苗”的培育　“三当苗”是指当年培育砧木、当年嫁接、当年出圃的苗木。桃树“三当苗”的培育最好在大棚里采用营养钵育苗。在大棚可以在3月上旬播种砧木，出苗后给予较好的水分管理，2个月后，砧木直径达到0.5厘米时就可以进行嫁接。由于这时砧木和接穗都很嫩，皮很薄，不宜采用“T”字形芽接，要采用带木质部的嵌芽接，容易操作，嫁接速度快。在嫁接前7天，要对砧木苗追一次速效氮肥，促进树液的流动，提高嫁接成活率。嫁接后不要立即剪砧，接后8～10天，接芽愈合成活后，在接芽上方 2～3 厘米处折砧，将砧木木质部折断，树皮保留不断，使砧木失去顶端优势，也可以在接芽上方 10 厘米处断砧。如果剪砧过短，接芽会枯死。嫁接成活后，剪砧合理，并抹除接芽以下的砧木萌蘖和萌芽，结合较好的水分管理及病虫害防治，到生长季结束时，嫁接苗能够生长到 60～80 厘米高，形成比较理想的壮苗，能够出圃。

4.2.2.5　桃大树高接换种

对于野生的山桃和毛桃的大树以及市场上滞销的桃品种，可以采用高接换种的方法，将其改造成为市场上畅销的优良品种。

高接换种是采用多头高接的方法，一般采用春季枝接，在砧木芽萌动而为展叶的时期。接穗在接前进行蜡封，接穗要选择徒长性果枝或长果枝，不宜采用髓心大的细弱的中、短果枝。嫁接的方法可以采用插皮接，如果砧木接口较大，可以采用插皮袋接，因为毛桃和山桃树皮韧性强，不容易破裂，插皮袋接比较容易操作。接口一般较小为宜，接后用塑料条绑扎。对于较大的接口，可插 2 个以上接穗，接后套上塑料袋。树龄较大的桃树，结果部位上移，中下部位枝条空虚，通过多头高接，可以将树冠压缩，使结果部位下移。同时，对于中部空虚的部位，可用皮下腹接法来增加枝条，实现立体结果。多头嫁接，也可以起到老树更新的作用。

4.2.3　李的嫁接技术

李（*Prunus salicina* Lindl.）是蔷薇科李亚科李属落叶乔木。高 5～8 米，新梢较粗，光滑无毛有光泽；叶片小，倒阔披针形；花小，白色，通常 3 朵并生；花先于叶或花叶同放；果实圆形、长圆形或心脏形；果皮黄色、红色、暗红色、紫色，果面被蜡质果粉；果肉黄色或紫红色，具特殊李香；核椭圆形，核面有皱纹，粘核。

李在我国原产于长江流域，至今已有 3000 多年的栽培历史，在我国分布极广，除青藏高原的高海拔地区外，从最南部的台湾到最北部的黑龙江省，从东南沿海至新疆，均匀栽培、半栽培或野生种。李是深受人们喜爱的鲜食水果，除了鲜食以外，又是加工的优良果类，可以加工罐头、果脯、果干、果酱、蜜腺、果汁、话李等。

4.2.3.1 李嫁接的意义

李是世界上分布和栽培非常广泛的落叶果树。我国是李生产大国，据2000年统计，我国李的种植面积为1.005万公顷，产量为3437万吨。栽培面积和产量都居世界首位，但在生产上仍然停留在小范围的自产自销，在品种上有老品种少、单位面积产量低、果树偏小。近十几年来，从国外引进一批优良李品种，在我国各地表现良好。要发展李的优良品种，改造劣质品种，嫁接育苗和高接换种起着决定性的作用。所以，嫁接是实现李品种优化的快捷途径和必经之路。

4.2.3.2 李部分新优品种介绍

(1) 大石早生　上海市农科院园艺所从日本引进的李早熟品种。果实卵圆形，纵径4.5厘米，横径4.2厘米；平均单果重49.5克，最大单果重100克；果顶尖，缝合线较深；果皮底色黄绿，全面着鲜红色，特别艳丽美观，果皮中厚，易剥离；果肉黄绿色，肉质细，松软，果汁多，纤维细，味酸甜，微香，品质上等。在河北昌黎果实6月中旬成熟。树势强，幼树期树姿较直立，结果后逐渐开张。3年开始结果，4～5年进入盛果期。幼树期以中果枝和短果枝结果为主，盛果期以短果枝和花束状枝结果为主。连续结果能力强，自花不结果，需要配置授粉树。

(2) 莫尔特尼　山东省农科院果树研究所从美国引进。果实中大，近圆形，平均单果重74.2克，最大单果重123克；果顶尖，果面平滑有光泽，底色为黄色，着紫红色；果皮中厚，离皮，果粉少；果肉淡黄色，近果皮处有红色素，不溶质，肉质细，果汁中少，风味酸甜，单宁含量极少，品质上等，粘核。在河北省昌黎县，果实6月下旬成熟。树势中庸，幼树结果早，极丰产，以短枝结果为主，在自然授粉条件下，全部坐单果，故而果实分布均匀。抗逆性强，抗寒抗旱耐瘠薄，对病虫害抗性强。

（3）美丽李 又称盖县大李子。原产于美国，20 世纪 50 年代传入我国，首先在辽宁盖县发展。果实近圆形或心形；平均单果重 87.5 克，最大单果重 156 克；果皮底色黄绿色，着鲜红色至紫色，果皮薄，充分成熟后能够离皮，果粉较厚，灰白色；果肉黄色，质地硬脆，充分成熟后变软，纤维细而多，汁极多，味酸甜，具浓香；离核或半离核。在河北省易县，果实 6 月底成熟。树势中庸，2～3 年结果，4～5 年进入盛果期，自花不结果，需要配置授粉树，可用大石早生等品种作授粉树。抗旱抗寒能力强，抗病性较弱。

（4）黑琥珀 辽宁省科委从澳大利亚引进。果实扁圆形，果顶稍凹；平均单果重 101.6 克，最大单果重 158 克；果皮底色黄绿，着黑紫色，果粉厚，白色；果肉淡黄色，近皮部有红色，充分成熟后果肉为红色，肉质松软，纤维细而多，味酸甜，汁多无香气，品质中上等。在河北省廊坊市，果实 8 月上旬成熟。树势中庸，树姿不开张，以短果枝、花束状果枝结果为主，2～3 年开始结果，4 年后进入盛果期，丰产性好，抗旱能力强，适应于较干旱地区栽培。

（5）黑宝石（布朗李） 原产于美国加州，引入我国后表现良好。果实圆形，平均单果重 72.2 克，最大单果重 127 克；果皮紫黑色，果粉少；果肉乳白色，质地硬而脆，汁多味甜离核，核小。在河北省昌黎县，果实 9 月上旬成熟。树势强健，花粉多，自花结实能力强，极丰产，2 年开始结果，4 年进入盛果期，抗寒性强，特别耐贮运，在常温下可存放 1 个月，低温下可存放 6 个月。

（6）尤萨李 河北省农科院昌黎果树所从美国引进。果实椭圆形，果顶圆平；平均单果重 135 克，最大单果重 150 克；果面全部蓝黑色，果粉厚，果皮薄；果肉橙黄色，肉质硬韧，汁多味浓甜；核小，半离核；品质上等。在河北省昌黎县，果实 9 月中旬成熟。树势强，树姿直立，萌芽率高，成枝力强，以短果枝和花束状枝结果为主。抗病虫害能力强，果实极耐贮运，是优质、大果、丰产的晚熟优秀李品种。

(7) 蓝蜜李（罗马尼亚李） 是欧洲品种，引入我国后表现良好。果实卵圆形；平均单果重 110 克；果顶圆平，果面全部蓝黑色，果粉厚，灰白色，果皮厚；果肉黄色，纤维少，果汁多，味甜，核小，离核。品质上等。在河北省昌黎县，果实于 9 月下旬成熟，耐贮运。树势强，以短果枝和花束枝结果为主，极丰产。抗病虫害能力强，是优秀的晚熟型李品种。

4.2.3.3 李嫁接砧木的种类与培养

(1) 砧木的种类 李的砧木可以采用杏属、桃属、李属以及樱属的野生种。

① 杏 杏树砧木包括山杏及部分杏树野生种，与中国李和欧美李嫁接均易成活，嫁接后生长良好。杏砧木抗寒力强，耐旱。砧木可用种子繁殖，根蘖少。嫁接李树后寿命比桃砧木嫁接的长，缺点是耐涝性差。

② 毛桃和山桃 毛桃和山桃砧木与中国李的嫁接亲和力强，与欧洲李嫁接亲和力较差。嫁接成活后生长快，结果早，果大质优。但寿命不如杏砧木和李砧木。毛桃砧木抗旱、抗寒力比山桃差，而耐涝力强。

③ 中国李 中国李砧木嫁接李的各个品种，嫁接亲和力强，嫁接后生长良好，寿命长。适应于在比较黏重而低湿土壤中种植，也适应于温暖湿润的地区栽培。对根瘤病抗性较强，抗旱性弱。结果一般偏小，味较酸，品质不如毛桃砧。

④ 毛樱桃 毛樱桃是中国李系统李树的良好砧木，对嫁接李树有明显的矮化作用，能够使嫁接树结果早，丰产稳产，无早衰现象。毛樱桃能够促进李树花束状果枝的形成，提高李树的坐果率，为丰产稳产打下基础。但抗旱、耐涝性差，嫁接后李果实较小。

(2) 砧木的培育 砧木的种子要从生长健壮、丰产、稳产、品质优良、无病虫害的母树上采收，要待种子充分成熟后再采收，采后将种子从果实中取出，适当晾干。以上砧木的种子都需要进行沙藏才能够发芽。

培育以上几种砧木实生苗的种子，需要沙藏才能够发芽。沙藏前，用清水将种子浸泡2～3天，捞出后与5倍的细沙混合。在背阴处挖深80厘米的沟，宽度和长度根据沙藏种子的多少而定。先在沟底铺一层10厘米厚的沙，将种子和沙的混合物放入沟内，到离沟面40厘米处，上面覆盖细沙到地面，覆盖一层塑料膜，上面再盖上一层20厘米厚的土，使覆盖的土壤高于地面，防止积水。沙藏到春季气温回升，有三分之一的种子露白时，即可以把种子取出进行播种。

播种前要用50%苯菌灵拌种，每千克种子用药15克。播种时期一般在3月下旬，不同地区，根据具体情况提前或延迟播种。苗床要在背风向阳处，翻耕后耙细整平并进行消毒。按50厘米的行距、10厘米的株距点播。现在育苗均采用营养钵，可以10厘米×10厘米的营养钵育苗，先配制营养土，采用土壤和腐殖土1∶1的比例混合，按1%的比例加入杀菌剂进行营养土的消毒，消毒剂可用高锰酸钾、福尔马林、多菌灵等。将配制好的营养土装入营养钵，装到离营养钵上口3厘米处即可。把装好营养土的营养钵按每行6～8袋一行整齐排列，然后将已发芽的种子每个营养钵播入一粒，使种子嵌入营养土里不露出即可。播后盖上稻草或松针保湿，也可以用遮阳网覆盖。最后就是浇水管理，每天喷水1～2次，将营养土喷湿即可。经过催芽并已经发芽的种子，一般1周的时间即可出苗，出苗后加强水肥管理，并注意杂草的防除和病虫害的防治，生长3个月就可以进行芽接，或者到生长季结束，翌年春季进行枝接。

4.2.3.4　李树苗期嫁接技术

（1）生长季芽接　李树生长季芽接可以在8月中下旬，这时，砧木的形成层非常活跃，接穗也多，砧穗双方都容易离皮，可进行不带木质部的“T”字形芽接。接后为了防止雨水浸入，也便于操作，用塑料条绑扎时，不必露出芽和叶柄，从下而上将接口部位全部绑扎起来。这种嫁接方法成活率极高，嫁接速度快。接后不剪砧。到第二年春季，在接芽上面 0.5 厘米处剪砧，并除去塑料条，促进接芽的萌发。

（2）春季枝接　在李树育苗的苗圃地可以进行春季枝接，嫁接的方法多采用切接法或劈接法。接穗嫁接之前先进行蜡封，嫁接时根据所选择的方法进行，一般来说切接法操作比较方便，嫁接速度快，成活率高。成活后及时管理，抹除砧木上的萌芽，接穗上只留 1 个芽萌发的枝条，其他芽或枝条全部疏除，到生长季结束时嫁接苗可以生长到 1 米左右的高度。

（3）“三当苗”的培育　“三当苗”是指当年培育砧木、当年嫁接、当年出圃的苗木。李树“三当苗”的培育最好在大棚里采用营养钵育苗繁殖砧木。在大棚可以在 3 月上旬播种砧木，出苗后给予较好的水分管理，2 个月后，砧木直径达到 0.5 厘米时就可以进行嫁接。由于这时砧木和接穗都很嫩，皮很薄，不宜采用“T”字形芽接，要采用带木质部的嵌芽接，容易操作，嫁接速度快。在嫁接前 7 天，要对砧木苗追一次速效氮肥，促进树液的流动，提高嫁接成活率。嫁接后不要立即剪砧，接后 8～10 天，接芽愈合成活后，在接芽上方 2～3 厘米处折砧，将砧木木质部折断，树皮保留不断，使砧木失去顶端优势，也可以在接芽上方 10 厘米处断砧。如果剪砧过短，接芽会枯死。嫁接成活后，剪砧合理，并抹除接芽以下的砧木萌蘖和萌芽，结合较好的水分管理及病虫害防治，到生长季结束时，嫁接苗能够生长到 60～80 厘米高，形成比较理想的壮苗，能够出圃。

4.2.3.5　李大树高接换种

对于野生的山杏、山樱桃、中国李、山桃和毛桃的大树，都可以采用高接换种的方法嫁接李的优良品种；对于市场上滞销的李品种，可以采用高接换种的方法，将其改造成为市场上畅销的优良品种。

高接换种是采用多头高接的方法，一般采用春季枝接，在砧木芽萌动而为展叶的时期。接穗在接前进行蜡封，接穗要选择徒长性果枝或长果枝。嫁接的方法可以采用插皮接，接口处直径在2～3厘米，也可以采用劈接法进行嫁接。接口小的，每个接口接1个接穗，对于较大的接口，可插2个以上接穗，接后用塑料条绑扎，接口大的套上塑料袋。采用多头高接换种，第二年就可以恢复树冠，并有少量结果，第三年就可以大量结果。

4.2.4 樱桃的嫁接技术

樱桃（*Cerasus pseudocerasus* Lindl.）是蔷薇科樱桃属落叶小乔木，全世界约有120种，作为果树栽培的种类有中国樱桃、欧洲甜樱桃、欧洲酸樱桃3种，可供砧木用的还有马哈利酸樱桃、毛樱桃、山樱桃和沙樱桃。中国樱桃是我国栽培历史悠久的果树，已有3000多年的栽培历史。

樱桃果实发育期短、上市早，是成熟上市最早的木本果实，有“春果第一枝”的美称。樱桃果实外观美丽，味道甜美，具有较高的营养价值、药用价值和观赏价值。樱桃适应性强，栽培成本低，经济效益高，对发展农村经济具有重要的意义。

樱桃果实除了供鲜食之外，还可以加工成樱桃汁、酒、酱、什锦樱桃、什锦蜜饯。酒香樱桃、糖水樱桃、樱桃果脯、小点心等20余种加工产品；樱桃根、枝、叶、果实、核均可入药；樱桃树可以作为优良观赏美化树种；樱桃是优良的蜜源植物；樱桃木材质地坚硬，磨光性能好，可用于制作家具；种子含油量高，是制作肥皂、油漆和涂料的原料。

4.2.4.1 樱桃嫁接的意义

我国樱桃的栽培比较分散，品种差别较大，有些地方种植的还是果个小、品质差的小樱桃，经济效益较低。如果将这些品质不理想的樱桃品种通过高接的方法进行换种，能够提高5～6倍的经济收益。就品质优良的樱桃市场价来看，目前基本是在每千克20～30元或者更高，在大城市高达50～80元/千克，销售价格比世界主产国高2.5～5倍。因此，樱桃的高接换种以及优良品种幼苗的繁殖就显得十分重要，而这些工作均要通过嫁接的方法来实现。

4.2.4.2 樱桃部分新优品种介绍

(1) 意大利早红 原产于法国，中国科学院植物研究所从意大利引进。果实短心形，紫红色，平均单果重9克，最大单果重12克；果肉红色，肉质厚而细腻，汁液多，甜酸适口，品质上等。无果核。在北京地区，果实于5月中下旬成熟，比红灯早3～5天，果实发育期35～40天。树势强、抗旱、抗寒、适应性强，自然结实率低，适宜保护地栽培。

(2) 红灯 由大连农科所选育而成。果实肾形；平均单果重8～9克，最大单果重13克；果顶平，果肩明显，果柄短粗；果实紫红色，有光泽；果肉紫红色，品质上等。果实发育期为45天，在北京地区5月下旬成熟。耐贮运。树势强，大枝条直立，幼树成枝较晚。一般5年开始结果，后期丰产性好。有自花结果的能力。授粉树品种以红艳、红蜜、先锋为好。

(3) 红艳 大连市农业研究所选育而成。果实心脏形；平均单果重7克，最大单果重10克；果柄较细长，果面色淡黄，70%阳面着鲜红色，有光泽；果肉淡黄色，肉质细，汁液较多，味甜。果实发育期为45天，在北京地区5月底成熟。树势开张，小枝较细，结果期早，品质优良，丰产性好。授粉树为红灯和红蜜。

(4) 龙冠 中国农业科学院郑州果树研究所选育而成。果实圆形，鲜红色；果肉紫红色，汁液较多；平均单果重6.8克。在郑州地区，果实于5月中旬成熟。树势强健，抗逆性强。自花结实力强，坐果率高，适合在中原干燥气候地区发展。

(5) 红蜜 大连市农科所选育而成。果实宽心脏形；平均单果重6克，均匀整齐；果皮底色为黄色，50%阳面有红晕，呈鲜红色；果肉较软，多汁，极甜。核小，粘核。果实发育期为45天，在北京地区于5月底成熟。树势中庸，树冠中等偏小。容易形成花芽，坐果率很高，极丰产。

(6) 拉宾斯　加拿大樱桃品种。果实近圆形或卵圆形；平均单果重7克；果柄中长；果面底色淡黄，全面着紫红色，富光泽；果肉黄紫红色，硬脆多汁，风味酸甜，品质上等。果实发育期为65天。耐贮运。花粉量大，自花结实能力强，能早期丰产。抗裂果，产量稳定。

4.2.4.3　樱桃嫁接砧木的种类与培养

(1) 砧木的种类

① 中国樱桃　通称小樱桃，是我国普遍采用的一种樱桃砧木。北自辽宁南部，南到云南、贵州、四川各省都有分布，而以山东、江苏、安徽、浙江为多。中国樱桃为小乔木和灌木，分蘖力极强，能够自花结实，适应性广，较耐瘠薄和干旱，但不耐涝，根系较浅，须根发达。作为砧木，所嫁接的苗木根系的深浅、固地性的强弱，不同种类之间有所差别。种子数量多，出苗率高，扦插也容易生根，嫁接成活率高，结果早。但根系浅，遇到大风易倒伏。较抗根癌病，但病毒病较严重。

② 山樱桃　又名青肤樱、山豆子。果实极小，没有经济价值，不宜作为生产利用的品种。但可以作为樱桃嫁接的砧木。山樱桃主要用种子进行繁殖，硬枝扦插不易生根，嫩枝扦插容易生根。用山樱桃实生苗嫁接甜樱桃，亲和力强，根系发达，抗寒性强，嫁接苗生长势旺盛，但易感染根癌病。

③ 毛把酸　这是欧洲酸樱桃的一个品种，1871年由美国引入我国烟台，在山东省福山、邹县发展，新疆南部也有栽培。为灌木或小乔木，树冠矮小，树势强，叶片小。果实黑紫色，平均单果重2.9克，扁圆形，果皮厚，易剥离，肉质柔软，味酸，有一定的经济价值。种子发芽率高，根系发达，固地性强。实生苗主根粗，须根少而短，与甜樱桃嫁接亲和力强，嫁接树生长健壮，树冠高大，为乔化砧木。丰产，长寿，不易倒伏，耐寒力强。但在黏性土壤中生长不良，并且容易感染根癌病。

④ 考脱（Golt）　英国东茂林试验站1958年用欧洲甜樱桃和

中国樱桃杂交育成。通过鉴定无病毒的无性系砧木。嫁接甜樱桃定植后4～5年，树冠大小与普通砧木无明显区别，以后随着树龄的增长，表现出矮化效应。我国1984年从意大利引进考脱砧木进行实验室组织培养快速繁殖，嫁接甜樱桃表现良好。

（2）砧木的培育

① 实生苗培育　嫁接樱桃的砧木如中国樱桃、山樱桃、毛把酸樱桃、红肉马哈利樱桃都可以种子繁殖实生苗。在育苗播种前，这些种的种子都需要进行冬季沙藏，催芽后播种。播种可以采用苗床条播，按30厘米的行距开沟，将催过芽的种子按5厘米的株距播种，播后覆土3厘米，然后用稻草或遮阳网覆盖，浇水管理，10天左右就可以出苗。

实生苗砧木根系比较发达，但因为种性不同，变异性较大，还常带有病毒，嫁接苗定植后有逐年不同程度的死苗现象。所以，目前为了提高樱桃苗的质量，砧木大多采用无性繁殖的方法繁殖，而后进行嫁接，能够得到遗传性一致的樱桃苗。

② 压条繁殖　各类樱桃在母树基部靠近地面的位置，都能够萌生出很多萌蘖，可以将这些萌蘖枝条进行压条或分株繁殖。采用普通压条法：把植株基部萌发的枝条压入土里，在6月份当萌蘖枝条生长到50厘米时操作，在压入土壤的位置进行刻伤、环剥、扭伤、折枝的方法促进生根，顶梢露出土面，埋入土里的受伤部位能够长出不定根。一般到翌年春季萌发前挖出，带根移栽。堆土压条法：在春季的时候将主干进行重剪，等长出萌蘖枝条后在基部培土，到萌蘖基部长出不定根后，切割分别栽植。水平压条法：将植株基部的萌蘖枝条水平引入土里，向下生长的侧枝剪除，保留向上生长的枝条，使其露出土面，到茎节上长出不定根后切割分别栽植。

③ 分株繁殖　在萌蘖枝条的基部进行刻伤、环剥、扭伤、折枝等受伤处理，然后培土，等生根后将已生根的萌蘖枝条从母株上带根切割下来进行栽植。压条法和分株法繁殖的植株，能够保持母

株的特性，做到就地取材，但不足之处是不能够大量育苗，植株整齐度较差。

④ 扦插繁殖　扦插繁殖有硬枝扦插和嫩枝扦插两种。对于扦插容易生根的种类，可以进行硬枝和嫩枝扦插；生根比较困难的树种，硬枝扦插不易成活，可以进行嫩枝扦插。对于硬枝扦插，可以采用倒插催根的方法来提高扦插生根率。在 2 月中下旬，将扦插的插穗剪成 20 厘米左右的长度，50 根一捆或 100 根一捆捆扎起来，将下口用浓度为每升 100 毫克的 ABT 生根粉浸泡 4～6 小时。将浸泡后的插穗成捆倒放于背风向阳的沟里，相互挤在一起，要使露出部分的剪口平齐。用细沙把枝条间的缝隙填满，适当浇水，使沙和枝条充分接触。插条上面覆盖 6～8 厘米厚的湿沙。最后搭塑料膜小拱棚，高度 20～30 厘米即可。这样倒放插穗，由于地表的温度高，地表以下温度低，近地表处就会长出不定根，而地表以下由于温度低，加之缝隙都用沙填满，通气性不好，所以埋入沙中的部分不会萌发或萌发较少。近地表处的剪口在 15 天左右就会出现愈伤组织，20 天左右全部插穗都可以产生愈伤组织，30 天左右地表处的剪口处就会长出 1～1.5 厘米长的新根。长根后就可以将插穗取出进行扦插。

4.2.4.4　樱桃树苗期嫁接技术

根据樱桃嫁接砧木在苗圃的生长情况和要求出圃的时期，嫁接的时期可以选择三个时期进行，采用不同的嫁接方法，进行樱桃苗木的嫁接培育。

(1) 夏季嫁接　采用压条和扦插的砧木苗一般比较小，当年不能嫁接，到第二年夏季就可以进行嫁接。嫁接的时间主要在 6 月中旬到 7 月上旬，这时接穗开始木质化，可以剥取芽片，砧木也生长到可以嫁接的粗度，完全可以进行嫁接。嫁接的方法采用方块芽接，削取的芽片大，砧穗双方形成层接触面大，嫁接后容易成活，并且嫁接后容易萌发。夏季嫁接后不剪砧，只对砧木进行摘心，控制其生长，这样可以利用接芽以上的砧木叶片所制造的有机养分来促进愈伤组织的生长和砧穗双方的愈合。嫁接10天后，在接芽上方1厘米处将砧木剪断三分之一并反折，使部分木质部和韧皮部保持连接，折砧后可促进接芽的萌发。嫁接成活后，接穗能够生长3个月，达到当年出圃的苗木标准。

(2) 秋季嫁接　营养繁殖的砧木，在夏季达不到嫁接的粗度，或者是在春季播种的实生苗砧木，可在秋季进行嫁接。一般在8月中下旬到9月上旬进行。这时雨季已过，气温适合，采用芽接成活率较高。嫁接方法可采用“T”字形芽接。由于樱桃接穗经常有些弯曲，芽有些凸起，“T”字形芽接的时候，芽片要尽量切削得大一些，这样，即使在接芽隆起的情况下，有些接触面也比较大，不至于影响嫁接成活率。

樱桃砧木和杏树的砧木一样，比较容易流胶，因此在用塑料条绑扎嫁接部位时，要把芽和叶柄露出来，如果全部封闭捆绑，流胶会浸入芽中使芽变黑，这样，芽在翌年就不能够萌发。由于嫁接时间比较晚，嫁接后当年不萌发，到第二年春季，在接芽以上0.5厘米处剪砧，并解除塑料条。再生长一年，就可以形成两年根一年苗的壮苗。

(3) 春季嫁接　砧木在第一年因为种种原因而生长缓慢，秋季达不到嫁接的粗度，可到翌年春季再嫁接，也有的是在秋季芽接没有成活的，也可以在翌年春季补接。春季嫁接主要在3月份，砧木芽萌发之前进行，嫁接的方法可采用嵌芽接，嫁接后，在接芽以上1厘米处剪砧，使芽有顶端优势促进萌发。也可以采用劈接、切接、合接等枝接方法嫁接，如果树液已经开始流动，砧木可以离皮则采用插皮接的方法进行嫁接，嫁接前对接穗进行蜡封。枝接速度没有芽接快，但砧木较粗时，还是应该采用枝接。嫁接成活后，嫁接苗生长一年，就可以形成两年根的壮苗。

4.2.4.5 樱桃大树高接换种

我国小樱桃分布很广，果实小，品质差，不耐贮运，经济效益不高，而且成熟期集中，采摘费工困难，可将这些小樱桃通过高接换种的方法嫁接成为大樱桃。嫁接后 1～2 年内对产量会有一些影响，到第三年就可以大量结果，产值可提高 5 倍以上。另外，在不少中国樱桃产区，还没有栽培欧洲大樱桃，这些地方可以引种甜樱桃，采用高接换种，改造原有的中国樱桃品种。在引种时应该进行试验而后推广。

樱桃高接换种的接穗选用品种优良的甜樱桃的一年生营养枝，要求节间短，生长充实，髓心小，不要用细弱的结果枝作为接穗。接穗可以结合冬剪采集，采用后的接穗在低温条件下贮藏。樱桃枝条上的芽容易萌动，在 5℃下，湿度较大时，芽就会萌动膨大，达到 10℃时接穗就发芽，已经萌发的枝条就不能够作为接穗用于嫁接。所以接穗的贮藏必须在特别阴冷的地方贮藏，并用沙掩埋。

我国樱桃一般都是大树，高接换种时就必须采用多头嫁接，为了能够尽快恢复和扩大树冠，嫁接头数要多一些，5 年生的树木，接 10 个头，10 年生的树木接 20 个头。嫁接的方法是，中等大小的接口，采用插皮接，每个接口接 1 个接穗，接穗要蜡封，嫁接后用塑料条绑扎封严，同时捆绑固定接穗。较大的接口，用较为粗壮的接穗，小一些的接口，用细一些的发育充实的接穗，砧木的裂口比较小，有利于嫁接成活。接口较小的砧木，可以采用合接、切接和劈接等的枝接方法进行嫁接。嫁接成活后，要注意砧木萌蘖的疏除，高接换种时，砧木地上部分保留得比较多，萌蘖也特别多，所以需要多次除萌。另外，还要绑支架固定萌发的接穗枝条，防止被风吹折。为了提早结果，对新梢要进行夏季摘心，以促进花芽的形成。

4.3　浆果类果树的嫁接技术

4.3.1　葡萄的嫁接技术

葡萄（*Vitis vinifera* L.）是葡萄科葡萄属落叶木质藤本植物，

在果树栽培时具有较高的价值。葡萄属共有70余种，其中有20种左右被直接利用为食用或砧木。葡萄具有结果早、生产周期短、产量高和经济效益好的特点。可以鲜食，制成葡萄干，又是制造葡萄酒的原料，市场需求量大，在国际上葡萄的栽培面积和产量仅次于柑橘，位居世界第二位。

4.3.1.1 葡萄嫁接的意义

我国的葡萄种植的品种结构很不合理，以巨峰为代表的大粒欧美品种占鲜食葡萄品种的产量比例较大，在国际鲜食葡萄市场上竞争力弱。目前，我国的葡萄栽培面积相对较小，有必要适当加以扩大，同时，要对现有的品种进行嫁接换种。在鲜食品种方面，重点发展无核、大粒、硬肉和耐贮运的品种，并要重点发展优质的酿酒品种。在发展葡萄新优品种、改造原有不理想品种的过程中，葡萄的嫁接起着重要的作用。

4.3.1.2 葡萄部分新优品种介绍

葡萄的新优品种很多，这里重点介绍新引进的无核葡萄和酿酒葡萄品种。

(1) 国外引进的无核葡萄

① 奇妙无核　美国育成的无核葡萄，属欧亚种。果穗中等大，平均单穗重500克；果粒长椭圆形，粒重6～7克，果皮浅黑色，厚度中等，不易与果肉分离；果肉白绿色，半透明，硬度中等，味甜，品质佳。7月中旬成熟，生长势强，抗病性、适应性均强。

② 超级无核　美国育成的大粒品种，属欧亚种，单挂果穗平均重600克；果粒圆形或短椭圆形，粒重6～8克，花后用赤霉素处理，平均单穗重可达860克，平均粒重11克；完熟时果皮深红色或紫红色，皮薄；果肉脆，多汁，肉质细腻而紧，酸甜适口，品质极佳，耐贮运。在杭州，果实于7月下旬成熟。树势中等，适应性较强，抗霜霉病。修剪时要注意中短梢配合，防止出现大小年结果现象。

③ 立川无核　日本育成的无核大粒品种，属欧亚种。单挂果

穗平均重 660 克；果粒长椭圆形，紫黑色，粒重 7～10 克；肉质紧密，酸甜适中，品质优良。果实在 7 月底到 8 月上旬成熟。树势生长势强，抗病性强。

④ 无核白鸡心　原产于美国，欧亚种。果穗平均重 500 克，果粒鸡心形；平均单粒重 7 克，在生长中用赤霉素处理后，可达 10 克左右；果皮薄而韧，淡黄色，充分成熟时为金黄色；不裂果，果肉硬而脆，略带玫瑰香味，香甜爽口，品质上等。在杭州，果实 8 月上旬成熟。树势旺，生产性强，抗病性中等，耐贮运。

⑤ 黑雷莎无核　玫瑰新育成的白色无核品种，属欧亚种。果穗平均重 500 克，粒重 5～6 克，在开花期使用赤霉素增大果粒时要尽量用低浓度，以免降低产量；果皮中厚，不易与果肉分离，味甜，有轻微玫瑰香味。果实 8 月中下旬成熟，在树上或采收后均极易保存。树势旺，适合大棚栽植。

⑥ 皇家秋天　美国育成的大粒无核品种，属欧亚种。果穗平均重 500 克；果粒卵圆形至椭圆形，完全成熟后为紫黑色，外被蜡质；平均单粒重 7 克，在开花期用赤霉素处理后，平均单粒重 12 克，平均单穗重 1000 克；果皮与果肉难分离，果肉黄绿色，半透明，肉质脆，味甜，品质上等。在杭州地区，果实 9 月中旬成熟，挂果期长。树势中等，适合中短梢修剪，抗病性中等。

⑦ 科瑞森无核　美国育成的带无核品种，属欧亚种。果穗平均重 500 克；果粒圆形至椭圆形，亮红色具白色果霜，平均单粒重 4 克（在开花期用赤霉素处理后可增加至 5 克）；果肉浅黄色，半透明，肉质较硬；果皮中等厚度，不易与果肉分离；味甜、低酸，品质极佳。在济南地区，果实于 9 月下旬至 10 月上旬成熟，挂果期长，耐贮运，抗病性及适应性强。

（2）酿酒品种

① 赤霞珠　原产于法国，果穗重 150～170 克，穗形松；果粒圆形，平均单粒重 2.2 克；果皮中厚，紫黑色；果肉软，多汁，出汁率 70%～80%。果实于 9 月上旬成熟。树势中庸，丰产性中等。

抗霜霉病、白腐病和炭疽病能力较强。该品种是全世界普遍栽培的优良酿酒葡萄品种，酿制的葡萄酒呈宝石红色，清香幽郁，酒质极佳。

② 意斯林　原产于意大利，别名贵人香、意大利雷司令。果穗平均重230克，平均单粒重2.2克；果皮薄，黄绿色；果肉软而多汁，出汁率70%～80%。果实9月上中旬成熟。树势中庸，抗病力中等，丰产性较强。该品种是酿制起泡葡萄酒和白葡萄酒的优质原料，酿制的白葡萄酒清香爽口、回味绵长、酒质优良。

③ 白雷司令　原产于德国，别名雷司令、莱恩司令。果穗平均重122克，果粒近圆形，极紧密，平均单粒重1.5克；果皮薄，黄绿色，阳面浅褐色，果面有黑色斑点，出汁率75%。果实9月上中旬成熟。该品种是酿制干白葡萄酒的优质原料，酿制的白葡萄酒为浅黄绿色，澄清发亮，果香浓郁，醇和爽口，品质优良。

4.3.1.3　葡萄嫁接砧木的种类与培养

我国葡萄的繁殖主要采用扦插法繁殖，由于葡萄扦插容易生根，而且能够保持品种特性，所以一般不用嫁接繁殖。近些年来，国外广泛采用嫁接繁殖，可以提高葡萄的抗虫（抗根瘤蚜）、抗涝、抗旱、抗寒、抗盐碱等特性。我国在生产上一般没有根瘤蚜的问题，但为了提高葡萄的抗性和加速发展葡萄良种，现在也广泛采用嫁接繁殖。嫁接所采用的砧木主要有以下几种。

（1）贝达　原产于美国，为美洲葡萄和河岸葡萄杂交后代，早年引入我国，不宜作为鲜食品种。抗寒性强，而且与栽培品种的嫁接亲和力良好。在华北、东北地区作为葡萄的抗寒砧木，近年来发现，在南方葡萄生产区，用贝达作为葡萄的抗湿砧木也有良好的适应性。

（2）华东8号　上海农科院园艺所用我国野生的华东葡萄和佳利酿杂交培育而成的一个葡萄砧木品种，1999年通过审定。这是我国自己培育的一个葡萄品种，为适合我国南方地区应用的乔化砧木。尤其适合嫁接一些生长势较弱的葡萄优良品种，可提高葡萄的抗性。

(3) SO_4 德国从冬葡萄与河岸葡萄杂交后代中选育的砧木品种，由法国引入我国。目前，是世界上各国广泛应用的抗根瘤蚜、抗根结线虫的葡萄砧木。生长旺盛，易扦插繁殖，嫁接亲和性良好。我国山东和浙江等地，已经应用于生产，其嫁接苗生长旺盛，抗旱、抗湿，结果早，产量高，嫁接品种成熟期略有提前的现象。

除了以上介绍的砧木外，还可以用山葡萄和中科院植物园（也就是香山植物园）培育的北醇葡萄作为砧木，这两个种的砧木可以提高嫁接葡萄品种的抗寒力，与葡萄嫁接亲和性表现良好。

4.3.1.4 葡萄树苗期嫁接技术

葡萄的嫁接育苗一般有两种方式：一种是先扦插繁殖砧木，而后再嫁接优种葡萄；另一种是将未生根的砧木枝条和接穗嫁接在一起，而后扦插，即把嫁接和扦插结合起来，是一种快速繁殖优种葡萄苗的嫁接方法。

在1～2月份，在温室中进行嫁接。嫁接的方法采用劈接法，砧木留2个芽，长度为10厘米，下口剪成斜面，上口平面，并沿中线向下劈口3厘米左右的接口；选择粗度与砧木相近的接穗，留1个芽，在芽的上面1厘米处剪断，在芽下面约5厘米处，按劈接接穗的切削方法，削两个马耳形的削面，使之成为楔形；把接穗削面插入砧木的劈口中，保持两侧形成层对齐，然后用蒲草或麻皮绑扎接口。嫁接完成后，把砧木的下端2厘米浸泡在10%的萘乙酸溶液中8～12小时，接口不能够浸泡，而后扦插。

在扦插的温室内制作苗床，深度15厘米，在底部铺上电热丝，电热丝上面铺2厘米厚的细土，在细土上面放置装有营养土的塑料条育苗袋（直径8厘米，高20厘米，无底），育苗带整齐摆放，每行摆放10～12袋，方便管理。将嫁接好的葡萄苗插入育苗袋中，深度几乎没顶。扦插后不要浇水，而采用表面喷水，水不能够渗到接口处，使接口处的土壤保持湿润即可。扦插完成后，地热丝加热，保持20～25℃。20天后，砧木下口长出很多愈伤组织并开始生根，嫁接处也长出愈伤组织，使砧木和接穗愈合，同时，接芽也开始萌发。1个月后，可以进行浇水等管理，地热丝停止加热。到4月中旬，将扦插生根并嫁接成活的苗移栽到大田，移栽时要多带土球。经过精细管理，到秋季就形成壮苗。

4.3.1.5 葡萄大树高接换种

葡萄植株有伤流液，汁液较多，伤流液主要在芽萌发之前多，芽萌发之后就减少，在有叶片的情况下，枝条伤口没有伤流液。因而，葡萄的嫁接一般不宜在春季芽萌发之前进行。另外，葡萄老枝树皮很厚，不宜离皮，不宜采用插皮接。再者，葡萄芽很大，而且隆起，所以芽接时要采用带木质部的芽接。

(1) 老蔓嫁接　较大的葡萄换种嫁接，为了节省劳动力和接穗，可在春季直接在老蔓上进行嫁接。为了减少伤流，嫁接的时间要晚一些，等到展叶后再嫁接，在嫁接时要保留一些基部生长的小枝作为“引流枝”，使伤流液通过接口下面的叶片蒸发，而不影响接口的嫁接。嫁接前要对接穗进行冷藏，嫁接时要蜡封。葡萄老蔓的嫁接，一般采用劈接法，接口用塑料条捆紧包严。接穗萌发后要控制“引水枝”的生长，到接穗大量生长后，可将“引水枝”剪除，以免妨碍接穗的生长发育。

(2) 嫩枝嫁接　先将老的葡萄蔓从基部短截，促进新枝的萌发，适当择优选留，抹除多余的芽，在5～6月份，嫩枝木质化程度较高时就可以进行嫁接，采用劈接法。在接口下要留5片左右的叶片，要控制叶片腋芽的萌发，萌发后及时抹除，以促进接芽的萌发生长。在进行嫩枝多头高接时，每个新梢都要接1个接穗。

(3) 带木质部芽接　对于粗度较小的砧木以及大砧木嫁接后生长出来的萌蘖，或者没有嫁接成活的砧木新梢，都可以采用带木质部芽接的方法进行嫁接。在秋季9月份，采用嵌芽接方法进行嫁接，嫁接后用塑料条将芽和叶柄全部封闭绑扎，不要剪砧，到冬初埋土后或不埋土地区的冬天，再进行剪砧，位置在接芽上面1厘米处。到翌年芽萌发后，保留接芽生长，把砧木上萌发的芽全部抹除。葡萄高接时枝蔓很多，适宜进行多头嫁接，可加速发展优良品种。

4.3.2　石榴的嫁接技术

石榴（*Punica granatum* L.）为安石榴科石榴属植物，作为栽培的只有1种。石榴适应性强，栽培和管理容易，结果早，丰产，经济效益较高。果实外形独特，色泽艳丽，籽粒晶莹，是人们阖家团聚、宴庆佳节、馈赠亲友的时令珍果，鲜食口味极佳。石榴含果汁36%～61%，可加工制成风味独特的高级清凉饮料，还可以酿酒和制醋，加工副产品可制成优质的动物饲料添加剂。石榴果皮、树皮及根皮含有20%以上的鞣质，可作为鞣皮工业和棉、麻等印染行业的主要原料。石榴的药用价值高，果实具有杀虫、收敛、润燥之功效，主治咽喉燥渴，久泄久痢等症；种子不仅营养丰富，酸甜爽口，还可以消食化积。果皮含有鞣质、生物碱等，有明显的收敛和抑菌作用，为治痢良药；根皮含有石榴碱，有驱虫的作用；叶片洗眼可除眼疾，捣碎外敷可治疗跌打损伤，还可以制成保健石榴叶茶。近代医学研究证明，石榴中含有鞣花酸、植物雌激素，具有抗癌、抗衰老、防治妇女更年期综合征的功效。

石榴树姿古雅，花繁久长，果实艳丽美观，是美化绿化的优良树种，也是庭院栽培、盆栽及制作高档树桩盆景的优良植物素材。石榴被誉为西班牙国花，我国有6个县市以其为市花。

4.3.2.1　石榴嫁接的意义

虽然我国的石榴栽培面积有了较大的发展，但依然存在品种良莠不齐、管理粗放、效益低下等问题，今后的发展趋势是品种良种化。在繁殖良种和良种改造过程中，嫁接的工作显得十分重要。

4.3.2.2　石榴部分新优品种介绍

我国的石榴品种资源在150个以上，其中食用品种140个、观赏品种10个以上。

（1）食用优良品种　食用石榴品种按果汁风味可分为甜石榴和酸石榴；按照颜色可分为红石榴和白石榴；按照籽粒口感分为普通硬籽石榴和软籽石榴。

① 泰山红石榴　果实大，近圆形；单果重400～500克，最大单果重750克；果皮鲜红色，果面光洁；籽粒鲜红色，粒大肉厚，平均百粒重55克，味甜微酸，仁小而软，风味极佳，品质上等。成熟期遇到雨水无裂果现象，果实耐贮藏。在泰安地区果实于9月上旬至10月初成熟。

② 蒙阳红　为泰山红的芽变品种。果实近球形，平均单果重517克，最大单果重1255克；果面鲜红色，光洁；籽粒大，肉厚，鲜红色，多汁，味甜微酸，核半软。9月中下旬成熟，结果早，丰产。

③ 大青皮甜　又称铁皮，原产于山东峄城。果实大型，扁球形，有6～7条纵棱，单果重340～490克，最大单果重1200克；萼半开；果皮青绿色，成熟后黄绿色；籽粒浅红色，汁多，味甜，品质极佳。在原产地9月上旬成熟，耐贮运。

④ 新疆大粒　新疆叶城、疏附地区的优良品种。果实大，圆球形，平均单果重450克，最大单果重1000克；果面光洁，鲜红色；萼筒长，萼片直立或闭合；籽粒大，鲜红色，百粒重52克，汁多渣少，味甜，品质优。在临潼地区9月中下旬成熟。

⑤ 玛瑙籽　安徽怀远产区良种。果实较大，多偏斜，果底突起明显，有棱；平均单果重250克，最大单果重520克；果皮薄，果面光洁，橙黄色，阳面有红晕；籽粒大，百粒重70克左右，浅红色，核软可食，汁多浓甜。当地9月下旬至10月上旬成熟，耐贮运。

⑥ 满天红甜石榴　河北元氏县优良品种。平均单果重350克，最大1000克；果皮光洁，底色黄白色，成熟后浓红色；籽粒晶莹，百粒重40～50克。当地9月下旬至10月初成熟。

⑦ 御石榴　陕西礼泉、乾县一带良种。果实特大，圆球形，平均单果重750克，最大单果重1500克；果皮较厚，果面光洁，浓红色；萼筒短直，萼片抱核；籽粒较大，百粒重30克左右，鲜红色；微酸略带甜味，品质中上等。当地10月上旬成熟。

⑧ 晚霞红 又名红鲁峪，陕西临潼晚熟品种。果实圆球形，平均单果重300克，最大单果重620克；果皮较厚，光滑，阳面具鲜红彩色；萼片直立闭合；籽粒较大，百粒重32克，鲜红色，核较软，味甜美；裂果轻，耐贮运。当地10月上旬成熟。

⑨ 大红酸 又名大叶酸石榴，陕西临潼著名品种。果实圆球形，平均单果重450克，最大单果重1250克；果皮厚，果面光洁，底色黄白充分成熟后果面鲜红色，极为美观；萼筒粗短，萼片完全闭合；平均百粒重37克，浓红色；汁多，风味浓酸；裂果轻，耐贮运。当地9月中下旬成熟。

⑩ 大红甜 又名大红袍、大叶天红蛋，陕西临潼著名良种。果实大，圆球形，平均单果重300克，最大单果重750克；果皮较厚，浓红色；萼片直立开张；籽粒大，百粒重37克，鲜红色；汁多味香甜，品质优。当地9月中下旬成熟。

⑪ 江石榴 又名水晶石榴，山西临猗县优良品种。果实扁圆形，平均单果重250克，最大单果重750克；果皮鲜红艳丽，洁净光亮；籽粒大，仁软，深红色，晶莹透亮，味酸，汁液多，品质极佳。果实9月中下旬成熟，耐贮运，成熟前遇到雨水易裂果。

⑫ 黑籽甜石榴 果实近圆球形，平均单果重700克，最大单果重1530克；果皮光洁；籽粒特大，黑玛瑙色，汁液多，味浓甜略带香味；果仁中软。9月下旬成熟，耐贮运。

⑬ 突尼斯软籽石榴 果实圆形，平均单果重406克，最大单果重650克；果面红色，光洁；籽粒红色，味甜，软籽。河南焦作8月上旬成熟。结果早，抗旱，抗病，一年生幼苗抗寒性稍差。

（2）观赏和盆栽优良品种

① 月季石榴 极矮生种。枝条细密而软，叶狭小，线状披针形。花色多为红色，也有粉红色、黄白色、白色。单瓣或重瓣。果实小，微酸，红色。花期长达5～7个月。适宜盆栽，不耐寒。

② 墨石榴 极矮生种。枝条细弱，紫褐色。叶狭小，披针形。花瓣鲜红色，花萼、果皮、籽粒紫红色。5～10月份不间断开花结

果，是盆栽及制作盆景的理想品种。

③ 牡丹红石榴　花极大，鲜红色，花瓣60～130片；平均果重208克，果皮底色黄绿，阳面有红晕，籽粒鲜红色。为观花观果优良品种。

4.3.2.3　石榴嫁接砧木的繁殖培养

石榴砧木的繁殖方法可采用扦插、播种、分株及压条方法进行，一般以播种和扦插繁殖为主。

(1) 播种繁殖　石榴的播种繁殖多用于盆栽观赏的种类。果实8～9月份成熟后采收，取出种子并除去外面的果肉后干藏。石榴的种子需要沙藏才能够发芽。将种子与5倍的细沙混合。在背阴处挖深80厘米的沟，宽度和长度根据沙藏种子的多少而定。先在沟底铺一层10厘米厚的沙，将种子和沙的混合物放入沟内，到离沟面40厘米处，上面覆盖细沙到地面，覆盖一层塑料膜，上面再盖上一层20厘米厚的土，使覆盖的土壤高于地面，防止积水。

到了春节播种时，把种子从沟中取出并与沙分离。已经发芽的种子可以直接播种，没有发芽的种子，用40℃的温水浸泡12小时，堆放于温度较高的地方，或放置于向阳处，每天喷水保湿催芽，表面覆盖塑料薄膜，几天后即能发芽，发芽后即可播种。苗床要在背风向阳处，翻耕后耙细整平并进行消毒。按50厘米的行距，10厘米的株距点播。现在育苗均采用营养钵，可以10厘米×10厘米的营养钵育苗。

(2) 扦插繁殖　石榴扦插硬枝扦插和嫩枝扦插均可。硬枝扦插在早春进行，嫩枝扦插在5～6月份进行，嫩枝扦插比较容易生根。插穗选用1年生健壮的枝条，剪成10厘米左右的长度，上部留叶3～4片，在消过毒并整平的苗床上扦插，插入深度5厘米左右，株行距为10厘米×10厘米。扦插后浇一次透水，大小拱棚覆盖塑料膜，在膜上覆盖60%的遮阳网，一般30天左右可以生根，生根率高。

(3) 分株繁殖育苗　石榴的分株繁殖，一般在春季和秋季进行，以春季效果更好，春季将带根的萌蘖枝条连根一起切割下来另行栽植。

(4) 压条繁殖 石榴的压条繁殖宜在生长季进行，可采用普通压条法、堆土压条法、水平压条法和高空压条法进行石榴的繁殖。

4.3.2.4 石榴树苗期嫁接技术

(1) 生长季芽接 石榴生长季芽接可以在8月中下旬，这时，砧木的形成层非常活跃，接穗也多，砧穗双方都容易离皮，可进行不带木质部的"T"字形芽接。接后为了防止雨水浸入，也便于操作，用塑料条绑扎时，不必露出芽和叶柄，从下而上将接口部位全部绑扎起来。这种嫁接方法成活率极高，嫁接速度快。接后不剪砧。到第二年春季，在接芽上面0.5厘米处剪砧，并除去塑料条，促进接芽的萌发。

(2) 春季枝接 在石榴育苗的苗圃地可以进行春季枝接，嫁接的方法多采用切接法或劈接法。接穗嫁接之前先进行蜡封，嫁接时根据所选择的方法进行。成活后及时管理。

4.3.2.5 石榴大树高接换种

对于野生的石榴大树以及市场上滞销的石榴品种，可以采用高接换种的方法，将其改造成为市场上畅销的优良品种。

高接换种是采用多头高接的方法，一般采用春季枝接，在砧木芽萌动而为展叶的时期。接穗在接前进行蜡封，接穗要选择徒长性果枝。嫁接的方法可以采用插皮接、劈接。接口一般较小为宜，接后用塑料条绑扎。对于较大的接口，可插2个以上接穗，接后套上塑料袋。

4.3.3 猕猴桃的嫁接技术

猕猴桃（*Actinidia chinensis* Planch.）是指猕猴桃科猕猴桃属落叶木质藤本植物。猕猴桃的果实酸甜适口，维生素C含量甚高，每百克可达420毫克，含有多种氨基酸，是一种营养价值高、能够增进健康的果品，因此很受国内外消费者的欢迎。

4.3.3.1 猕猴桃嫁接的意义

20世纪80年代以来，我国的猕猴桃栽植发展很快，到2001年，全国的猕猴桃栽植面积已发展到5万公顷，总产量达30万吨，主要分布在陕西、河南、四川、湖北、湖南和江西等省。我国猕猴桃的栽培虽然发展快，但与一些国外的优良品种相比较，耐贮藏性较差，果核大，肉质较粗，在国际市场上的竞争力不强。目前，我国已培育出耐贮性和品质极好的品种，为猕猴桃的良种化创造了条件。发展新品种，改造老品种，是猕猴桃发展的必然趋势，要实现这两个目的，就要通过嫁接的方法和技术来实现。

4.3.3.2 猕猴桃部分新优品种介绍

(1) 海沃德（Hayward） 由新西兰育成。除了中国之外，在世界上其他猕猴桃栽培国家都是主要的栽培品种，果实占世界猕猴桃市场的98%以上，几十年来经久不衰。近些年，来世界各猕猴桃生产国都试图打出本国的品牌，但还未选育出在综合性状上超过海沃德的品种。

海沃德猕猴桃果实广卵圆形或椭圆形，长6.4厘米，宽约5.3厘米，单果重80～100克；果皮绿褐色；果肉翠绿色，汁多味美，有香气。11月上旬成熟，适合于生食。果实美观，极耐贮藏，货架期长是其最大的优点。种植后3～4年开始结果，6～7年进入盛果期，亩产量2000千克以上。

(2) 金魁 湖北农科院果树茶叶研究所选育而成。植株生长强壮，耐旱，适应性强。定植后第二年结果，5年的大树亩产量1500千克。平均单果重100克，果实大而整齐一致，圆锥形，果面具棕褐色茸毛。果肉的可溶性物质和维生素C含量都超过海沃德，早果性、丰产性、果实大小和抗旱性都超过海沃德；贮藏性与海沃德相近，但货架期短。与国内的其他品种相比，是最耐贮藏的品种，其主要缺点是果面不光滑，不如海沃德美观，但果肉品质极佳，应该大力推广。

以上介绍的两个特优猕猴桃品种，都是晚熟而耐贮藏的品种。近年来，我国各地也选育出一批优良品种，例如，湖南吉首大学选育的米良 1 号；江苏徐州果园选育的徐香；湖南西峡县猕猴桃研究所选育的华美 1 号和华美 2 号；江西农业科学研究所选育的魁蜜；江西庐山植物园选育的庐山香；武汉植物研究所选育的武植 2 号和武植 3 号；中国农业科学院特产研究所育成的魁绿等品种，都是具有一定特色的优良品种。

4.3.3.3　猕猴桃嫁接砧木的种类与培养

(1) 砧木的种类　猕猴桃的各个种类是属于同属不同种的植物，可以相互嫁接。常用的砧木种类有美味猕猴桃、中华猕猴桃、毛花猕猴桃、狗枣猕猴桃、阔叶猕猴桃等。目前生产上用的品种大多以美味猕猴桃（海沃德、金魁等晚熟品种）和中华猕猴桃作为砧木。北方引种猕猴桃时，可选用当地抗寒性强的狗枣猕猴桃作为砧木，以增强抗寒性；福建省农科院果树茶叶研究所选用中华、毛花和阔叶三种猕猴桃作为砧木，分别嫁接中华猕猴桃和美味猕猴桃，结果表明，中华猕猴桃嫁接在三种不同砧木上，均表现良好的亲和性，生长状况几乎没有差异，而美味猕猴桃用阔叶猕猴桃为砧木，嫁接亲和性较差，萌芽和新梢生长量也低，与其他两种砧木嫁接时表现良好。新西兰嫁接猕猴桃时，大多采用布鲁诺和爱博特两个品种的实生苗作为砧木，主要是因为这两种砧木繁殖容易，生长势强，比海沃德实生苗作砧木表现好。

(2) 砧木的培育　猕猴桃的繁殖均采用种子繁殖实生苗。猕猴桃果实的种子小而多，一般每个果实中含有 200～1200 粒种子，千粒重为 1.3 克左右。只要采种期适宜，方法得当，很容易就能够获得优质的猕猴桃种子。

播种的时间选择在春季 3 月下旬，播前将种子暴晒 1 天，用每升 200 毫克的赤霉素溶液浸泡 5～8 小时，捞出后进行催芽。催芽的方法可采用湿沙催芽和纱布袋催芽，湿沙催芽是把种子与 5 倍的湿沙混合，置于发芽箱或温暖通风的室内进行催芽；也可以将用赤霉素处理过的种子装入纱布袋中，放置于温暖通风处，每天喷水保湿。在室温下，10左右发芽，然后就可以播种。

选择沙质的土壤制作苗床，翻耕后喷洒甲基托布津或多菌灵或高锰酸钾溶液对苗床土壤进行消毒，然后耙平耙细床面，将种子和催芽的细沙一起撒播于苗床上，覆盖2厘米厚的细沙后，再用稻草或松针覆盖床面。所有工作完成后，浇足水后，在苗床上面搭塑料小拱棚，温度过高时，小拱棚上要覆盖遮阳网。播后1个月就可出苗。如果是专门繁殖小苗时，可使用营养钵播种，方便管理和运输。

4.3.3.4 猕猴桃树苗期嫁接技术

猕猴桃的嫁接时期要根据砧木的生长情况而定，在春、夏、秋三季都可以进行嫁接。春季嫁接，在萌发前20～30天进行，嫁接成活后生长期长，当年就可以出圃；夏季嫁接宜在5月下旬到7月初进行，此时植株处于旺盛的生长阶段，接穗可用当年生长的半木质化枝条，嫁接成活后接芽萌发生长，当年能够成苗出圃；秋季嫁接在8月下旬到9月中旬进行，此时植株的生长已经放缓，但形成层很活跃，嫁接容易成活而不发芽，到翌年春季才萌发生长。猕猴桃苗期采用的嫁接方法有下列几种。

(1) 单芽腹接　猕猴桃芽大，芽垫厚，砧木皮很薄，所以不能够采用“T”字形芽接，在夏季和秋季的嫁接，最好采用单芽腹接法（具体操作方法参照第3章3.1.8中的相关内容）。嫁接时选用腋芽饱满、髓心小的枝条作为接穗，在砧木离地面10～15厘米处嫁接。插入接穗时要使接穗与砧木两侧的形成层都对齐，然后用塑料条绑扎。在6～7月份嫁接，绑扎时要将芽露出，砧木接口以下的芽片要保留，接口以上保留5片左右的老叶，其余嫩梢和嫩叶全部剪掉。嫁接15天左右，接芽就能够成活，这时，在接口以上1厘米处将砧木剪掉，促进接芽的萌发生长；在8～9月份嫁接时，接口以下的叶片要全部剪掉，绑扎时可以不露芽，也可以露芽，接后不剪砧，不能够刺激接芽萌发，到下一年春季在接芽上面 1 厘米处剪砧，并解除塑料条促进接芽的生长。

（2）单芽切接　春季嫁接，可采用单芽腹接法嫁接，但更为合适的是单芽切接（嫁接方法参照第 3 章图 3-39 和图 3-40）。嫁接部位在离地面 5 厘米处，接后用较宽的塑料条绑扎，把带单芽的接穗全部包裹。也可以用地膜剪成 5 厘米的宽度，用 30～40 厘米的长度，先把接口连同接芽全部包住，而后将地膜合并成绳，将芽以下的接口捆紧，最后在上一圈内穿过并拉紧即可。到芽萌发后，用小刀尖在接芽的上方将塑料膜刺一个小孔，使接芽萌发后能够伸出塑料膜外生长。

（3）室内根颈部位嫁接　初冬时节，将上一年播种的实生苗全部起苗并进行分级。能够嫁接的进行低温沙藏，准备嫁接；不能够嫁接的小弱苗，拣出后再进行培育。接穗也同时进行沙藏，到翌年早春 3 月上旬，集中在室内嫁接。嫁接可采用劈接法，嫁接部位在砧木的根颈部位，嫁接后用麻绳捆紧，而后集中栽植。嫁接的部位在砧木的根颈部，如果根颈部位较粗，可以在适合粗度的根上嫁接，因为猕猴桃的肉质根形成层活跃，愈伤组织形成得快而多，很容易嫁接成活。另外，绑扎材料不要使用塑料条，而是要用能够自然降解的材料（如蒲草、麻皮、麻绳等），因为嫁接部位栽植时在地表以下，接口完全埋入土里，所以不需要绑扎材料保湿，而只需要用其绑扎固定，为了避免解除绑扎物的困难，采用可自然降解的绑扎材料。

4.3.3.5　猕猴桃大树高接换种

猕猴桃的种植面积和数量已经不少，在已经种植的老树上，发展优种的方法就是采用高接换种的手段。高接的时期可在春季砧木萌发前 15 天左右进行，就是可以采用冬季从优良品种植株上剪下的枝条，沙藏到春季进行嫁接。嫁接的方法采用顶部切接、中部腹接，小枝则用合接。接后用塑料条将接口捆紧包严，露出接穗上的芽。

4.4 坚果类果树的嫁接技术

4.4.1 核桃的嫁接技术

核桃（*Juglans regia* L.）为核桃科核桃属落叶乔木。是主要的木本油料和食果果树。其经济价值很高，核桃仁可供榨油和食用；其木材坚硬、伸缩性小、抗击力强、不受虫蛀，用于制作木器、家具和高级胶合板；树皮、叶片可提炼鞣酸和烤胶；根可制成褐色染料；果壳可制成活性炭或加工成工艺品。

核桃在我国栽培区域非常广，有东部沿海、西北黄土区、新疆、华中华南、西南和西藏6个产区，分布范围广、栽培面积大，总产量居世界第一位。

4.4.1.1 核桃嫁接的意义

我国的核桃种植，除了云南地区的种植户习惯嫁接外，其他地区以前多用种子繁殖。种子繁殖的核桃树的后代分离明显，在果实形状、大小、壳的厚薄和含油量都不同，还混杂有不少的夹皮核桃，很难取仁，严重影响核桃果实的商品价值，在国际市场上失去竞争力。为此，要通过嫁接的方法，将混杂的种类改造成为优良的品种，提高核桃果实的商品价值，增加核桃种植的经济效益。核桃嫁接的意义虽然早已被人们所认同，但是由于核桃的嫁接在以前成活率比较低，严重影响了优良品种的推广和发展。随着嫁接技术的改进和发展，核桃的嫁接成活率已经有了很大的提高，为核桃品种的优化改良和优种的培育提供技术支持。

4.4.1.2 核桃部分新优品种介绍

核桃的栽培品种较多，有400多个。根据种植后结果的时间分为早实品种和晚实品种两大类，早实品种是播种后2～4年开始结果，晚实品种是播种后5～10年开始结果。根据种皮的厚薄又可分为纸皮核桃、薄皮核桃和厚皮核桃三大类。

（1）早实品种

① 薄壳香　北京市农林科学院林业果树研究所从引进的新疆核桃实生树中选出。果实长圆形，单果重12克；壳面较光滑，颜色较深，缝合线较窄而平；壳厚1.0厘米，容易取出整仁，出仁率60%左右；味香不涩。

该品种树势强健，树姿较开张，发枝力中等，较丰产。属于雌雄同熟型。适应性强，较耐干旱、耐瘠薄，耐枝干溃疡病，褐斑病发生率低。适宜在山地丘陵土层较厚地区栽培。

② 香玲　由山东果树研究所杂交选育而成的品种。果实卵圆形，壳面干旱，果个大小中等，单果仁重6.6克，出仁率60%～65%，取仁极容易，果仁色浅，味极佳。树势中庸，树姿直立，树冠圆头形；分枝力为1∶5.3，侧芽结果率为96%，每个果枝平均坐果率为1.1个。雄花先开，中熟品种。丰产优质，但对水肥要求较高，管理不善容易早衰。

③ 鲁光　山东果树所杂交育成。树势旺盛，树冠开张，半圆形。雄先型，中熟品种。分枝力为1∶4.7，侧芽结果率为85%，每条果枝平均坐果1.44个；坚果中等大小，长圆球形，壳面干旱，平均单果仁重6.25克，出仁率56%～68%，仁味油香。该品种特丰产，品质优良，适合于水肥条件较好的地方栽植。

④ 辽核1号　辽宁经济林研究所杂交育成。坚果中等大小，圆形，壳面光滑；平均单果仁重4.4克，出仁率53.85%，取仁易，仁色浅。树势较旺，直立，树冠圆柱形；分枝力1∶3.6，侧芽结果率79%，每个果枝平均坐果1.67个，雄先型，晚熟品种。丰产优质，适宜在北方地区大面积发展。

⑤ 辽核4号　辽宁经济林研究所杂交育成。坚果中等大小，略长圆形，壳面较光滑；平均单果仁重5.32克，出仁率50.6%，取仁极易，仁浅色。树势旺盛，树冠开张，半圆形；分枝力1∶6.8，侧芽结果率59%，每个果枝平均坐果1.6个；雄先型，晚熟品种。丰产优质，适应性强，适合于大力发展。缝合线窄而突起；平均单果仁重5克，出仁率53%，取仁容易，仁色浅，味佳。

树势较旺。

⑥ 中林 1 号　中国林科院林业研究所杂交育成。坚果中等大小，方圆形，壳面光滑，缝合线窄而突起；平均单果仁重 6.6 克，出仁率 53%，易取仁，仁色浅，味佳。树势较旺，直立，树冠长椭圆形；分枝力极强，为 1∶8，侧芽结果率 90%，平均每条果枝坐果 1.39 个；雌先型，中熟品种。优质丰产，抗病性强，水肥不足时有落果现象。

⑦ 中林 5 号　中国林科院林业研究所杂交育成。坚果中等大小，圆球形；平均单果仁重 6.0 克，出仁率 60%，易取仁，仁色浅，味佳。树势旺盛，直立，树冠长圆头形；分枝力为 1∶6.3，侧芽结果率 98%，平均每条果枝坐果 1.64 个；雌先型，早熟品种。优质丰产，抗病性强，水肥不足时坚果变小，但品质不变。

⑧ 陕核 1 号　陕西果树研究所实生选育而成。坚果中等偏小，近圆形，壳面光滑；平均单果仁重 7.9 克，出仁率 62%，易取仁，仁色浅，仁味香。树势较弱，树冠开张，半圆形，为短枝矮化型；分枝力极强，为 1∶8，侧芽结果率 47%，平均每条果枝坐果 1 个；雄先型，中熟品种。适应性强，丰产稳产。过于干旱时果仁会变小。

⑨ 西扶 1 号　西北林学院实生选育而成。坚果中等偏小，近圆形，壳面光滑；平均单果仁重 5.6 克，出仁率 52%，易取仁，仁色浅，风味佳。树势旺盛，树冠开张，圆头形；分枝力为 1∶4.1，侧芽结果率 90%，平均每条果枝坐果 1.29 个；雄先型，晚熟品种。抗病性强，丰产稳产。但肥力不足时坚果偏小，落花落果较重。

⑩ 温 185　新疆林科所实生选育而成。坚果中等偏大，圆球形；平均单果仁重 6.7 克，出仁率 54.2%，易取仁，仁色浅至中色，风味佳。树势旺盛，直立；分枝力为 1∶4.5，侧芽结果率 100%，平均每条果枝坐果 1.71 个；雌先型，早熟品种。极丰产，适应性强。但肥力不足时坚果变小。

（2）晚实品种

① 西洛 3 号　西北林学院与洛南核桃研究所合作，从商洛晚熟核桃中选育而成。树势健旺，似主干疏层形；雄先型，中熟品种。坚果中等大小，圆球形，果面光滑美观。出仁率为 56.64%，取仁极易，种仁饱满，可取整仁或半仁，味油香。适应性强，高产优质，抗病虫，适宜于秦巴山区及渭北旱塬地区“四旁”（即沟渠旁、路旁、地旁和房屋旁）栽培。

② 礼品 1 号　辽宁经济林所实生选育而成。坚果中等偏大，平均单果仁重 6.9 克，长圆形，缝合线平，果形美观整齐，壳极薄，约为 0.6 厘米厚；出仁率 67.3%～73.5%，极易取仁，可取整仁，仁色浅，风味油香。树势旺盛，树冠开张，树冠半圆形；分枝力为 1∶1.9，平均每条果枝坐果 1.2 个；雄先型，晚熟品种。该品种耐寒耐旱，适应性强，品质极佳，最宜作馈赠佳品。

③ 晋龙 1 号　山西林科所从当地核桃中选育而成。坚果较大，平均单果仁重 14.85 克，近圆形，壳面光滑美观；出仁率 61.34%，易取仁，仁味香。树势旺盛，树冠开张，半圆形；分枝力为 1∶6.9，平均每条果枝坐果 1.7 个；雄先型，中熟品种。该品种适应性广，抗病虫，抗旱，抗寒，品质上等，适宜于北方黄土高原地区栽培。

4.4.1.3　核桃嫁接砧木的种类与砧木和接穗的培养

（1）砧木的种类　我国核桃的砧木主要采用本砧，用核桃实生苗或实生树作为砧木，亲和力强，嫁接后生长和实生树相似。除了采用本砧之外，常采用的砧木还有以下几种。

① 铁核桃　在我国云南和贵州等地区，长期使用野生的铁核桃作为嫁接核桃的砧木。铁核桃坚果壳厚而硬，果型较小，取仁困难，出仁率低，为 20%～30%。壳面刻沟密而深，商品价值低。用铁核桃作为嫁接核桃的砧木，亲和力强，嫁接成活率高，愈合良好，无“大脚”、“小脚”和后期不亲和的现象，成活后核桃树寿命长。在我国核桃品种化过程中起到良好的示范作用。

② 核桃楸　核桃楸又叫秋子、山核桃。主要分布在我国东北和华北各省的山区，海拔达2000米以上。其根系发达，十分耐寒、耐干旱、耐瘠薄。壳厚而硬，难以取仁，出仁率20%左右，表面刻沟密而深，商品价值低。采用核桃楸嫁接核桃，会出现“小脚”现象，核桃树生长比较矮化，但双方亲和力好，嫁接成活率高，生长结果也很正常。用核桃楸为嫁接核桃的砧木还有一个优点，就是使幼苗提高了抗寒力，冬、春期间不抽条。但在东北高寒地区，实生核桃苗不能过冬，嫁接后虽然能够适当提高抗寒性，但地上部分还不能安全越冬。

③ 枫杨　枫杨又叫枰柳、麻柳、水槐树等。在我国分布很广，多生于湿润的山谷及河滩地。采用枫杨嫁接核桃历史悠久。我国1960年前后，大力推广用枫杨嫁接核桃，但大量的实践证明，枫杨嫁接核桃的成活率高，但保存率低。一般来说，嫁接的当年生长良好，第二年砧木萌蘖丛生，萌蘖枝条的数量极多，除之不尽，并且在冬季有明显抽条萌发的现象。第三年生长势减弱，一般3～5年之内逐渐死亡。这足以说明枫杨作为砧木嫁接核桃有明显的后期不亲和现象。所以，在生产上不宜推广应用枫杨作为砧木嫁接核桃。

除了以上砧木之外，有些地区的野核桃和麻核桃也可以作为核桃的砧木，只是资源较少。

（2）砧木的培育　核桃砧木一般采用本砧和铁核桃，繁殖方法基本相同，都采用播种繁殖的方法。播种时间可采用春播和秋播。

① 春季播种　春季播种要进行催芽，催芽的方法可以层积沙藏催芽和水浸催芽两种。

沙藏催芽：时间一般在11～12月份，北方要在土壤结冻之前。选择地势高燥、排水良好、背阴的地点，挖深60～80厘米、宽60～100厘米的沙藏沟，沟的长度根据种子的多少决定。先在沙藏沟底铺一层5厘米厚的湿沙，在湿沙上面均匀铺放一层种子，种子上面再盖上一层5厘米厚的湿沙，这样将沙与种子交替分层放入沙藏沟内，直到离沟上面20厘米为止，再在上面覆盖湿沙并高出地面20厘米，制作成屋脊状，最好盖上塑料薄膜，用土压住薄膜边缘，在沟两侧挖排水沟。另外，也可以将种子与5倍的湿沙混合后，放入沙藏沟，覆盖方法与上述方法相同。

水浸催芽：将用于播种的核桃种子放入桶、盆、缸的容器中，倒入常温清水，把种子全部淹没，每天换一次水，连续浸泡7～10天，到种子吸水膨胀并有部分种子裂口时，捞出种子控水，在太阳下暴晒2～4小时，大部分种子裂口时即可播种。

② 秋季播种　核桃的播种可以在秋冬季节将种子播在土壤里，进行自然催芽，到春季就能够出苗，减少了层积催芽的工序，节省了劳力，降低了育种成本。

如果为了培育幼苗进行移植或出售，可进行苗床育苗、大田育苗或营养钵育苗。采用苗床育苗，苗床做成1米宽，按30厘米的宽度开沟，将核桃种子按10厘米的株距播种，播种后覆土5厘米。播种时，要求种子的缝合线与地面垂直，种尖向一侧，胚根长出后垂直向下生长，胚芽向上垂直生长，苗木根颈部位平滑垂直，生长势强；如果种子尖朝上或朝下，缝合线与地面平行都会影响苗木的生长。一般每亩播种200～300千克，亩产12000～16000株。大田育苗不需要制作苗床，选择平整的土地，深耕耙平耙碎表土即可播种，播种密度与苗床育苗相同。采用营养钵育苗，有利于管理和方便运输，可选用20厘米×20厘米的营养钵，装入营养土后播种，营养土用腐殖土与普通土壤按1∶1的比例粉碎混合。按每钵1粒播种，覆土5厘米。

（3）培育采穗母树和建立采穗圃　核桃嫁接成活困难的主要原因之一是，自然生长的优良结果树上面没有质量高的接穗，因为在盛果期的核桃树没有生长粗壮的营养枝，特别是丰产的优树，全部都是鸡爪形的结果枝，这类结果枝的芽突出很大，枝条细而弯曲，髓心大，用作接穗进行嫁接时很难成活。解决这个问题，要采用以下措施和方法。

①培育采穗母树　确定作为采穗的优良母树，要对其进行重剪，将结果枝回缩到3年生枝条上，刺激萌发健壮营养枝。修剪时期在春季萌发时到展叶期，过早出现伤流，过迟会消耗过量的营养，减弱树势。在连年利用的采穗母树上，剪穗口要留3厘米左右的短桩，利于营养枝的萌发，使枝条分布均匀。采穗母树每年重剪，基本不会结果，只萌发生长营养枝，要加强水肥管理，使萌发枝生长旺盛，有利于嫁接成活。

②建立良种采穗圃　将嫁接成活的优良品种的种苗集中栽植在一起，行距2～3米，株距1～2米，每年进行修剪，不让其结果。这种专门供采集接穗的苗圃，叫采穗圃。采穗圃的建立对于核桃嫁接及建立优种核桃园特别重要。采穗母树每年萌发的枝条粗壮健康，髓心小，枝条直立而且较长，芽也比较小，芽的部位不隆起，这种枝条作为接穗最为合理，适合用于嫁接使用。

采穗圃的目的就是生产大量品种纯正的优质接穗，所以定植前，苗圃地要求细致整地，施足基肥。品种可以是一个也可以是几个，一定是生产性能优秀的品种。定植后第二年，每株可采穗1～2根，第三年可采穗3～5根，第四年可采穗8～10根，第五年可采穗10～20根。到不再使用接穗以后，可将采穗圃培养成为密植丰产核桃园。

4.4.1.4　核桃树苗期嫁接技术

核桃苗在苗圃地的嫁接，不同的时期可以采用不同的方法。

(1) 6月份芽接　砧木播种的当年因为种种原因达不到嫁接的粗度，不能够进行嫁接，到第二年春季进行平槎，砧木从根颈重新萌发新枝，在几个新枝中保留生长旺盛的枝条。到6月份，新枝已经半木质化，粗度和接穗相当，可以进行嫁接。接穗要从采穗圃或采穗母树上采集，选用木质化好、枝条直、芽较小、生长充实的营养发育枝。嫁接的方法可采用环状芽接或者方块芽接，芽片和砧木的有效接触面大，容易成活。嫁接后不要剪砧，只要对正在生长的砧木进行摘心，控制生长，保留砧木的叶片，有利于接口的愈合。

嫁接15天后，砧木和接穗完全愈合，接芽开始膨大，这时就可以将接芽以上的砧木剪除，以促进接芽的萌发，同时，对砧木上萌发的枝条全部都要抹除，使接穗生长加速。达到嫁接的当年成苗的目的。

（2）8月份芽接　当年播种育苗，在水肥管理较好的情况下，到8月中下旬就能够达到嫁接的粗度，就可以进行嫁接。接穗采自采穗圃或采穗母树，采集的接穗要求生长充实、枝条直且长、芽较小的营养生长枝，随采随接。嫁接的方法采用双开门的方块芽接或者单开门的方块芽接，这两种芽接方法，砧穗双方的接触面比较大，容易成活，比环状芽接的接触面小，所以接后芽不容易萌发。嫁接之后不剪砧，也不摘心，不影响砧木的生长，可保证接芽不萌发，以利于安全越冬。到第二年春季，在接芽之上1厘米处剪砧，并抹除砧木的萌芽，促进接穗的生长。

（3）春季嫁接　核桃砧木苗播种当年达不到嫁接的粗度，或者当年嫁接没有成活，平樣后萌发出来的枝条，可以到第二年春季进行枝接。对于2～3年生的较大的砧木，也适宜于春季枝接。接穗从采穗圃或采穗母树上采集粗壮、充实、髓心小、木质化程度高、芽比较饱满的枝条。一般在初冬剪切接穗枝条，冬季进行贮藏，到春季嫁接之前将枝条取出并进行蜡封。

核桃树的茎秆和枝条在截断伤口后会流出伤流液，大树的伤口伤流液比较多，而小苗的伤流液较少。为了控制和减少在苗圃嫁接时核桃砧木的伤流液，核桃苗圃春季不要灌水，在相当干旱时，核桃砧木截断后没有伤流液；另外，可以在嫁接前挖断砧木的部分根系，通过减少对水分的吸收来控制伤流液。嫁接的方法可采用切接法或劈接法，嫁接后用塑料条捆绑，嫁接成活后要及时除萌，加强管理，到秋季生长季结束时，嫁接苗就可以培养成为优质的苗木。

4.4.1.5　核桃大树高接换种

由于以前核桃的繁殖主要是采用实生繁殖，使后代的产量、品质、遗传特性表现极为不一致，其中有不少夹皮核桃、皮核桃等劣质种，需要进行换种；另外，为了野生资源的利用和改造，如核桃楸、野生核桃和铁核桃都可以用来嫁接。对于大砧木，都需要进行多头高接。

核桃高接换种时，对于较大的接口，一般采用劈接法进行嫁接；对于较小的接口，可采用合接法嫁接。因为核桃接穗比较粗壮，所以嫁接的时候一般不采用插皮接的方法进行嫁接。核桃嫁接成活后，生长旺盛，叶片大，容易被风吹断，所以嫁接的时候要采用多头高接，接口多，嫁接的接穗多，萌发后的生长势就弱一些，加上及时摘心，减少每个接头的生长量，避免被风吹断。另外，采用劈接法和合接法，成活后接口比较牢固，不易被风吹断。

通过以上的描述，以前人们认为核桃嫁接成活困难，其实，只要选择的接穗合适，并解决好伤流液对接口的影响的问题，核桃的嫁接也和其他果树和园林树木一样，很容易成活，成活率在95%以上。有人认为，核桃嫁接成活困难的原因是因为枝条中含有单宁会抑制砧穗的愈合，事实上，单宁的存在对核桃嫁接的成活并没有多大的影响，真正影响核桃嫁接成活的因素就是接穗的质量和伤流液的处理。

4.4.2 板栗的嫁接技术

板栗（*Castanea mollissima* BL.）为壳斗科（山毛榉科）栗属落叶乔木，树高13～26米，树冠半圆形，树皮深灰色，不规则纵裂；新梢上有短毛；叶片圆披针形至卵椭圆披针形，先端短尖，基部宽楔形或圆形，叶缘锯齿粗大，叶肉厚，脉粗，叶背有星状毛；雄花序长16厘米左右，雌花序着生在雄花序的基部，具针刺；总苞内有坚果1～3粒，果实大。扁圆形，种皮易剥离，肉质细腻，味甜，黏质或粉质；9～10月份成熟。实生树结果晚，7～8年开始结果，嫁接的板栗树结果早，嫁接后2～5年开始结果，15～20年进入盛果期，单株产量在10～25千克，管理条件较好，单株产量可达50～100千克。结果年限长，有些地区100年以上的板栗树仍然能够开花结果。

4.4.2.1　板栗嫁接的意义

我国以前栽培的板栗多为实生繁殖，后代严重分离。据北京怀柔区老板栗产区调查，大树单株产量超过25千克的高产树约占10%，低于2.5千克的低产树占15%，还有15%的板栗树基本不结果。从栗子的大小来看，坚果极不整齐，有20%的“碎栗子”，栗子很小，同时成熟期不一致。这就说明了实生树遗传性状分离及其严重。

近30年来，我国选育出一批优良品种，在嫁接方法上也有了创新，为板栗的良种化创造了条件。通过嫁接，可以发展成熟期一致、产量高、品质优、商品价值高的板栗新品种。板栗的实生树一般要10年左右才能够开花结果，而通过嫁接，可以提前结果，一般5～8年就可以大量结果。所以，板栗嫁接对新品种的培育和板栗的生产都具有重要的意义。

4.4.2.2　板栗部分新优品种介绍

(1) 燕山红　又名燕红、北庄1号。原株为40多年生的实生树，生长在北京昌平区北庄村，1974年初选时，单株产量41.5千克。坚果鲜红棕色，具有光泽，故称“燕山红栗”，目前在北京市郊区广泛发展栽培，河北省等地也有引种。总苞椭圆形，壳薄，刺束较稀，出实率高；坚果果面茸毛少；平均单果重8.9克，果肉甜，糯性；9月下旬成熟。树形中等偏小，树冠紧凑，结果枝比例高，早期丰产。嫁接后2年开始结果，3～4年大量结果，但在土壤瘠薄的条件下，易生独果，对缺硼土壤敏感。

(2) 燕昌栗　又名庄下4号。原株为50年生的实生树，生长于北京市昌平区下庄村，1975年选出。总苞椭圆形，刺束较密。坚果平均单果重9.6克，果皮红褐色；果肉香甜，富糯性，9月中旬成熟。树形中等，树势开张，枝条软，结果母枝连续结果能力强。该品种为早期丰产品种，内膛枝结果能力强，丰产稳产，空苞率低。在北京市郊区已大量发展，河北省也已引种。

(3) 银丰栗　又名下庄 2 号。原株为 90 年的实生树，生长于北京市昌平区下庄村银山，1975 年选出。总苞椭圆形，苞皮薄，出实率高，坚果平均单果重 6.9 克；果面棕褐色，有光泽；果肉香甜，富糯性；成熟期为 9 月下旬。树势强健，枝条短，雌花量多，结果母枝连续结果能力强，早期丰产，有内膛结果习性。在果实成熟前有少数栗苞提前开裂的缺点。

(4) 燕魁　又名 107。原株在河北省迁西县杨家峪村，1973 年选出，由于栗实在当地板栗中较大，故称燕魁。总苞大，坚果棕褐色，有光泽，茸毛中等，栗苞出实率高，空苞率低；单果重 9.25～10.74 克，果肉质地细腻，味道香甜。树势强健，能够早期结果，丰产，在高产试验中，幼树嫁接后 4 年，亩产量平均达到 380.79 千克。本品种已在河北省燕山地区大量推广。

(5) 早丰　又名 3113。原株在河北省迁西县杨家峪村，1973 年选出，因早期丰产，同时果实成熟期早，故称早丰。总苞小，皮薄；坚果皮褐色，茸毛少；平均单果重 8 克；果肉黄色，质地细腻，味香甜；果实在 9 月上旬成熟。树势强健，树姿开张，结果枝比例高，在丰产试验中，幼砧嫁接后 4 年，亩产量平均 333 千克。本品种早熟，结果早，丰产，抗病，耐干旱，耐瘠薄，在河北省长城内外燕山山脉已大量发展。

(6) 矮丰　又名大叶青。原株在河北省迁西县韩庄村，1973 年选出，叶片大，深绿色，故而又叫大叶青。总苞中等大，椭圆形；坚果深褐色，光亮，茸毛少。品质优良，成熟期 9 月中旬。树势健壮，早期丰产，幼砧嫁接后 5 年，平均亩产量达 371.52 千克。目前在燕山地区大量发展。

(7) 红光栗　又名二麻子。原产于山东省莱西县店埠乡，是山东省最小片栽植的品种，目前是山东省板栗的主要良种。总苞椭圆形，苞皮薄，出实率高；坚果平均单果重 9.5 克；果皮红褐色，油亮美观，故而称为红光栗；果实肉质糯性，细腻香甜，适宜炒食。果实 9 月下旬至 10 月上旬成熟，耐贮藏。树冠紧凑，幼树生长势强，树姿开张。嫁接后 3～4 年开始结果，通过密植丰产试验，每亩栽植 74 株，6 年生平均亩产 318 千克，表现丰产稳产。

（8）金丰　又名徐家 1 号。1969 年产自山东省招远县纪山乡徐家村，故而又名“徐家 1 号”，是山东省发展的主要品种。总苞中型，坚果小型，单果重 8 克；果皮红褐色，美观；果肉细腻、甜糯。幼树生长势旺盛，结果后生长势中等，树姿开张。结果期早，嫁接当年即可结果，能够早期丰产，成龄树亩产量 250 千克。本品种喜肥水，不耐瘠薄，立地条件差的地区空苞率高。

4.4.2.3　板栗嫁接砧木的种类与培养

（1）砧木的种类　板栗砧木，主要是实生板栗（本砧），但也可以用野板栗作为砧木。板栗砧木的名称比较混乱，有的地方把野板栗和毛栗都叫毛栗，也有人提出用锥栗可以嫁接板栗。

栗属四个种，嫁接板栗以板栗实生板栗为好，野板栗可以用来改接板栗，毛栗嫁接板栗极难成活。锥栗嫁接板栗成活率相当低，而且锥栗也可以食用，有较高的经济价值，所以一般不用于嫁接板栗。此外，我国还分布有许多野生栎树，如栓皮栎、槲栎、蒙古栎等，有人曾经利用它们来嫁接板栗，一般不能成活，有少数虽能够嫁接成活，但几年后逐渐死亡，这就说明属于后期不亲和。但也有例外，在北京石佛寺村，有两棵蒙古栎嫁接的板栗树，1966 年春季嫁接，至今还依然存活，生长结果都正常。

（2）砧木的培育　板栗砧木的繁殖可以用板栗或野板栗的种子进行播种，种子在越冬前需要沙藏在潮湿低温条件下，由于板栗的种子很容易发芽，所以在冬季一定要进行低温控制，到气温上升到 10℃左右才能够播种。板栗实生苗的播种可采用苗圃育苗和直播育苗两种方法。

① 苗圃育苗　选择地势平坦、较肥沃的沙质酸性土壤作为育苗地，做成宽 1～1.2 米的苗床，长度根据育苗量而定。土壤深耕后施入底肥，耙平耙碎，平整后喷高锰酸钾或福尔马林消毒。按行距 30～40 厘米、株距 10～15 厘米播种，种子平放，播后覆土 3～

4厘米。现在一般采用营养钵育苗，使用15厘米×15厘米的营养钵，装填好营养土后，整齐排列成1～1.2米的宽度就可以播种，播种时将种子压入营养土中3～4厘米处。

播种可在秋季种子采收后随采随播，到春季气温回升后就可出苗，也可以将种子沙藏催芽到春季播种。出苗后加强水肥管理，及时中耕除草和防治病虫害，到秋季或第二年春季就可以进行嫁接。

② 直播育苗　将种子直接播种到定植板栗树的位置，也就是按照建植板栗果园的株行距播种定植，建成实生板栗园，砧木出苗后不需要再移植。直播育苗，更要注意杂草和病虫害的防治。管理良好的情况下，当年就可以嫁接，也可以让实生树生长3～5年再嫁接。

4.4.2.4　板栗树苗期嫁接技术

(1) 6月份芽接　砧木播种的当年因为种种原因达不到嫁接的粗度，不能够进行嫁接，到第二年春季进行平槎，砧木从根颈重新萌发新枝，在几个新枝中保留生长旺盛的枝条。到6月份，新枝已经半木质化，粗度和接穗相当，可以进行嫁接。接穗要从采穗圃或采穗母树上采集，选用木质化好、枝条直、芽较小、生长充实的营养发育枝。板栗芽接方法一般要采用带木质部的芽接方法，一般采用嵌芽接，也可以采用带木质部的“T”字形芽接以及带木质部的方块芽接，大多情况下都采用嵌芽接。由于板栗砧木的木质部不呈圆形，而是呈齿轮形，因此不带木质部的芽接一般难以成活。嫁接后不要剪砧，只要对正在生长的砧木进行摘心，控制生长，保留砧木的叶片，有利于接口的愈合。接芽萌发后，就可以将接芽以上的砧木剪除，以促进接芽的萌发，同时，对砧木上萌发的枝条全部都要抹除，使接穗生长加速。达到嫁接的当年成苗的目的。

(2) 8月份芽接　当年播种育苗，在水肥管理较好的情况下，到8月份中下旬就能够达到嫁接的粗度，就可以进行嫁接。嫁接方法采用嵌芽接。嫁接之后不剪砧，也不摘心，不影响砧木的生长，可保证接芽不萌发，以利于安全越冬。到第二年春季，在接芽之上

1 厘米处剪砧，并抹除砧木的萌芽，促进接穗的生长。

（3）春季嫁接　板栗砧木苗播种当年达不到嫁接的粗度，或者当年嫁接没有成活，平槎后萌发出来的枝条，可以到第二年春季进行枝接。嫁接方法采用合接、切接或插皮接等。嫁接之前对接穗进行蜡封，嫁接成活后及时除萌，加强管理。

（4）3～5 年幼树的多头嫁接　对于采用直播法繁殖实生树直接建园的 3～5 年生的板栗幼树，为了进一步扩大树冠，达到既能够提早结果，又能够加速生长的目的，就需要采用多头嫁接的方法。如果将主干锯断只嫁接一个头，虽然嫁接后生长势较旺，但树冠明显缩小，营养生长过旺而不能够提早结果。多头嫁接的方法有多头芽接和多头枝接两种。

① 多头芽接　在秋季后期，一般在 9 月份，板栗树的生长基本停滞的时候进行嫁接，嫁接的方法采用带木质部的嵌芽接，嫁接部位在新梢基部。如果新梢数量不多，而且都比较粗壮，则每一个新梢都要进行嫁接，可以接 10 个头左右。如果新梢过多，则要选择枝条粗壮的枝条嫁接，而细弱的枝条不嫁接。接后不剪砧，不能够影响砧木的生长，能够安全越冬，到翌年春季，在接芽上方 1 厘米处剪砧，并把塑料条解除，注意除萌以促进接芽的生长。

② 多头枝接　多头枝接在春季进行，可采用合接和切接法，如果砧木较粗可采用插皮接。嫁接之前先将接穗蜡封，操作正确，嫁接成活率很高，并且生长速度快，结果早。

4.4.2.5　板栗大树高接换种

在我国板栗栽培中，历史上都采用实生繁殖，要实现板栗的品种化，就必须把以前的树体较大的板栗树，特别是结果性能差的劣种树进行高接换种，这是提高板栗产量、改善品质的快速方法。

板栗树高接换种时，在嫁接方法的选择上，由于在高空操作，所以要求嫁接的方法尽量简单，所以一般采用合接法和插皮接法。在嫁接时间早、砧木不能够离皮时用合接法；嫁接时间较晚、砧木能够离皮时采用插皮接法。嫁接之前对接穗进行蜡封，嫁接时，每个头接1个接穗，接后用塑料条包扎即可，接穗不要包扎。个别接口粗的枝条，可接2个和或多个接穗，包扎塑料条不容易操作，可以套塑料袋。内膛枝的嫁接，可以采用皮下腹接法，接后用塑料条绑扎。砧木粗大的部位，插好接穗后可涂抹接蜡，不必涂抹到里面的伤口，只需要堵住接穗和砧木外面的空隙，比绑扎塑料条方便。接穗插入砧木相当厚的树皮中，非常牢固，不需要立支架固定。板栗多头高接应注意以下事项。

① 统一截头　在一株大板栗树上进行多头高接，截头时不要接一个截一个，而要一次性把所有需要嫁接的头全部锯好后再逐一进行嫁接，以免在锯接口时把已经嫁接好的接头碰坏，或者震动附近已经嫁接好的接头，使接穗移位、错位而影响嫁接成活率。砧木截口暴露时间不太长，在半天内，不会影响嫁接的成活率。嫁接操作时，每个接头都要削平锯口，把干燥枯死的细胞组织削去。然而，如果接穗较细弱，切削后必须立即插入砧木的接口中，并且马上进行绑扎，防止接穗伤口失水，影响嫁接成活。

② 多头高接要求一次性完成　有些地区分几年完成嫁接，这种方法不可取，因为现在的嫁接技术可以保证基本上全部成活，1年即可完成改劣换优，速度快，效率高。如果分几年完成高接换种，每年嫁接一部分，会出现未嫁接的枝叶生长旺盛，嫁接的接穗生长很弱的现象，造成接穗营养供应和光照都差，甚至出现嫁接成活后又死亡的现象。

③ 适当保护未嫁接的枝条　有些大树主侧枝紊乱，并且枝条较多。如果为了整形而锯掉一部分枝条而不嫁接，这种方法是错误的，因为在嫁接的时候树体已经受伤，这种锯口很难愈合。所以，应该全部枝条都进行嫁接，为了结合整形，可将主要的枝条嫁接的部位提高一些，将其他枝条的嫁接部位降低一些，以后再通过修剪控制生长，以形成良好的树形。总之，嫁接后的枝叶量以多为好，以后再逐步整形修剪。

4.5　枣柿类果树的嫁接技术

4.5.1　枣的嫁接技术

枣（*Zizyphus jujube var. lageniformis* Nakai）是鼠李科枣属植物，有 100 多个栽培品种。

4.5.1.1　枣嫁接的意义

枣树原产于我国，栽培范围很广，除了黑龙江、吉林、西藏和青海外，其他各省市均有栽培。枣树适应性强、容易繁殖、便于管理，结果早，经济寿命长，这些特点是其他果树无法相比的。目前，我国枣树的栽培面积和产量均占世界的 98%以上，遥居世界之首，国内外枣市场几乎被中国独占。在迅猛发展的枣树栽培过程中，要不断繁育和选育新品种，并要将一些不理想的品种进行改接。在新品种的扩繁、品种结构的调整的方面，嫁接起着至关重要的作用。

4.5.1.2　枣树部分新优品种介绍

（1）制干品种

① 赞皇大枣　原产于河北省赞皇县，为目前发现的唯一的三倍体类型。果实个大，平均单果重 17.3 克；果实长圆形或圆柱形，大小整齐，果面平滑光亮，果皮较厚，韧性好；果肉致密质细，汁液中等，味甜，可食率 96%，制干率 47.8%；制干后，红枣果形饱满，富有弹性，耐贮运，品质极佳。9 月下旬成熟，较抗裂果。

② 金丝小枣　贮运分布于河北省沧州和山东省乐陵、无棣等地。果实小，平均单果重 6 克，果形变化较大，有大圆身、小圆身、大长身、小长身等；果皮薄，果肉致密细脆，味甘甜，微具酸味；可食率 96%，制干率 57%，主要用于制干。鲜食品质上等，制干红枣肉质细密，果面皱纹细浅，果形饱满，富有弹性，耐贮运，品质极佳。9 月下旬成熟。易裂果。

③ 无核小枣　别名空心枣、虚心枣。分布于河北省沧州和山

东省乐陵、无棣金丝小枣产区。果实小，平均单果重4克，大果可达10克，多为圆柱形，中部稍细，果实大小不均匀；果皮薄，肉质细腻，较松软，汁少味甜。制干率53%，核退化成膜，可食率99%以上。成熟期9月中旬。

④ 灰枣　分布在河南省新郑、中牟等县，为当地的主要栽培品种。平均单果重12.3克，长倒卵形，果肉致密、较脆，汁液中等；制干率55%～60%，可食率97.3%。制干后，成品皱纹较粗深，肉质紧密有弹性，耐贮运，品质优良。9月中旬成熟，易裂果。

⑤ 灵宝大枣　别名屯屯枣。主产于河南省灵宝、新安，陕西的潼关和山西的平陆、芮城。果实平均单果重22.3克，圆形或扁圆形，大小较均匀，果面平整，果皮中等厚，果肉厚，质脆汁液少，味浓甜；可食率97.5%，制干率50%。9月下旬成熟，采收前落果严重，但裂果较轻。

⑥ 圆玲枣　别名紫枣、紫玲枣，主产于山东省聊城、德州地区。河北省邢台、衡水、邯郸地区以及河南省东部地区也有栽培。果实圆形或近圆形，平均单果重11克，大小不整齐；果皮厚，坚韧，紫红色，果面不平，富光泽；果肉厚，质地紧密，较粗，汁少味甜；可食率95%，制干率62%，成熟期9月上中旬。采前不落果，裂果轻。

⑦ 相枣　分布于山西运城，是当地的主栽品种。果实大，平均单果重22.9克；果肉质地较硬，略粗，汁液少，味甜；可食率97.6%，制干率53%，制干后果形美观，富有弹性，极耐贮运。9月下旬成熟。

(2) 鲜食品种

① 冬枣　别名苹果枣。以前零星分布于河北省黄骅、衡水、固城以及山东沾化等地，黄骅现有数百年生的冬枣古树林。近几年来冬枣发展迅速，主要栽培在山东省滨州、东营及河北省沧州等地，全国许多地方均有引种试栽。平均单果重15克，近圆形，果

面平整光洁，大小整齐；果肉细腻多汁，味甜浓；每100克鲜枣含有维生素C 352毫克，可食率97.1%。9月下旬为白熟期，10月初开始着色，10月中旬完全成熟，从白熟期到完熟期可以陆续采收，果实生育期125～130天。果实成熟晚，鲜食品质极佳，较耐贮藏，为优良的鲜食晚熟品种。

② 临猗梨枣　分布于山西运城地区，以往多为零星栽培，近几年来发展较快，全国各地多有引种栽培。果实大，平均单果重30克；果实长圆形，果面不很整齐；皮薄肉厚，肉质松脆，汁多味甜；每百克鲜枣含维生素C 292.3毫克，可食率97.3%，鲜食品质上等。9月下旬成熟，果实生育期110天左右；采前落果较重，易发生铁皮病。早果丰产稳产，当年生枝头结果能力很强，适于密植栽培。

③ 辣椒枣　山东、河北交界一带有零星栽培。平均单果重12克，长锥形或长椭圆形；果面平滑光洁，果皮薄；果肉质地细脆，汁液较多，酸甜可口。可食率97.2%，制干率52.7%，鲜食品质上等。果实发育期110天左右。

④ 蜂蜜罐　分布于陕西大荔县官池乡北丁、中草。果实近圆形；平均单果重7.7克，大小整齐；果皮薄，果肉绿白色，质地细脆，较致密，汁液较多，品质上等。果实白熟期味甜可食。8月底着色成熟。果实发育期85～90天，较抗裂果。

⑤ 大白玲　别名鸭蛋枣、馒头枣，产于山东省夏津、临清、武城、阳谷等地，多为零星栽培。果实近球形；平均单果重25克，有的年份最大单果重可达80克以上，堪称鸭蛋枣；果肉绿白色，质地松脆，味甜，可食率96.4%，鲜食品质上等，果实发育期100天左右。

⑥ 不落酥　主产于山西省平遥县辛村乡赵家庄。果实大，平均单果重20.1克，大小不均匀；果实长柱形，侧面扁，果面不平滑，果皮紫红色；果肉厚，绿白色，质地酥脆，汁液中多，味甜，每百克鲜枣含维生素C 255.5毫克，可食率96.6%，鲜食品种上

等。果实8月下旬开始着色，9月下旬进入脆熟期，果实发育期110天左右。易裂果。

⑦ 郎家园枣　原产于北京市朝阳区郎家园。近年来山东省、河北省、陕西省、山西省都曾有引种栽培。果实小，平均单果重5.6克，大小较均匀，果实长圆形或倒卵形，果面光滑，果皮较薄，深红色，着色均匀；果肉绿白色，质地酥脆细嫩多汁，味浓甜，稍有香气；品质上等，是闻名中外的鲜食品种。9月上旬采收，果实发育期90～95天。成熟期不裂果，但坐果率低，产量低，采后不耐贮运。

(3) 蜜枣品种

① 义乌大枣　分布于浙江义乌、东阳等地，为当地主栽品种。果实大，平均单果重14.5克，大小均匀；果形圆柱形或长圆形，果面不很整齐；果皮薄，白熟期浅黄色，着色后紫红色；果肉厚，乳白色，质地稍松，汁液少，白熟期每百克鲜枣含维生素C 503.2克，适宜制作蜜枣或南枣，品质上等。8月下旬成熟，果实发育期95～100天。该品种耐旱涝，成熟期遇雨水不裂果。栽植时需要配置授粉树。为优良的蜜枣品种。

② 宣城尖枣　主要分布于安徽宣城水东、孙埠、杨林等乡镇。果形大，平均单果重22.5克，大小整齐；果实长椭圆形，果面光滑，果皮红色，采收加工期为乳白色，很少裂果；果肉乳黄色，汁液少，味甜稍淡；每百克鲜枣含维生素C 351.1毫克，可食率97%。8月下旬进入白熟期，蜜枣品质上等。9月上旬开始着色。果实发育期95天左右。

③ 灌阳长枣　别名牛奶枣，主要分布于广西灌阳，为当地的主栽品种。果实长圆柱形，果尖向一侧歪斜；平均单果重14.3克，果皮较薄，着色后富有光泽；果肉黄白色，质地较细，稍松脆，汁液少，味甜，可食率96.9%，蜜枣品质上等。

④ 嵊县白蒲枣　别名白蒲枣，分布于浙江省嵊县、新昌等地。果实中等大，平均单果重12克，果形大小整齐；果实椭圆形，侧

面扁平，果面平滑光洁；果皮白熟期呈白绿色；果肉近白色，质地较细，汁液中多，可食率 96.6%，蜜枣品质上等。着色后有裂果现象。果实 8 月下旬进入白熟期，开花至白熟期 90 天左右，鲜果耐贮运。

⑤ 桐柏大枣　产于河南省桐柏，数量不多。果实特大，一般单果重 46 克，近圆形；果皮中厚；果肉厚，黄白色，质地较松，汁液少，甜度中等。每百克鲜枣含维生素 C 422.3 毫克，可食率 97.2%，适于加工蜜枣，品质上等。9 月上旬采收。果实发育期 110 天左右。易裂果。

⑥ 苏南白蒲枣　产于江苏南部和上海郊区，为当地主栽品种。果实中等大，平均单果重 9.9 克，大小整齐；果实长鸡心形，果面平滑光洁；果皮较薄；果肉乳白色质地细脆，纤维少，汁液多。每百克鲜枣含维生素 C 520.8 毫克，可食率 97.2%。蜜枣品质上等。果实发育期 110 天左右。裂果较严重。

（4）兼用品种

① 壶瓶枣　主产于山西省太谷、清徐、交城、祁县、文水、榆次等地。果实大，平均单果重 19.7 克，大小均匀；果实长倒卵形或圆柱形；果面平滑，果皮较薄，深红色；果肉厚，绿白色，质地较松脆，汁液中多，味甜；每百克鲜枣含维生素 C 493.1 毫克，可食率 96.6%，品质上等。每百克干枣含维生素 C 30.1 毫克。8 月中旬进入白熟期，9 月中旬完全成熟采收。果实发育期 100 天左右。采前落果严重，易裂果。

② 晋枣　分布于陕西、甘肃交界的彬县、长武、宁县、泾川、正宁、庆阳等地。数量占当地栽培面积的 60%以上。果实大，平均单果重 21.6 克，大小不整齐；果实长卵圆形或圆柱形，果面不平整，有不明显的凹凸起伏和纵沟，有光泽，果皮薄；果肉厚，质地致密酥脆，汁液较多，味浓甜；每百克鲜枣含维生素 C 390 毫克，可食率 97.8%，鲜食品质极佳；制干率 30%～40%。10 月初完熟采收，果实发育期 110 天左右。易裂果。

③ 俊枣 主要分布于山西平陆，约占当地枣树总数的40%。果实大，平均单果重17.6克，大小不均匀；果实短圆柱形，果面平整，果皮中厚；果肉厚，致密细脆，汁少味甜，每百克鲜枣含维生素C 464.2毫克，可食率94.7%，品质上等。制干率55%。9月中旬开始着色，10月上旬成熟采收。果实发育期110天左右。采前裂果轻，但落果严重。

④ 骏枣 分布于山西交城，为当地主栽品种。果实大，平均单果重22.9克，大小不整齐；果实圆柱形或长倒卵形；果面光滑，果皮薄；果肉厚，质地略松脆，汁液中等，稍具苦味；每百克鲜枣含维生素C 432克，可食率96.3%，品质上等。果实8月上旬进入白熟期，8月中旬开始着色，9月上旬进入脆熟期，果实发育期100天左右。采前易裂果，成熟期遇雨水裂果严重。

⑤ 板枣 主产于山西稷山县陶梁、桃村、南阳等地。果实中等大，平均单果重11.2克，大小较整齐；果实扁倒卵形，上窄下宽，侧面较扁，果面不平整，果皮中等厚；果肉质地致密，稍脆，汁液中多，甜味浓，稍具苦味；每百克鲜枣含维生素C 499.7克。9月上旬着色，9月下旬完全成熟采收。果实着色后落果严重。

⑥ 湖南鸡蛋枣 主产于湖南溆浦、麻阳、辰溪、隆回、邵阳及衡山、祁阳、祁东、新田等地。果实大，平均单果重19.4克，大小不整齐；果实阔卵形，果皮薄；果肉白，质地松脆，汁液较少，味较甜，每百克鲜枣含维生素C 333.5毫克，可食率95%～96%；鲜食品质中上，蜜枣品质上等。制干率39.8%。产量高，但生理落果较重，抗风力差。

⑦ 鸣山大枣 为敦煌大枣的变异单株，1983年正式命名。果实特大，平均单果重23.9克，果实大小不整齐，圆柱形，果面不整齐，有不规则的块状起伏及纵沟；果皮厚，红褐色，有光泽；果肉绿白色，质地细密，汁液多，味甜；每百克鲜枣含维生素C 396.2毫克，制干率52%，鲜食、制干品质上等。9月上旬采收，果实发育期80天左右，采前不抗风，遇风落果严重。

(5) 观赏品种

① 龙枣　别名龙爪枣、龙须枣、蟠龙枣。分布于河北省、北京市、山东省、山西省等地。果实小，平均单果重 3.1 克，大小较整齐；果实扁柱形，胴部平直，中腰部凹陷；果皮厚，果肉质地较粗硬，汁少味淡，鲜食品质差。枣头一次枝、二次枝弯曲不定，或蜿蜒曲折前伸，或盘曲成圈，或上或下，或左或右，犹如群龙飞舞，竞相争斗，意趣盎然。枣丝细长，亦为左右弯曲生长，有很高的观赏价值。

② 柿顶枣　别名柿蒂枣、柿萼枣、柿花枣等。分布于陕西大荔。观赏中等大，平均单果重 12 克，大小不整齐；果实圆柱形，果肩圆或尖圆，萼片宿存，随着果实的发育，萼片肉质化，呈五角星状，盖住果洼和果肩。因形如柿萼，故名柿顶枣。果皮厚，果肉较脆，汁液少，制干品质中等。可作为观赏之用。

③ 磨盘枣　别名磨子枣、葫芦枣等，分布于陕西省、河北省、山东省、河南省等地。果实中大，平均单果重 7 克，果实胴部有一圈缢痕，果形似磨盘或葫芦而得名。果皮较厚，果肉汁液少，鲜食和制干品质中等。因果形独特，有一定的观赏价值。

4.5.1.3　枣嫁接砧木的培育

枣树砧木可以采用实生苗繁殖和根蘖繁殖两种，实生苗繁殖主要采用枣树原种，也就是酸枣的种子播种繁殖；根蘖繁殖营养苗可直接利用各个栽培品种进行繁殖。

(1) 实生苗繁殖　枣树嫁接的砧木，用酸枣的种子进行繁殖。采集充分成熟的酸枣，去除果肉，把种子淘洗干净，用机械或人工破壳，筛出种子备用。也可以直接到市场上选购价格好的酸枣种仁，要求种仁饱满，红褐色，有光泽。3 月底或 4 月下旬进行播种。可采用苗床播种和营养钵播种。苗床播种，先制作宽度 1～1.2 米宽的苗床，长度根据育苗量的多少而定，按 20 厘米的行距开深 5 厘米左右的种沟，在种沟里按 10 厘米的株距播种，播后覆土 2 厘米，覆盖地膜，萌芽后及时抠开地膜将苗放出，以免被高温灼伤，出苗后加强水肥管理。营养钵育苗采用10厘米×10厘米的营养钵，8袋一行排列。

(2) 根蘖繁殖育苗　利用枣树容易产生根蘖的特点，繁殖枣树苗。根蘖苗繁殖的母树一般选择多年生的大树，在春、夏两季都可以进行。具体的操作方法是：在距离树干2米左右挖一条环形沟，宽40厘米，深40～60厘米，剪断直径2厘米以下的小根，然后将沟用松细土壤填满并灌水。经过2～3个月，在沟内就会相继长出根蘖苗。当苗高生长到30厘米左右的时候，在原先挖沟的里面，也就是靠近母株的一侧在离第一条沟30厘米的位置再挖一条断根沟，将根蘖苗与母株连接的根切断，使根蘖苗繁育成为具有自根的独立的苗木。再过1～2个月或者到生长季结束时，就可以将这些根蘖苗挖出栽植于营养钵，进行苗圃地培育或者直接栽植多带新果园。另外，也可以将枣树果园里自然萌发的散生的根蘖苗挖出，根据大小进行分级，集中在苗圃地培育，加强管理，第二年苗高达1米以上，就可以出圃。

4.5.1.4　枣树苗期嫁接技术

(1) 秋季芽接　枣树可以在秋季进行芽接，嫁接时间一般在9月份至10月上旬。嫁接方法采用嵌芽接。嫁接之后不剪砧，也不摘心，不影响砧木的生长，可保证接芽不萌发，以利于安全越冬。到第二年春季，在接芽之上1厘米处剪砧，并抹除砧木的萌芽，促进接穗的生长，由于银杏嫁接部位比较高，除萌的工作要特别注意。

(2) 春季枝接　枣树在春季进行枝接。嫁接方法采用合接、切接或插皮接等。嫁接之前对接穗进行蜡封，接后在接口处套上塑料袋，在接口下面要保留一些砧木的叶片，但要控制砧木萌发。嫁接成活后除去塑料袋并及时除萌，加强管理。

4.5.1.5　枣大树高接换种

高接换种，采用多头高接，几乎每个主枝和侧枝都要嫁接，截头越多，树冠恢复快，结果就越早，产量也就越高。嫁接要求一次性完成，可以培养良好的树形。嫁接的时间在芽开始萌动前进行，嫁接方法可采用插皮接、劈接、切接、合接等。为了增加内膛枝，可采用腹接法在内侧补接。没有嫁接的砧木的枝叶要适当保留，到接穗充分生长以后，再逐步将它们剪除。

4.5.2 柿的嫁接技术

柿（*Diospyros kaki* L. F.）为柿树科柿属落叶乔木，高5～10米。花为杂性花，有雌花、雄花和两性花，栽培种大多仅具有雌花，少数为雌雄同株而异花。果形变化较大，有扁圆形、长圆形、圆锥形或方形；果面常具有4～8道纵沟纹，或1道横缢痕；果实横径3～7厘米，果皮成熟时鲜黄色至橘红色，大多无种子或有1～8枚种子，果实9～11月份成熟。

4.5.2.1 柿树嫁接的意义

柿树是我国重要的木本粮油植物，是发展山区经济的主要果树。我国是世界产柿大国，据2000年统计，我国柿树栽培面积达21.4万公顷，占全世界柿树栽培总面积的76.7%，产量为164.4万吨，占世界柿子总产量的71.53%。然而，我国柿树的单位面积产量还低于世界平均水平，柿的品种过多过杂，有不少劣种和低产树，还有一些实生树和山区野生柿树，都需要高接换种，进行改造。我国柿树主要是涩柿品种，成熟后不能够直接食用，必须经过加工脱涩后才能食用。目前，市场上甜柿深受欢迎，因为甜柿成熟后肉质甜而脆，采下后可以直接食用。我国的甜柿品种在以前只有1个，就是罗田甜柿，核很多，而且品质较差，经过数十年多次从日本和美国引进，现在已有了不少甜柿品种，可为今后幼苗发展和高接换种上选择使用。

4.5.2.2 柿树部分新优品种介绍

（1）涩柿品种

① 磨盘柿　又叫盖柿，主产于华北地区。果实扁圆形，果腰有明显的缢痕，将果实分为上下两部分，形如磨盘；果形极大，平

均单果重250克，最大单果重可达500克；果实橙黄色，10月中旬成熟，宜脱涩鲜食；品质中上，一般无核。单性结实力强，生理落果少。抗旱抗寒，鲜柿耐贮运。

② 火晶柿　主产区在陕西关中地区，尤其以临潼最集中。果小，扁圆形，平均单果重70克，横截面略呈方形；果皮橙红色，软化后变为米红色，鲜艳美观；火晶柿虽然是涩柿，但很容易软化，自然脱涩，以软柿供应市场；果肉质细致密，纤维少，味浓甜，无核，品质极上等。丰产稳产，抗性较强。

③ 镜面柿　主产于山东省菏泽。果实扁圆形，单果重120～150克；果皮光滑、橙红色、有光泽；肉质松脆，纤维少，汁多味甜，无核，品质上等。在原产地，果实于10月中旬成熟。脱涩鲜食或制作柿饼均可，尤其是制作成柿饼，质细、柔软、透明、味甜、柿霜多，以"曹州耿饼"驰名全国。

④ 眉县牛心柿　又名水柿、帽盔柿。产于陕西眉县一带。果实方心脏形，平均单果重180克；果实橙红色，肉质细腻，纤维少，汁液特丰富。最适宜软食，也可制饼；果软皮薄，不耐贮运；制饼出饼率稍低，但柿饼质量极优。高产稳产，抗风耐涝，病虫害少。

⑤ 博爱八月黄　产于河南省博爱等地。果实扁方形，常有纵沟两条，橙红色；平均单果重130克；果肉细密而脆，偶有少量褐斑，纤维较粗，味甜，品质上等，无核。在当地果实于10月中旬成熟。高产稳产。最宜制饼，适应性强。

（2）甜柿

① 伊豆　引自日本。果实扁圆形，较大，平均单果重180克；果皮橙红色，外表美观；肉质致密细嫩，纤维少，汁液丰富，香甜味浓，在早熟品种中品质极上等；核少，平均每个果有核1.64粒。在我国杭州，果实于9月中旬前后成熟。该品种结果投产期早，但树势较弱，自身无雄花，而且单性结果力又弱，所以，在栽培中必须严格配置授粉树，进行密植栽培。对砧木要求也严格，用君迁子为砧木有后期不亲和现象。在生产中宜采用野柿或本砧。

② 花御 引自日本鸟取县。在江苏省杭州市等地试种，表现丰产稳产，适应性良好。果实扁圆形，平均单果重240克；果皮橙红色，果肉致密，汁多，味甜，品质上等。在杭州地区果实于11月成熟，较丰产稳产，是具有少量雄花的完全花柿树品种。

③ 骏河 引自日本农林省果树试验场。果实圆形或扁圆形，单果重250克；果皮橙红色，美观；果肉质地致密细嫩，甜味浓，品质上等。引种到陕西眉县，10月中下旬果实成熟，可在我国黄河下游及其以南地区试种。该品种自身无雄花，但单性结实能力强，为达到产量稳定，还需要配置授粉树，结果多时要疏果，才能够维持强健树势。

4.5.2.3 柿树嫁接砧木的种类与培养

(1) 砧木的种类

① 君迁子 又名黑枣，是我国北方柿树的主要砧木。果实小，种子多，丰产，采种容易，播种后出苗率高且整齐，生长快，管理得当，当年就可以嫁接。根系发达，根群密，须根多，耐旱耐瘠薄，与柿树嫁接亲和力强，成活率高，结果部位牢固，嫁接树寿命长。需要注意君迁子与一些甜柿品种嫁接亲和力差，而且后期不亲和，接口愈合不良，嫁接后数年有陆续死亡的现象。

② 实生柿 实生柿树是我国南方柿树的主要砧木。实生柿很多是野生的，果实小，品质差，种子多。播种出苗率较低，主根发达，侧根较少，为深根性砧木。耐旱，耐湿，适合于温暖多雨地区生长，也适合作为甜柿的砧木。

③ 油柿 在江苏省苏州和浙江省杭州一些地区，培育柿树苗以油柿作砧木。油柿与柿树不是同一个种，其小枝和叶片两面都被覆灰黄色的条毛，叶柄长8厘米；根群分布密，细根多。对柿树有矮化作用，能够使柿树提早结果，但树体寿命较短。

(2) 砧木的培育 柿树砧木的种子，要求采集完全成熟软化。采收后捣烂搓碎用水淘洗去除果肉，即可得到种子。把清洗干净的种子放置于通风处阴干，装入麻袋或箩筐，放在阴凉处过冬。到春季气温回升时即可播种。播种前，进行浸种催芽：将种子放入缸内，加入40℃的温水，充分搅拌，自然冷却后持续浸泡24小时；将种子捞出，与5倍的湿沙混合，摊开平铺在炕上或堆放在温度较高的室内，每天喷水2次，10～15天种子开始发芽，露出白尖时即可播种。

播种时间在3月下旬至4月上旬，可采用苗床播种和营养钵播种。苗床播种，先制作宽度1～1.2米宽的苗床，长度根据育苗量的多少而定，按20厘米的行距开深3厘米左右的种沟，在种沟里按10厘米的株距播种，播后覆土2厘米，覆盖地膜，萌芽后及时抠开地膜将苗放出，以免被高温灼伤，出苗后加强水肥管理，生长1年就可以嫁接。营养钵育苗采用10厘米×10厘米的营养钵进行。

4.5.2.4 柿树苗期嫁接技术

柿树嫁接比其他果树嫁接要求更严格，这是因为柿树枝条内含有鞣酸类物质，在切面处易被氧化变色，形成一层隔离膜，阻碍砧木和接穗之间愈伤组织的形成和营养物质的流通。因此，必须在双方形成层活动最活跃的时期嫁接，愈伤组织生长快，可克服鞣酸的不利影响，同时还要使用砧穗双方接触面大的嫁接方法，嫁接速度要快。

(1) 春季芽接　春季芽接要在柿树发芽并开始生长时进行。选择较粗壮的营养枝作为接穗，如果接穗顶端的芽已经萌发，中下部的芽还没有发芽，就可以利用尚未发芽的芽作为接芽。嫁接的砧木，利用苗圃已经培养了1年的幼苗。嫁接前充分灌水，使砧木生长旺盛。嫁接的方法，采用砧穗双方接触面比较大的芽接法，即套芽接或方块芽接。用套芽接嫁接，要求嫁接部位和接穗的粗度基本相同，进入生长期，树皮有一定的弹性，芽套比较容易套进去。芽套进去后用塑料条绑扎保湿注意要把芽留出。套芽接时接在砧木的顶端，砧木下部的叶片要保留，嫁接成活后接芽即能够萌发生长。比较粗的砧木，接穗芽套套不进去，可以采用方块芽接，接后用塑料条绑扎，要露出，并对砧木摘心。一般10天后，双方就能够愈合，接芽开始膨大，这时要把接芽上面的砧木剪除，接芽下面的叶片不必除去，接芽附近砧木的芽萌发时，要及时抹除，以促进接穗的生长。

（2）春季枝接　芽接适合于一年生小砧木，较大的砧木可以采用春季枝接，嫁接的时间与春季芽接一致。嫁接的方法根据砧木粗度的大小不同而异，砧木较大的，采用插皮接，砧木较小的采用切接，嫁接前对接穗进行蜡封。插皮接的接穗只需削一个大削面，把前端削尖，背面不用削。把削好的接穗，削面朝里插入砧木锯口的木质部与韧皮部之间，插入后用塑料条绑扎。

以上的嫁接方法，嫁接成活率高，只要接后加强管理，到了秋季生长季结束时或第二年春季就能够培养成为壮苗出圃。

除了以上嫁接方法外，也可以在秋季采用“T”字形芽接，但成活率稍低一些。

4.5.2.5　柿树大树高接换种

对于野生的油柿、实生柿、君迁子以及一些劣种的柿树，或者准备用来发展甜柿优良品种的现有品种大树，可以进行高接换种。采用多头高接，第二年就能够恢复树冠，第三年就能够大量结果，是快速发展良种柿的有效方法。

嫁接前，采集较粗壮而充实的营养枝作为接穗，如果秋季采集的需要进行贮藏，也可以在早春芽萌动之前采集，蜡封后放入冷湿的窖内，随接随取随用。嫁接的时间在砧木萌发时进行。嫁接的头数根据砧木树体大小而定，原则和板栗树高接换种相同，即每多生长1年多接2个头，如5年生树接10个头、10年生树接20个头、30年生树接60个头。

嫁接的方法，接口大的采用插皮接，接口小的采用合接，内膛补枝采用皮下腹接。

4.6　柑果类果树的嫁接技术

柑果类果树是指芸香科果实为柑果的几个属的植物。柑果是肉质果，由合生心皮的上位子房形成的果实，外果皮革质，有油囊；中果皮疏松，具有分枝的维管束；内果皮肉质，分割成若干果瓣，每个果瓣内有许多多汁的腺毛。主要有枳属、金橘属、柑橘属。以柑橘属的柚子、甜橙、柑橘和柠檬等几个种的栽培品种多，分布广。

4.6.1 柑橘的嫁接技术

柑橘（*Citrus reticulate* Blanco）也叫宽皮柑橘，就是人们通常所熟知的橘子。柑橘属常绿小乔木，枝刺短或无刺；果实扁球形，直径2.5～7厘米，平滑，橙红色或紫黄色，果皮与果肉较容易分离，果瓣10瓣，果心中空；春季开花，果实10～12月份成熟。长江以南广为栽培，商品价值高，是人们喜爱的果品和果汁，销售量大。我国栽培历史已有2000多年，品种甚多。

4.6.1.1 柑橘部分新优品种介绍

（1）本地早　别名本地早橘，天台山蜜橘。原产于我国浙江黄岩、临海。果实味甜、酸度低、风味浓厚，化渣，品质上等，不耐贮运。对栽培条件要求较高。分为大叶系、小叶系、早熟系以及小核系等。

（2）南丰蜜橘　原产于江西省南丰县，以风味浓甜著称，具香气，少核或无核，但果实小。分大叶系、小叶系、大果系、小果系等。

（3）椪柑　别名芦柑、沙头蜜橘、白橘、梅橘、勐板橘。原产于我国广东、福建、台湾等地。果汁多，富有香气，品质上等，为鲜食优良品种，尚耐贮运。其品系有硬芦和椪芦。

（4）温州蜜橘　别名无核橘。原产于我国，为长江以南、南岭以北和椪柑栽培北限地区的主栽品种，品系繁多，有宫川、兴津、尾张、山田、米泽等。

（5）蕉柑　别名桶柑、招柑。原产于广东省，以广东省、广西省和台湾栽培较多。果实味甜化渣，种子少，品质上等，结果早，丰产耐贮运。

4.6.1.2　柑橘嫁接砧木的种类与培养

（1）砧木的种类

① 枳［*Poncirus trifita*（L.）Raf.］　又叫枸橘，为芸香科枳属灌木或小乔木；多刺；叶为掌状三出复叶，冬季脱落；果味涩，不能食用。原产于我国，分布广，主要产于长江流域。为橘、柑、橙的优良砧木。

② 酸橙（*Citrus aurantium* Linn.）　为柑橘属乔木，树势强健，树体高大，根系发达。主产于浙江省黄岩，在当地作为柑橘类的砧木，嫁接后果实品质好，产量高，在山地、平地及海涂栽培北限良好，但进入结果期稍迟。

③ 香橙（*Citrus junos* Sieb. ex Tanaka）　为柑橘属乔木，原产于我国，云贵高原、长江流域及秦岭山区都有分布。树势强健，寿命长；主根深，粗根多；果皮厚，果肉酸苦；抗性强，可作为橘、柑、橙、柚的抗旱抗寒、耐瘠薄的砧木，有矮化或半矮化作用。

④ 酸橘（*Citrus reticulate var. austera* Swingle）　是橘的一个野生变种，根系发达，主根深，对土壤的适应性强；耐旱耐湿；嫁接后苗木生长健壮，树冠高大直立，丰产稳产，寿命长，果实品质好。常作为蕉柑、椪柑和甜橙的砧木。嫁接温州蜜橘和柠檬效果不好。

（2）砧木的培育

① 种子的采收和调制加工　选择品质纯正、健康无病的母树，采摘已经充分成熟的果实，及时取出种子，把种子外面的胶质搓洗掉，放置于阴凉处阴干，或放在弱日光下晒至种皮发白，互相不粘黏为度，晾晒过程中要经常翻动。柑橘的种子无休眠期，不需要沙藏就可以播种。也可以从未成熟的果实中取出种子直接播种。

② 种子的播前处理　为了促进种子的萌发，减少苗期病害，

在播种前可用1.5%硫酸镁35～40℃的水溶液浸泡2小时，或用0.4%的高锰酸钾溶液浸泡24小时，再用冷水浸泡12小时。然后捞出种子并冲洗3～5次后，放置于垫草的箩筐中，上面盖草，每天用35～40℃的温水均匀喷淋3～4次，同时翻动1次，经过5～9天，种子即可露白，然后就可以播种。

③ 播种　播种时间根据气候条件而定，在华南无霜冻地区，以12月播种为宜，在长江流域及闽北和桂北等地，一般在2～3月份播种，可采用苗床播种和营养钵播种。苗床播种，先制作宽度1～1.2米宽的苗床，长度根据育苗量的多少而定，按20厘米的行距开深3厘米左右的种沟，在种沟里按10厘米的株距播种，播后覆土2厘米，覆盖地膜，萌芽后及时抠开地膜将苗放出，以免被高温灼伤，出苗后加强水肥管理，生长1年就可以嫁接。营养钵育苗与前面介绍的方法相同。幼苗出齐后，用1∶1∶100的波尔多液喷淋，每周1次，连续2～3次，防止病害的发生。

4.6.1.3　柑橘树苗期嫁接技术

嫁接的接穗要从生长健壮、生产性能好、品质优良、不带任何病虫害的成年丰产树上采集。嫁接量大或专门繁殖嫁接苗时，应建立无毒优质苗的采穗圃。采穗的时期以枝条充分成熟、新芽未萌发之前为宜，一般在清晨或傍晚，雨天要在雨后2～3天再采。接穗剪切下来后，要及时剪掉叶片，留下部分叶柄，每50个或100个扎成一捆，标明品种及品系，用湿布包裹好备用。随采随接成活率较高，如果需要运往别地，要在低温高湿和透气条件下保存，包装时，最好用湿润的苔藓作为填充物，再用塑料膜包裹，两端留通气孔，然后装箱寄运。

柑橘的嫁接时期，在南方温暖地方，几乎周年都可以嫁接，月平均气温在10℃以上就可以进行，最佳时期是雨水至清明之间柑橘类开始生长的时候。在广东、广西和福建大量育苗区，在立春即可以开始嫁接柚子和橙类。嫁接的方法很多，枝接、芽接均可。

(1) 单芽切接 在春季嫁接，主要采用单芽切接，最适宜的嫁接时期是在各品种芽萌发前1周。砧木的切削位置在离地面10厘米处，单芽切接的接芽插入后，用塑料条把接口、接穗全部包裹起来，尤其是接穗的上面切口，露出芽便于萌发。

(2) 嵌芽接 一般在6～7月份进行，在砧木离地面5～10厘米处进行带木质部的芽接，用塑料条包裹，露出芽。接后不剪砧，在接后1周，砧穗双方愈合后，在接芽一侧的上面，将砧木茎秆切断三分之二，然后轻轻将砧木压倒成90°角，既破坏了砧木的顶端优势，又能够保护接芽免受烈日暴晒或高温灼伤。砧木压倒处理后，接芽能够很快萌发，当生长的新梢叶片转绿老熟后，就可以将折倒的砧木剪掉，同时除去捆扎的塑料条。

(3) “T”字形芽接 “T”字形芽接，嫁接速度快，成活率高，但嫁接后芽不容易萌发，所以嫁接时期要在越冬之前为好。嫁接后不剪砧，到翌年春季芽萌发之前剪砧，并把塑料条解除。

4.6.1.4 柑橘大树高接换种

柑橘为常绿果树，一年四季都可以嫁接，高接换头的最适宜时期为早春。嫁接方法可采用多种，嫁接头数也要多，比落叶树种多，嫁接的方法可根据枝条的部位和枝条的粗细而定。一般来说主枝顶端可以采用切接或单芽切接的嫁接方法；侧枝和辅养枝顶端用单芽切接；各类小枝采用“T”字形芽接或嵌芽接；内膛缺枝位置可采用腹接或插皮腹接，也可以采用芽接。这样多头、多种的立体嫁接，接穗成活后，树体不缩小，新品种能够很快结果。

对于品种较差的柑橘大树进行高接换种时，为了不影响原品种的产量，可采用将砧木枝头压倒的倒枝高接法。倒枝高接的方法有两种，一种方法是在8月份进行腹接，采用腹部嵌芽接或皮下腹接，到10月份，在接芽上面约1厘米处，用锯子在接芽一侧把砧木枝条横向锯断三分之二，并将其向与接芽相反的方向压倒，使其与基部枝条呈60°角，枝端绑缚在其他枝条上。由于顶端优势转移，接穗能够快速生长，而倒折的砧木还能够正常结果。随着接穗的生长，逐步压缩砧木枝条，到接穗开始结果后再逐步把接芽以上的砧木剪除。另一种方法是把准备高接换种的砧木枝条，在春季生长前进行拉枝，拉到垂枝状态。然后在各个弯曲的脊背处进行腹接或单芽切接，使接穗处于枝条的顶端，具有顶端优势。嫁接成活后，具有顶端优势的接芽生长很快，而下垂的原品种树生长势弱，加上果实促使枝条下垂，生长受到抑制。嫁接后，砧木还能够结果，到接穗开始结果后逐步将砧木剪除。采用倒枝换种，可以避免普通高接换种头两年产量的损失，有效地保护种植者的经济效益。

4.6.2 甜橙的嫁接技术

甜橙（*Citrus sinensis* Osb.）又叫广柑，柑橘属常绿小乔木；刺短或无刺；果实球形或扁球形，橙黄色，果皮与果肉粘贴，不易分离；花期3～4月份，果实11月至翌年2月份成熟。为世界以及我国著名水果之一，优良品种多，长江以南各省均有栽培。

4.6.2.1 甜橙部分新优品种介绍

（1）新会橙　原产于广东新会。树势强健，果实圆球形或长圆形；果顶有印圈，单果重110～120克；果皮橙黄色，薄而光滑；果肉淡黄色，味极甜，基本无酸，单果有种子6～8粒，品质优良。果实在11月下旬至12月上旬成熟。宜在两广、海南和福建发展，在偏北地区栽培，果实品质会下降。

（2）柳橙　原产于广东新会及广州近郊。树势强健，树冠半圆形，较开张；果实长圆形或卵圆形；单果重约110克；果皮橙黄色，稍光滑或有沟纹；肉质嫩，汁少，味浓甜，具浓香，品质优良。11月下旬至12月份成熟。丰产稳产，适应性广，在各柑橘产区表现均好。

（3）锦橙　别名鹅蛋柑，原产于我国四川省江津，目前在四川及湖北西部大陆栽培。风味浓甜，品质上等，耐贮运。

（4）石棉脐橙　别名双头柑、石棉脐2号。原产于我国四川省石棉县，产量高、品质好，基本无核，耐贮运。

（5）奉节 72-1 脐橙　由奉节园艺场选出。树势强，树冠半圆形，树梢短而开张。果实椭圆形或圆形；单果重 166 克；皮深橙红色，脐中大；果肉细嫩、汁液中多，味清甜，富香气，无核。果实 11 月下旬成熟，较耐贮运。

（6）红玉血橙　又名路比血橙、花红橙、红宝橙，主产于地中海沿岸国家，我国四川栽培较多。树势中等，树冠圆头形，半开张；果实扁圆形或球形，单果重 130～140 克；果皮橙黄色至深灰色，带有紫红色斑纹；果肉柔软，充分成熟并经贮藏后呈血红色，贮藏后甜度增加，酸度降低，风味极佳。果实 1～2 月份成熟，果实挂果越冬，所以栽培地冬季的最低温度不能低于－3℃，最好在冬季最低温度 0℃以上的地区栽培。

（7）脐血橙　原产于西班牙。我国四川万县地区栽培较多。树势强，枝梢开张；果实长椭圆形；单果重 150～180 克，果实充分成熟时，果皮、果肉均有红斑；肉质脆嫩多汁，栽培极佳。

（8）华盛顿脐橙　原产于美国。树势中等；花大，花粉退化；果实常呈圆球形；果顶脐常突出；果面浓橙色，较光滑；果肉橙黄色，质地脆嫩多汁、化渣，风味浓，芳香爽口，无核，品质上等。成熟期 11 月中下旬，贮藏性中等。较耐寒，花期和幼果期如遇到炎热干旱，容易落花落果。

（9）朋娜脐橙　由华盛顿脐橙芽变而来。树势中强，树冠紧凑较矮小，抽枝多短枝；果实椭圆形，单果重 360 克；果皮橙红色至深橙黄色，较粗糙，果顶突出显著；果肉脆嫩，较化渣，多汁，无核，品质佳。在浙江宁波 11 月上旬，适应性强。

（10）纽荷尔脐橙　浙江宁波从西班牙和美国引进两个单株。西班牙株系生长旺盛，树姿开张；平均单果重 299 克；果实长椭圆形，上大下小，橙红色；果皮较厚，光滑，脐和脐孔较小；果肉脆嫩多汁；无核，结果早、丰产。11 月上中旬成熟。美国株系纽荷尔果实圆形，树形较小，品质优良，耐贮运。

4.6.2.2 甜橙嫁接砧木的种类与培养以及嫁接技术

甜橙砧木的种类与柑橘的砧木相同，繁殖培养一样；苗期嫁接和高接换种的方法与柑橘相同。

4.6.3 柚子的嫁接技术

柚子［*Citrus grandis*（L.）Osb.］为柑橘属常绿乔木，株高10米，具枝刺；果实大型，直径10～25厘米，梨形、球形、扁球形，果皮淡黄色，中果皮厚，海绵质，肉瓤12～18瓣。长江以南各省广泛栽培。稍耐阴，喜温畏寒，能耐−5℃低温，适宜于肥沃湿润的中性土壤。结果期及寿命较长，为我国南方重要的果树。

4.6.3.1 柚子部分新优品种介绍

(1) 长寿沙田柚　又名古老钱沙田柚、长寿正形沙田柚。是沙田柚中的优系。树势强健，枝梢开张；单果重600～800克；果顶有印环，环内有放射状细轴条纹，形似古钱；果皮金黄，中厚，果心小而充实；果肉脆嫩，化渣，味浓甜，基本无酸。果实11月中下旬成熟。贮藏至翌年4～5月份仍然品质优良。

(2) 楚门交旦　产于浙江玉环，是文旦柚中的优系。生长旺盛；果实种子退化成无籽状；果肉脆嫩，汁多化渣，品质上等。果形变化大，由高扁圆形至扁圆形，还有个别梨形，其中高扁圆形品质好。

(3) 晚白柚　原产于我国台湾。其风味酸甜爽口，富芳香，品质上等，耐贮运。

(4) 马叙葡萄柚　由美国引进，四川有栽培。其汁胞汁液多，风味酸甜爽口，化渣，有香气，略具苦味，品质优良，极丰产，耐贮运，其枝条变异品种为汤姆孙葡萄柚。

4.6.3.2 柚子嫁接砧木的种类与培养以及嫁接方法

柚的砧木可以用柚的原生种，繁殖方式与柑橘相同，嫁接成活率高。苗期嫁接以及大树的高接换种方法与柑橘的嫁接相同。

4.7　荔枝、龙眼类果树的嫁接技术

4.7.1　荔枝的嫁接技术

荔枝（*Litchi chinensis* Sonn.）为无患子科荔枝属常绿乔木，树高10米，野生树高40米，胸径大于2米。果实成熟时暗红色至红色，圆形或卵圆形，直径3～4厘米，果皮有瘤状龟裂；种子紫红色、褐色或紫黑色，有光泽。主产于福建、广东，在海南天然林区有野生林，产区年平均气温22～25℃。生于沟谷雨林中，适于肥沃深厚的酸性土壤。

荔枝栽培历史悠久，优良品种众多。为“华南第一佳果”，果肉香脆肥美，营养丰富。生食或制成荔枝干，核仁、壳、叶、根均能够入药；木材红褐色，极坚硬，耐腐蚀，为海南著名木材，用于造船、红木家具、钢琴壳、美术工艺品等。

4.7.1.1　荔枝嫁接的意义

我国荔枝栽培近十几年来发展很快，栽培面积已超过35万公顷。但是在品种上存在不少问题，以前荔枝的生产用实生繁殖，开花结果晚，品种良莠不齐，劣种比例大。近年来，各地大量引种发展，但品种单一，影响授粉，产量不稳定，成熟期集中，不能够满足市场要求。因此，为了促进荔枝向优质、高产发展，提高良种比例，就必须发展优种树苗和对实生树及劣种树进行高接换种，这就需要采用嫁接技术来实现良种化。

4.7.1.2　荔枝部分新优品种介绍

荔枝栽培品种较多，我国有120多个品种，以广东省最多，有70多个，广西、福建次之；外国品种有70多个，以印度最多，泰国、美国次之。荔枝的栽培品种依据对生态环境的适应性可分为山荔和水荔两大类，适宜山地栽植的称为山荔，适宜在水边栽植的称为水荔。在嫁接育苗和高接换种时，各地各种植户要根据气候条件和生态条件以及原有品种的实际情况，选择适应于当地栽植的优良品种作为接穗。可供选择的荔枝优良品种，有已经公认的一些优良品种，如桂味、糯米糍、妃子笑、白蜡、白糖罂、高怀子、三月红、水东、大早、黑叶、挂绿、怀枝、灵山香荔、兰竹、陈紫、铊提、犀角子、红皮、进奉、将军荔、状元红、金钟、龙荔、锦壳、甜岩、尚怀书、阿娘鞋、雪怀子、布袋、大丁香荔、早红、元红、楠木荔。除了以上的这些优良荔枝品种外，还可以选择发展一些稀有珍贵品种。

(1) 无核荔　原产于海南省，为实生变异单株发展起来的荔枝品种。主要分布于琼山、儋县等地，目前在广州、东莞等地有引种栽培。其主要特点是在同一棵树上大核果、焦核（干瘪核）果、无核果并存，而以无核果为主，占75%以上，而且无核果并不影响果实的发育。无核果的单果重16.7克，因此商品价值极高。由于其可以单性结实，不需要授粉树，故而在花期天气不利于授粉时，结实率仍然很高，具有非常稳产的优势。该品种的果实品质优良，含糖量高，是值得推广的优良珍稀品种。

(2) 鹅蛋荔　原产于海南省，是少有的特大型果的荔枝品种。单果重62～74克，最大单果重80.8克，果实大小不均匀；果皮紫红色微带绿色，龟裂片大，成多角隆起，排列不规则；果肉黄蜡色，肉质软滑，近核处无褐色物质，汁多味甜，可食率71.4%，品质中等。在海南省，果实于6月份成熟。

(3) 水晶球　原产于广东省增城以及广州市郊等地。树势中等。单果重18～22克，近心形；果皮淡红色，皮薄而硬、龟裂片锥尖状突起；果肉乳白色，半透明；果肉爽脆，味清甜，带微香，每百毫升果汁中含维生素C 24.2毫克，可食率83.8%；种子多焦核；肉质厚，爽脆可口，品质优良。果实于6月下旬成熟，耐贮运，适宜推广发展。

(4) 红绣球　广东省农林科学院和东莞农技推广中心在东莞选出的实生单株。果大核小，平均单果重35克，最大单果重55克；果实短心形，果皮鲜红色，龟裂片乳状突起；果肉黄蜡色，肉质爽脆多汁，味清甜，有蜜香味，百毫升果汁中含维生素C 30毫克，可食率75%～80.5%，品质优良。在广州果实于6月下旬至7月上旬成熟。果实耐贮运，穗状结果好，每穗最多可挂果34个，丰产性好。

（5）鸡嘴荔　该品种因果实小如鸡嘴而得名。原产于广西合浦公馆香山村，又名香山鸡嘴荔。树冠半圆头形，开张，枝条粗壮。平均单果重29.5克，大小均匀，歪心形或扁圆形；果皮暗红色，薄而韧，龟裂片平坦或乳状突起，裂片峰小有刺状尖；果肉白蜡色，肉质爽脆，汁液中等，味清甜，有微香；百毫升果汁含维生素C 22.8毫克，品质优良。焦核率80%。在广西省合浦，果实于6月下旬成熟，适应性强，适宜在山地栽植。

（6）细蜜荔　原产于广州近郊及东莞等地。平均单果重16.2克，后来又选育出较大果的品系，平均单果重23.5克。果实短心形，果肩平，果顶钝圆；果皮暗红色，龟裂片隆起，裂片峰微尖；果肉白蜡色，肉质爽而细，味浓甜，浓蜜香味，可食率70.9%～84.9%。品质极优良，果实6月下旬至7月上旬成熟。

（7）东刘1号　福建农业科学院果树研究所选出的优良株系。树冠开张，枝条密。果大，平均单果重31.5克；短心形，果肩一边隆起；果皮深红色至紫红色；果肉乳白色，半透明，肉质脆，汁少，味甜，带微酸，有香气，百毫升果汁含维生素C 40.24毫克。适合加工和制罐头，不易褐变。耐旱，耐瘠薄，抗风，适应性强，丰产稳产，特晚熟，成熟期在8月上旬。适宜在产区北缘地区发展。

4.7.1.3　荔枝嫁接砧木的种类与培养

（1）砧木的种类　荔枝的砧木都是采用各种不同品种的实生苗，在不同品种之间的嫁接表现出亲和力不同。有些品种之间的嫁接亲和力好，而有些品种之间相互嫁接亲和力差，表现为嫁接成活率低，或者后期不亲和。所以，在嫁接的时候，必须注意砧穗组合，选择与发展品种亲和力好的品种实生苗作为砧木。

（2）砧木的培育　荔枝的种子在果实未成熟、种皮开始变褐时，就具有发芽能力。从果实的利用方面考虑，要在果实充分成熟，采摘食用或制作罐头后收集种子。荔枝种子极不耐干燥，不能在阳光下暴晒，必须保持湿润。种子越大越饱满，发芽率越高，出苗后苗木生长越壮。

荔枝的种子应先催芽而后播种，通常采用混沙催芽。操作方法为：将种子与沙按1∶3的比例混合，堆成40厘米高的小堆，表面用塑料膜覆盖，温度保持在25℃左右，4～5天种子就能够露出胚根，即可播种。播种的方法可采用果园直接播种，即按照该品种的株行距直接播种于定植穴，出苗后加强管理，当年或翌年就能够嫁接；另外一种播种方法就是苗床育苗法，播种的密度根据种子的大小而定。播种时间及移植时间各地有所区别，一般在夏季种子采收后就可以播种，来年春季3～4月份移植，播种的行距10～15厘米，株距5～8厘米，每亩播种量125～200千克。播种时，按行距开2～3厘米深的种沟，将种子平放于种沟内覆土1.5～2厘米。播种前把胚根的根尖掐断，能够明显促进侧根的生长，断口处能够萌发出3～4条侧根。幼苗在苗圃内生长到翌年春季就可以进行移植，在3～4月份气温回升、光照不是太强、雨水多、湿度大时，裸根移植就能够成活。

4.7.1.4　荔枝苗期嫁接技术

荔枝的嫁接周年都可以进行，一般春季萌芽期以枝接为好，4～10月份以芽接为宜，接芽当年萌发的嫁接时间要早，而接芽当年不萌发的嫁接时间要迟，在秋季中后期嫁接。

接穗应该在品种纯正、生长健壮、丰产优质的结果树上采集，从母树树冠外围中上部采集接受阳光充足的枝条。作为接穗的枝条，芽体要饱满，树皮要光滑，粗度和砧木相近或略粗，顶端叶片浓绿已经老熟但未发芽，最好芽刚开始萌动。从荔枝树上剪符合条件的1年生或2年生的枝条，剪下后立即剪除叶片，并用湿布包好备用。

(1) 春季枝接　嫁接部位离地面10厘米，如果砧木较粗壮则可以在离地15厘米处断砧，砧木上要保留2～3片复叶。这是常绿树木与落叶树木嫁接的不同之处，常绿树木根系积累的营养物质比较少，不留叶片对接口的愈合、根系的生长以及吸收功能都不利。嫁接的方法，可以采用切接、腹接以及劈接，接后套塑料袋或牛皮纸袋，更为简便的方法是用一块地膜将接穗和接口蒙上，在接口下面捆紧，既能够起到保湿保温作用，又能够阻挡雨水的浸入。这种方法比套塑料袋方便，也节省材料，嫁接速度也快。由于春季温度低，蒙上地膜后，接口温度能提高，有利于嫁接成活。嫁接后接口下面的萌蘖不要及时抹去，以保证接穗提早萌发。当接穗的芽在地膜包裹中顶不出来时，要及时将地膜剪一个小洞，使接穗的芽生长出来。

(2) 补片芽接　又叫贴片芽接法、芽片腹接法。荔枝产区的种植户习惯采用这种方法进行嫁接。嫁接部位在离地面10～20厘米处，嫁接后用塑料条将芽片全部捆绑起来，不要露出芽，防止雨水浸入，砧木上的叶片要全部保留。嫁接后30天，解除塑料条，这时候，芽片保持新鲜的就已经成活，再过7～10天在接芽上方2厘米处将砧木剪断，促进接芽的萌发。如果秋后嫁接，则不要剪砧，到翌年芽萌发生长之前再剪砧。

4.7.1.5 荔枝大树高接换种

荔枝高接换种，嫁接时期最好安排在早春，新芽开始萌发生长的时候。嫁接之前要采好接穗，品种的选择应该考虑砧穗双方的亲和性，可以预先进行嫁接亲和性试验，在成功后再进行大规模嫁接。在生产过程中，可以根据砧穗双方果实的成熟期是否一致来判断两者的亲和性，一般早熟品种与晚熟品种之间不能够嫁接；果实成熟期相近的荔枝品种之间亲和力强。

接穗的质量对嫁接成活率影响较大，接穗要在优良品种树上选择充分老熟、向阳、芽体饱满、枝条粗壮的1～2年生的枝条作为接穗，最好的枝条为顶芽萌发生长1厘米左右，而侧芽没有萌发，这种枝条养分积累较高，嫁接最容易成活。接穗剪切后，要立即剪去所有叶片，用湿布包好备用，最好随采随接。

嫁接的方法，可采用树冠外侧和内侧都嫁接的立体嫁接方式。外围枝条采用多头截头嫁接，采用切接法、合接法以及劈接法进行嫁接。内侧的嫁接采用芽片补接和皮下腹接的方法进行。对于较大的砧木，一般要在2～3年内接完：第一年对主要的枝条进行嫁接，次要的小枝、辅养枝可以保留，一方面可以保持叶面积，另一方面还可以适当结果，减少经济损失；第二年将未嫁接的枝条全部接完，这样可以促进已经接活的枝条加速生长，使树冠圆满；第三年对没有接活的枝条或有些保留的没有嫁接的枝条进行补接。通过几年逐步的嫁接，可以很快恢复树冠，并大量结果。

4.7.2 龙眼的嫁接技术

龙眼（*Dimocarpum longan* Lour.）属常绿乔木，树高10米，天然条件下树高可达40米，胸径1米，果实近球形，直径1.2～2.5厘米；通常黄褐色，外皮具微凸的小瘤状体；种子发亮，全被肉质假种皮包着。花期4～5月份，果期7～8月份。

龙眼原产于华南至西南海拔500米以下地区。栽培广，主产于广东、福建，在海南省西南部半常绿雨季林中有野生龙眼林木。喜高温（年平均温度24～26℃）和湿润环境，不耐庇荫，萌芽力强，天然更新良好。为华南的著名果树，假种皮含糖、蛋白质、维生素以及磷质，性平和，健脾，滋阴补血、益智、治劳伤；核仁药用，止血、理气、化湿；木材坚实，质重。耐腐蚀，为造船、车轴、工作床、工具柄、工艺品用材。

4.7.2.1 龙眼嫁接的意义

我国龙眼栽培历史悠久，已有2000多年。鲜果及其果实干制品，自古以来都被视为珍贵补品。近年来，医学研究证实，龙眼果肉具有很强的抗癌作用，其功效不亚于抗癌药物春新碱，维生素K的含量特别高，远远超过其他水果。我国龙眼栽培近二十年来发展很快，到1999年，全国龙眼栽培面积达48万公顷，产量为97万吨，居世界第一位。

然而，我国龙眼生产还存在不少问题。在品种方面比较单一，导致采收时间集中（在十几天之内），给龙眼的采摘、贮运、销售以及加工带来很大的困难。有些老品种的果实不适宜鲜食，品质也比较差。另外，在海南、广西、云南和四川等地，早年在丘陵山地、村边和住宅边所种植的龙眼，多为实生树，需要进行高接换种，高接换种后，其经济效益可以增加数倍。近十几年来，龙眼生产迅猛发展，但由于良种苗木不足的原因，不少地方误种了一批假苗和劣质苗，甚至是利用刻伤法造假的嫁接苗的实生苗，以致不结果或结劣质果，损失惨重。对于这些劣质品种树可以采用高接的方法改换成为良种，挽回损失。

4.7.2.2　龙眼部分新优品种介绍

（1）储良　广东省高州市储村选出。果实扁圆形，单果重12～14克；果皮黄褐色，中等厚；果肉白蜡色，不透明，表面不流汁，放在纸上不沾湿，易离核，肉质爽脆，化渣，果汁较少；每百毫升果汁中含维生素C 52毫克。风味为清甜蜜味，有特殊果香，品质上等。可食率69%～74%。在粤西南，果实7月下旬至8月上旬成熟，属于早熟品种。该品种丰产稳产，穗大，着粒紧凑，可食率高，是目前广东沿海各城市唯一能够与泰国龙眼抗衡的品种，而且品质还优于泰国龙眼品种。储良龙眼还是加工优质品种，果实制干率高，肉脯黄净半透明，肉厚，粒间不会相互粘连，可制出一级至特级桂圆肉。

（2）灵龙　广西钦州市灵山县选出的实生优株，被认为是目前广西龙眼的特优品种。果穗大，着粒密，单果重12.5～15克，最大单果重20.8克；肉质脆而不流汁，味清甜，有蜜味，可食率68%～71%。品质优良。成熟期在8月25日前后，为中熟品种。

（3）蜀冠　四川省泸州市园艺研究所从实生苗中选育出的优系，被认为是目前四川最优良的龙眼品种。果大而整齐；果皮黄色；平均单果重12.4克；果肉质脆、味浓甜，易离核，可食率64.4%。核较大，为鲜食优质品种。由于果皮较厚，焙干后干果不变形，商品率高，是制干品的好原料。果实9月上旬成熟，丰产稳产，定植后第四年投产，第五年至第七年平均株产15.5千克。抗寒性强，适应于四川盆地，丘陵山地的秋、冬多雨雾的特殊气候条件。

(4) 青壳宝圆　福建农科院果树研究所与长乐市青山村选出的实生优株。果实近球形，大小均匀；果皮青褐色；果实特大，单果重16.9～18.4克，最大超过21克；果肉乳白色，半透明，表面不流汁，易离核；肉厚，质爽脆，化渣；每百毫升果汁中含有维生素C 51毫克，味浓甜，品质上等，克服大果品种味淡的缺点，可食率69.4%～70.7%。果实成熟期为9月下旬。

(5) 立冬本　福建农业科学院果树研究所选自莆田县后枫村。树势开张，半矮化；果实近圆形或短圆形，单果重12.6～14.6克；果皮为黄褐色带绿色；果肉乳白色，半透明，表面稍流汁，较易离核，果肉细嫩，化渣，多汁，味浓甜，品质中上等，可食率为65%～70%。果树成熟期为10月中下旬。不易落果，可留树挂果至11月上中旬，特晚熟，是目前国内最晚熟的品种，可延长龙眼的供应期达3个多月。

4.7.2.3　龙眼嫁接砧木的种类与培养

(1) 砧木的种类　龙眼嫁接的砧木，采用本砧。但品种之间的嫁接亲和力有很大的差异。一般是同一个品种内的实生树和接穗亲和力较好，不同品种之间的嫁接，要观察它们的生长结果习性，根据两者的习性的异同程度，来确定两者间嫁接亲和力的好坏。枝条粗壮、叶片大的品种与枝条细、叶片小的品种之间嫁接的亲和力较差；木质部较疏松的品种与木质部紧实的品种之间的嫁接亲和力也较差；树皮粗糙开裂的品种与树皮薄而且细嫩的品种之间的嫁接亲和力也较差。龙眼的各个品种之间的嫁接亲和力表现规律有待进一步加强研究，形状多数都只是依赖一些生产经验。但一般来说，使用本砧嫁接成活率都比较高。

（2）砧木的培育　龙眼的种子很容易散失发芽力，所以要随采随播。种子从果树中取出后，应该立即混以少量河沙，用脚轻踏摩擦除去附着在种脐附近的果肉，然后用清水漂洗并除去浮在水面上的劣质种子。每 100 千克种子用 50%的甲基托布津 500～600 克混合均匀，再用种子量 2 倍的湿沙在室内与种子混合，放置于 25℃的温度下进行催芽。经过 2～3 天，种子的胚根长出后就可以播种。播种可以采用苗床和营养钵两种方法，目前大多数均采用营养钵育苗的方法，方便运输和移栽。

4.7.2.4　龙眼苗期嫁接技术

龙眼几乎全年都可以进行嫁接，以温度在 20～30℃、雨量较少的阴天或晴天较多时为最佳时期。大多数地区在每年的 3～4 月份和 9～10 月份为适宜的嫁接时期。

接穗要从生长旺盛、丰产稳产、无鬼帚病及其他病虫害的优良品种的成年树上采集。接穗则要用 3～5 个月龄，位于树冠中上部，已经充分老熟的枝条，并要求芽体饱满，枝条的顶芽刚开始萌动，直径在 0.6～0.8 厘米的粗壮枝条。枝条剪切下以后，要立即将叶片剪掉，用拧干水的新毛巾包好备用。

（1）春季枝接　在春季新芽萌动时采用枝接的方法进行嫁接，可采用切接法、合接法。在砧木离地面 10～15 厘米处断砧，断口以下的叶片要保留。嫁接后，用塑料条捆绑。由于常绿树种的枝条不宜采用蜡封，为了保持接穗的生活力，嫁接之后最好用塑料膜或塑料袋将接穗和接口套起来，再捆绑，或者用牛皮纸口袋将嫁接的部位套起来，这样既能够保持接穗和接口的湿度，又能够防止雨水浸入接口，为砧穗双方愈伤组织的生长和愈合创造良好条件，确保嫁接成活。

（2）补片芽接　龙眼的嫁接除了春季的枝接外，还可以在夏秋季节采用芽接的方法，一般采用补片芽接。嫁接的位置在砧木离地面 15～20 厘米处，选择砧木树皮光滑的一面进行嫁接。接芽以下的叶片要全部保留，不剪砧。嫁接后用塑料条将接口包严捆紧，微露芽眼。接后 30 天，将塑料条解除，再过 1 周，在接芽上面 1 厘米处剪砧，促进接芽的萌发与生长。

4.7.2.5 龙眼大树高接换种

对于龙眼大树的高接换种，通常可采用以下两种方法进行。

(1) 截头生枝后嫁接　这是一种应用比较广泛的一种高接法。第一年先将龙眼大树的主要枝条锯断，保留小枝条结果。大枝锯断之后，锯口下面会抽生新梢，保留生长旺盛的萌条，将多余的新梢抹去，特别要注意保留锯口附近的新梢，以利于锯口的愈合。到了第二年，在新萌发的一年生枝条上嫁接。

嫁接的时期一般在春季 3～4 月份枝条顶芽已经萌发，而侧芽尚未萌发时进行。接穗要从生长旺盛、丰产稳产、无鬼帚病及其他病虫害的优良品种的成年树上采集。接穗位于树冠中上部，并要求芽体饱满，枝条的顶芽刚开始萌动，用未萌发的侧芽嫁接。枝条剪切下以后，要立即将叶片剪掉，用拧干水的新毛巾包好备用。

嫁接方法采用补片芽接，接后用塑料条自下而上绑扎，捆紧芽片，不露芽眼。接后暂不剪砧，到嫁接之后 25～30 天，接芽边缘的空隙已经愈合良好，即可解除塑料条，再过 7～10 天，芽片仍然保持鲜绿良好，即可在接芽上面 1 厘米处剪砧，促进接芽的萌发生长。

这种高接方法是对压缩修剪后生长出来的一年生强壮枝条进行的补片芽接，对于其他枝条，同样可以在中部进行芽接，此外，还可以截头进行枝接，嫁接方法同样采用切接和合接。有些龙眼产区，有些种植户习惯使用舌接，而舌接操作比较复杂，从嫁接成活率来看，合接不比舌接的成活率低，而合接的操作比较简单，嫁接成活后接口非常牢固。

采用以上的嫁接方法，嫁接成活后，嫁接品种就能够开始结果，从而完成了龙眼大树的换种工作。

(2) 截头嫁接与“拔水枝”嫁接分步进行　在春季进行截头嫁

接，接口下面要适当保留部分枝条作为“拔水枝”，为外部枝条的1/4～1/3。嫁接强枝，保留弱枝，既有利于嫁接的成活以及成活后接穗的快速生长，减小保留枝条对嫁接成活后接穗的竞争力，又有利于根系的生长和树体的平衡。嫁接的方法一般采用切接法，嫁接后用塑料袋将接穗和接口全部套起来，也可以用牛皮纸袋，保持湿度和接穗的生活力，同时又可以防止雨水浸入，能够明显提高嫁接成活率。

到第二年，对所有保留的“拔水枝”进行嫁接。嫁接方法可以采用切接法或合接法。一般在2年之内完成大树的高接换种改造。如果嫁接不成活的枝条，以及新萌发的枝条，可在第三年补接。嫁接成活的枝条数量已经足够时，就不需要再补接，而要把新的萌蘖枝条剪除，并加强管理，促进新品种接穗的生长和结果。

第5章 部分园林观赏树木的嫁接技术

5.1 观花类园林树种的嫁接技术

5.1.1 梅花的嫁接技术

梅花[*Armeniaca mume* Sie.（*Prunus mume* Sieb. et Zucc.）]，别名春梅、红绿梅、干枝梅，蔷薇科杏属落叶乔木，株高8～15米，小枝绿色无毛；叶片卵形或椭圆形，先端尾尖，基部宽楔形或圆形，具尖锯齿，两面无毛；花单生，稀2朵簇生，先叶开放，近无梗，白色、白绿色、紫红色、粉红色、浅黄色及变色，芳香；果实近球形，黄色或绿白色，被柔毛，味酸汁少；果肉不易与核分离；核卵圆形，有蜂窝状斑点；花期11月至翌年3月，果期4～7月份。

梅花原产于我国华中至西南山区，现已在全国乃至全世界普遍栽培。喜光，喜温暖湿润气候，对土壤要求不严，容易繁殖。在我国的栽培以南方较为适应，素有“南梅北杏”之说。

梅在我国的栽培历史达3000多年，栽培品种分为果梅和梅花两大类，每类均选育出许多品种。果实供生食或加工为蜜饯，经熏制成乌梅可以入药，有止咳、止泻、生津、止渴之效。梅花为冬季及早春著名观赏花木，被列为我国“十大传统名花”之一。古人把梅花与松、竹配置，被誉为“岁寒三友”；与兰花、竹、菊花结合后，就更加人格化，被称为“四君子”。古人多栽植梅花以自勉，有“梅花香自苦寒来”、“若非一番寒彻苦，哪得梅花扑鼻香”、“傲雪红梅”、“踏雪寻梅”等的赞美梅花不畏严寒的佳句。梅花在我国古典园林中使用非常广泛，并大量发展盆栽或盆景，尤其以“枯木逢春”类的枯桩梅花盆景最具代表性，徽派盆景就以梅花作为代表树种，并发展出最具代表性的“劈梅”或称“对梅”的独特的梅花盆景。

5.1.1.1 梅花嫁接的意义

梅花的许多品种（如金钱绿萼梅、送春梅、凝香梅等），只能够采用嫁接的方法进行繁殖，事实上，绝大多数的梅花品种，只有通过嫁接的方法才能够保持优良的观赏特性。所以在梅花育苗中，嫁接是必须采用的技术；同时，在对一些老树可以采用高接换种及更新嫁接的方式来换种或复壮；另外，在梅花桩景制作过程中，嫁接的技术也广泛采用。

5.1.1.2 梅花部分新优品种介绍

我国梅花的栽培品种甚多，有3000多个。可分为3系、5类、16型。

在各型中，又有许多不同的栽培品种，下面介绍一些选育栽培品种以及部分垂枝类品种。

（1）江沙宫粉　该品种由武汉磨山梅园杂交选育而成，1989年定名。特点是花浓香，花瓣形状奇特，为优良品种。树冠广倒卵形，生长势中等。花相为中繁略疏；花期2月中下旬，花径23～29毫米，浅盘形，盛开后向后翻；花色正面极淡，反面淡至浓紫，瓣色不匀；花瓣20～26枚，常另有雄蕊变瓣1枚、萼片5枚，绛紫色，反曲至强烈反曲。

（2）多雌宫粉　中国梅花研究中心2001年从实生苗中选育出的品种，是目前宫粉型品种中花最大、瓣最多、雌蕊最多的特优品种。树冠不正，扁圆形。着花较稀；花期2月中旬至3月上旬；花径25～40毫米；花蕾扁圆形，中孔大，桩头外露，白色或淡绿色，顶洒浅红晕；花态蝶形，开放后强烈反卷；花瓣45～48枚，正面为白色，略带红晕，反面极浅粉色；萼片5～6枚，有9～15枚瓣萼，平展或略反卷，绿底色被绛紫色掩盖；花清香，能够结实。

(3) 单晕红梅　中国梅花研究中心从实生大树中选出。该品种树冠不正，扁圆形。着花中密，花梗短；花单生或双生，长、中、短枝都能够开花。花期2月中旬至3月上旬；花径21～29毫米；花蕾倒卵形，玫瑰红色；花瓣蝶态，略向后翻，正面深红色，着色不均匀，边缘多白色晕斑，反面比正面略深，花瓣多数5枚，少数6～7枚；萼片5～7枚，平展或略反卷。花色艳丽，花期早而且长，易结实，是花果兼用型品种。

(4) 金钱绿萼　树冠扁圆形，树较为直立，生长势旺。花单生或双生，以短枝以及花束枝开花为主。花期2月下旬至3月中旬。花径34～36毫米，属于大花型；花蕾圆五角状，淡米黄色；花瓣40～84枚，蝶形，正面乳白色，反面极浅黄色；萼片5～6枚，淡绿色。该品种花型大，花香浓，结实少，为很具特色的品种。

(5) 菱红台阁　由中国梅花研究中心从实生树中选出的优良品种。树冠近扁圆形，生长势强。花梗中长，花着生于长、中、短枝以及花束枝。花期3月上旬至中旬；花径30～31毫米；花蕾略扁，倒卵圆形，玫瑰紫红色；花态浅碗形至蝶形，花瓣层层紧叠，17～27枚，正面极浅堇紫色，反面为淡堇紫色；萼片5枚，绛紫色。花有甜香味。

(6) 美人梅　黄国振教授从法国引进的梅花优良观花品种。树冠近圆形；花繁密，长、中、短花枝都开花。花期3月上旬至下旬。花径29～34毫米，近蝶形，花瓣19～28枚，层层叠叠；花心有碎瓣；花瓣正面为极浅紫色至淡紫色，花有香味；叶片和新梢为紫红色，与紫叶李的叶片和新梢相似。能抗－30℃的低温，适应于在北方地区发展栽培。

(7) 粉皮垂枝　由武汉磨山梅园于1988年选出并命名。树冠伞状，花繁、色艳、浓香，为早花型优种。枝条下垂；着花繁密，着生于中、长花枝上；花期2月上旬至下旬；花径20～28毫米；花蕾扁圆形，中心多无孔，深玫瑰红色，个别柱头外露；花态蝶形，层层平叠，3层，盛开时花瓣后翻，边缘有波状起伏，花瓣正反面均为淡堇紫色，正面不匀，反面略深，很不匀，瓣端及中脊略深，花瓣15～27枚；萼片5～7枚，平展，绛紫色。

(8) 垂台垂枝　中国梅花研究中心2001年从实生苗中选出的性状特优品种。树冠倒垂伞形，大枝及小枝都倾斜下垂；着花中密，花梗中长，花单生或双生；以中、短枝开花为主；花期2月中旬至3月上旬；花径21～24毫米；花蕾扁球形；花态浅碗状，层层叠叠，花瓣33～40枚，正面深水红色，反面比正面略深；萼片5～7枚，绿底为绛紫色掩盖；花心台阁明显，数量特多，是垂枝梅中少见的品种。

(9) 骨红垂枝　树冠倒伞形，大小枝均倾斜下垂，枝条新生木质部淡紫色；花梗短，着花较疏；花单生或双生，以中、短枝开花为主；花期2月中旬至下旬；花径22～26毫米，花态蝶形，花瓣5～6枚，正面浓堇紫色，反面浓紫色；萼片5～6枚；雌蕊短于花瓣，花丝酒红色，花药黄红色。花香甜，结实少，是优良的垂枝品种。

(10) 锦生垂枝　树冠垂伞形，大枝斜伸，小枝横生而后下垂，新生木质部为淡暗紫色；花单生，柄中长，以长枝开花为主；花期2月下旬至3月上旬；花径20～26毫米，花瓣15～24枚，重瓣，正面反面均为紫红色，反面色更浓；萼片5枚，偶有6枚、7枚、8枚，酱紫色；雄蕊短于花瓣，辐射，白而带酒红晕；雌蕊1～3枚，花柱淡黄色带淡酒红色。该品种是用日本静冈丸子梅园赠送的嫁接苗培育而成，是集垂枝、重瓣、花色艳丽于一身的优良品种。

5.1.1.3　梅花嫁接砧木的种类与培养

(1) 砧木的种类　嫁接梅花的砧木通常采用梅（本砧）、毛桃、山桃、寿星桃、杏、李、毛樱桃等树种的实生苗。亲和力最好的是本砧，用梅的实生苗嫁接梅花，成活率高，接口愈合良好，根系发达，抗逆性强，寿命长；桃砧木最好培养，嫁接成活率也高，开花早，但抗逆性弱，特忌积水，易流胶，寿命短，接口处常出现上粗下细的“小脚”现象，说明亲和性较差；杏砧木的表现介于本砧和桃砧之间，耐寒力极强，抗旱性也强。嫁接梅花的砧木，一般南方多采用本砧和毛桃砧，而北方多采用山桃砧和杏砧。用李树作为梅花的砧木，亲和力稍弱，各地很少采用。

在选择砧木时，各地应该根据当地资源优势、生态环境条件和经营的需求来确定。例如，如果批量繁殖生产盆栽梅花，要求开花早，可以选择桃砧；要求矮化株形，可选用寿星桃作为砧木；作为建园用的定植梅花，则要求寿命长、抗涝，嫁接的砧木则应该选择梅的实生苗。

(2) 砧木的繁殖和培育　砧木的种子要从生长健壮、丰产、稳产、品质优良、无病虫害的母树上采收，要待种子充分成熟后再采收，采后将种子从果实中取出，适当晾干。

培育以上几种砧木实生苗的种子，需要沙藏才能够发芽。沙藏前，用清水将种子浸泡2～3天，捞出后与3～5倍的细沙混合。在背阴处挖深80厘米的沟，宽度和长度根据沙藏种子的多少而定。先在沟底铺一层10厘米厚的沙，将种子和沙的混合物放入沟内，到离沟面40厘米处，上面覆盖细沙到地面，覆盖一层塑料膜，上面再盖上一层20厘米厚的土，使覆盖的土壤高于地面，防止积水。沙藏到春季气温回升，有三分之一的种子露白时，即可以把种子取出进行播种。

播种前要用50%苯菌灵拌种，每千克种子用药15克。播种时期一般在3月下旬，不同地区根据具体情况提前或延迟播种。苗床要在背风向阳处，翻耕后耙细整平并进行消毒。按50厘米的行距、10厘米的株距点播。现在育苗均采用营养钵，可用10厘米×10厘米的营养钵育苗，先配制营养土，采用土壤和腐殖土1∶1的比例混合，按1%的比例加入杀菌剂进行营养土的消毒，消毒剂可用高锰酸钾、福尔马林、多菌灵等。将配制好的营养土装入营养钵中，装到离营养钵上口3厘米处即可。把装好营养土的营养钵按每行6～8袋一行整齐排列，然后将已发芽的种子每个营养钵播入一粒，使种子嵌入营养土里不露出即可。播后盖上稻草或松针保湿，也可以用遮阳网覆盖。最后就是浇水管理，每天喷水1～2次，将营养土喷湿即可。经过催芽并引进发芽的种子，一般1周的时间即可出苗，出苗后加强水肥管理，并注意杂草的防除和病虫害的防治，生长3个月就可以进行芽接，或者到生长季结束，翌年春季进行枝接。

5.1.1.4　梅花苗期嫁接技术

(1) 生长季芽接　梅花的嫁接在5～9月份都可以进行芽接，接穗要从优良品种的成年健壮母树上剪取树冠外围的一年生营养枝，要求发育充实、芽体饱满。剪切下来之后，立即将叶片剪除掉，留下小段叶柄，用湿布包裹，随采随接。如果是异地引种，最好到春季枝接时进行嫁接，因为生长季的枝条和接芽不宜长途运输。

梅花芽接的第一个时期在6～7月份，在大棚可以在3月上旬播种砧木，出苗后给予较好的水分管理，2个月后，砧木直径达到0.5厘米时就可以进行嫁接，还有春季枝接没有成活的，留一个枝条，到6～7月份也可以采用芽接。嫁接的方法根据砧木和接穗离皮的情况而定，如果砧木和接穗都很嫩，皮很薄，不宜采用“T”字形芽接，要采用带木质部的嵌芽接，容易操作，嫁接速度快；如果砧木和接穗发育非常充实，容易离皮，就可以采用“T”字形芽接。嫁接之后用塑料条进行绑扎，由于砧木和接穗都会流胶，在嫁接时切口不要太深，尽量减少流胶量。绑扎时要将叶柄和芽眼露出，如果绑扎时芽眼和叶柄不露出，到接芽萌发后要将芽眼处的塑料膜挑开，促进接芽的萌发生长。在嫁接前7天，要对砧木苗追一次速效氮肥，促进树液的流动，提高嫁接成活率。嫁接后不要立即剪砧，接后8～10天，接芽愈合成活后，在接芽上方2～3厘米处折砧，将砧木木质部折断，树皮保留不断，使砧木失去顶端优势，也可以在接芽上方10厘米处断砧。如果剪砧过短，接芽会枯死。嫁接成活后，剪砧合理，并抹除接芽以下的砧木萌蘖和萌芽，结合较好的水分管理及病虫害防治，到生长季结束时，嫁接苗能够形成比较理想的壮苗。

梅花芽接的第二个时期是在8月中下旬至9月中旬，这时，砧木的形成层非常活跃，接穗也多，砧穗双方都容易离皮，可进行不带木质部的“T”字形芽接。接后为了防止雨水浸入，也便于操作，用塑料条绑扎时，不必露出芽和叶柄，从下而上将接口部位全部绑扎起来。这种嫁接方法成活率极高，嫁接速度快。接后不剪砧。到第二年春季，在接芽上面1厘米处剪砧，并除去塑料条，促进接芽的萌发。

(2) 春季枝接　梅花的嫁接可以进行春季枝接，嫁接的时间在早春。嫁接的方法根据砧木的粗度决定，粗度较大的砧木，宜采用插皮接，嫁接的时期在砧木萌芽之后，这个时期已经能够离皮，接穗容易插入。插皮接比较容易操作，速度快，嫁接成活率高；对于砧木不太粗而略粗于接穗时，可采用切接法，砧木切口的宽度最好与接穗削面的宽度一致，嫁接时能够使砧穗双方两侧的形成层都能够对齐，有利于成活；对于砧木和接穗粗度相近时，可采用劈接法或合接法，嫁接时，使砧穗双方两侧的形成层都对齐。

接穗要从优良品种的成年健壮母树上剪取树冠外围的一年生营养枝，要求发育充实、芽体饱满的枝条。接穗的采集可以结合冬季修剪进行，采集的接穗要用湿沙埋藏保持或在冷库、地窖内低温贮藏，到嫁接的时期取出使用，根据每天的嫁接量随取随接。接穗嫁接之前先进行蜡封，接穗的蜡封在从贮藏地取出后进行，接多少蜡封多少，不要在贮藏之前蜡封，蜡被在贮藏过程中会剥落。

嫁接时根据砧木的情况选择不同的嫁接方法，同一圃地内，都可以采用不同的方法。如果嫁接数量不多，接穗也可以不蜡封，但必须用塑料袋将接穗和接口套起来或用塑料条把接口和接穗全部包裹。如果采用切接、劈接、合接三种方法嫁接，砧木不需要离皮，嫁接的时期可以提早，在砧木萌芽之前，提早嫁接便于劳力的安排，也可以使接穗提早萌发，延长生长期。成活后及时管理，抹除砧木上的萌芽，接穗上只留1个芽萌发的枝条，其他芽或枝条全部疏除，到生长季结束时嫁接苗可以生长到 0.6～1 米的高度。

5.1.1.5　梅花老桩盆景的嫁接培养

可以利用树龄较大的或者野生的梅、山杏、山樱桃、毛樱桃、山桃和毛桃的大树，在早春留 30～100 厘米截干，气温回升后，截口下面就会萌发许多萌蘖枝条，选留部位合适的、对造型有利的枝条，其他萌蘖枝条清除。到夏、秋季进行芽接或翌年春季进行枝接。接口最好靠近老桩附近，使嫁接口不明显，并使老桩和萌发的新枝成为一个整体。采用多头嫁接的方法，控制接穗的生长。嫁接成活后，对萌发的新梢进行控制，可以通过修剪或化学方法（也就是在盆中浇灌多效唑）。经过 3 年左右的整形培育，就能够形成观赏价值较高的梅花老桩盆景。

5.1.2　榆叶梅的嫁接技术

榆叶梅［*Amygdalus triloba*（*Prunus triloba* ）］，别名榆梅、小桃红、榆叶鸾枝，蔷薇科桃属落叶灌木或小乔木，株高 1.5～5 米，枝紫褐色；叶片倒卵形或椭圆形；花粉红色、深粉红色、大红色等，常 1～2 朵生于叶腋；果实近球形，红色；花期 4 月份，果期 7 月份。

榆叶梅原产于我国华北、黄河流域一带，在河北、山东、山西、浙江等地有野生分布，现已在全国各地普遍栽培。喜光，耐寒，耐旱，但不耐涝对土壤要求不严，对轻度碱土也能够适应。

5.1.2.1　榆叶梅嫁接的意义

榆叶梅花色、花形艳丽，在盛花时，深浅不一的桃红花色，密布于半球形树冠上，团花紧簇，灿烂夺目，春色满园。是园林绿化、庭院美化的优良观花树种。榆叶梅可采用播种繁殖和嫁接繁殖，播种繁殖虽然简单方便，但其实生苗都是单瓣花，花色浅，花量少。通过嫁接，可以发展重瓣、花色艳丽、花大、花多的品种。所以榆叶梅要通过嫁接才能够发展新优品种，而且可以通过高接换种，培养观赏价值很高的小乔木型的榆叶梅。

5.1.2.2 榆叶梅部分新优品种介绍

（1）鸾枝榆叶梅　小枝紫红色，花繁密，单瓣或重瓣，紫红色。

（2）变种鸾枝榆叶梅　花瓣和萼片各为10枚，花粉红色，叶片下面有毛。

（3）半重瓣榆叶梅　花粉红色，半重瓣。

（4）重瓣榆叶梅　花大，重瓣，深粉红色，萼片通常10枚，花繁密。

（5）红花重瓣榆叶梅　花重瓣，玫瑰红色，繁密，花期较晚。

（6）毛瓣榆叶梅　花粉红色，花瓣有毛。

（7）截叶榆叶梅　叶片顶部截形，花淡红色。

5.1.2.3 榆叶梅嫁接砧木的种类与培养

榆叶梅砧木可采用山杏、山桃、毛桃、梅、榆叶梅的实生苗，也可以采用榆叶梅的营养繁殖苗。各种实生苗的繁殖可以参照杏、桃、梅砧木的繁殖方法，营养苗的繁殖可以采用扦插、分株、压条的方法进行。

5.1.2.4 榆叶梅苗期嫁接技术

榆叶梅的苗期嫁接技术和方法以及操作步骤与梅花的嫁接方法相同，可以按照梅花的嫁接方法进行操作。

5.1.2.5 榆叶梅大树高接换种

榆叶梅呈灌丛状，树形矮化，观赏效果差，加之基部萌蘖较多，影响嫁接苗的生长和观赏效果。如果采用高接法嫁接之后，树冠高，为小乔木状，提高了观赏价值，又方便清除砧木萌蘖。高接前，先要培养砧木，无论是哪一种方法繁殖的砧木苗，都让其保持顶端优势，把顶芽下面的萌芽抹掉，不让其形成侧枝，到主干生长到100厘米以上时截干。第二年剪口下萌发的枝条保留3～4枝，生长季结束时再进行短截，促进其再分枝，这样通过3～4年的培养，就可以进行高接。

高接时接在分枝上。2 年生树可接 3～4 个头，3 年生树可接 5～6 个头，4 年生树可接 7～8 个头，这种多头高接的树冠圆满紧凑。嫁接的方法可采用枝接的常用方法，插皮接、切接、劈接、合接等。嫁接成活后的新梢生长到 50 厘米后，要立支柱固定，防止被风吹断，同时，要对新梢进行摘心，促进其分枝，以达到树冠圆满的状态。嫁接之后第二年，就可以大量开花。

5.1.3　观赏桃的嫁接技术

观赏桃是指蔷薇科桃属植物桃［*Amygdalus persica* L.（*Prunus persica* L.）］的一些观赏价值较高的变型。重瓣类型的观赏桃称为碧桃。

观赏桃的花艳丽芳香，妩媚可爱，为优良的早春观花树种。可栽植于庭院、山坡、路边，或栽植于专类桃花园，园林配置中常与柳树间植于河畔，形成桃红柳绿的优美景观。也可以制作长盆景，观赏价值极高。

5.1.3.1　观赏桃嫁接的意义

观赏桃的花色比果用桃艳丽，花型大，花量多，重瓣，有的不能够结果，即使结果，用种子播种的实生苗的花型、花色、花量都会产生分离，所以，必须通过嫁接才能够保持优良的观赏特性。观赏桃有一种较为普遍的变化类型，就是二色花，是嫁接的嵌合体。在使用两种不同花色的观赏桃进行嫁接时，在嫁接部位的萌芽发育成为枝条之后，开出的花卉出现在同一个枝条上有两种甚至多种花色，或者在同一朵花上具有不同颜色的花瓣，甚至会出现同一个花瓣上有不同颜色的斑点或条纹。这种观赏价值极高的花型花色，必须通过嫁接才能够保持其独特的开花特性，而且在这种具有嵌合体的树上采集接穗的时候也会因为接穗的位置和开花特性不同而使嫁接之后的花型和花色都有较大的差异。因此，嫁接在观赏桃繁殖和发展中起到至关重要的作用。

5.1.3.2 观赏桃部分新优品种介绍

观赏桃是桃的一些栽培变型，主要的种类有以下几种。

（1）白桃　花白色，单瓣。

（2）白碧桃　花白色，复瓣或重瓣。

（3）碧桃　花淡红色，重瓣。

（4）绛桃　花深红色，复瓣。

（5）红碧桃　花红色，复瓣，萼片常为10枚。

（6）复瓣碧桃　花淡红色，复瓣。

（7）绯桃　花鲜红色，重瓣。

（8）洒金碧桃　花复瓣或近重瓣，白色或粉红色，同一株上有两色花，或同一朵花上有两色，或同一枚花瓣上有粉、白两色。

（9）紫叶桃　叶片颜色为紫红色，花单瓣或重瓣，淡红色。

（10）寿星桃　树形矮小紧密，节间短，花常重瓣。

（11）垂枝桃　枝条下垂。

（12）塔形桃　树形窄塔形，较罕见。

5.1.3.3 观赏桃嫁接砧木的种类与培养

观赏桃的砧木可以采用山杏、山桃、毛桃、毛樱桃。繁殖和培育方法参照梅花砧木的繁殖方法。

5.1.3.4 观赏桃苗期嫁接技术

观赏桃的苗期嫁接技术和方法以及操作步骤与梅花的嫁接方法相同，可以按照梅花的嫁接方法进行操作。

5.1.3.5 观赏桃大树高接换种

可以利用树龄较大的山杏、山樱桃、毛樱桃、山桃、毛桃、寿星桃的大树，寿星桃使用较多。在早春留30～100厘米截干，气温回升后，截口下面就会萌发许多萌蘖枝条，选留部位合适的、对造型有利的枝条，其他萌蘖枝条清除。到夏、秋季进行芽接或翌年春季进行枝接。接口最好靠近老桩附近，使嫁接口不明显，并使老桩和萌发的新枝成为一个整体。采用多头嫁接的方法，控制接穗的生长。嫁接成活后，对萌发的新梢进行控制，可以通过修剪或化学方法（也就是在盆中浇灌多效唑）。经过3年左右的整形培育，就能够形成观赏价值较高的桃花老桩盆景。

观赏桃嫁接的接穗选择十分重要，特别是采集具有嵌合体的品种时要在开花的时候做好记号，因为，即使在同一株树上剪下来的枝条作为接穗，也会因为部位的不同，嫁接后萌发枝条的开花特点也不同。例如，在一个枝条上有白色和粉色两种花色，采集开白色花的枝条，嫁接后全部开白色花，采集开粉色花的枝条，嫁接后全部开粉花，不会开两色花，只有将两色花的枝条短截后采集从其基部萌发的枝条进行嫁接后，才能够开两色花。一花两色或一瓣两色的接穗采集同样如此。

5.1.4　樱花的嫁接技术

樱花［*Cerasus serrulata* Lindl G. Don ex London（*Prunus serrulata* Lindl.）］蔷薇科樱属落叶乔木；树皮暗栗褐色，光滑而有光泽，具横纹；小枝无毛；单叶互生，卵形或卵状椭圆形，先端尾尖，叶缘具芒状锯齿；花白色、粉红色、红色，3～5朵组成总状花序，两性花；核果球形，熟时红褐色；花期4月，果期7月。

樱花原产于东北、华北及长江流域，朝鲜、日本均有分布。樱花花感强烈，满树都是花，枝叶繁茂、绿荫如盖，广泛作为观花及庭荫树。可作为行道树、观赏树，也可大面积栽植，作为观花林，形成大规模的花海。

5.1.4.1　樱花嫁接的意义

樱花的繁殖，主要采用播种和嫁接的方法，播种苗开花晚，而且以单瓣为主，重瓣类结实率低，而且播种的实生苗开花习性出现分离。所以，要繁殖樱花优良品种的树木，就需要采用嫁接的方法。

5.1.4.2　樱花部分新优品种介绍

樱花有许多栽培的变种或变型，观赏特性都较好，主要的类型有以下几种。

① 毛樱花　叶片正反面、叶柄、花梗及花萼都生有毛。

② 重瓣白樱花　花白色，重瓣。

③ 重瓣红樱花　花粉红色，重瓣。

④ 红白樱花　花重瓣，花蕾淡红色，开放后转为白色。

⑤ 瑰丽樱花　花大，淡红色，重瓣，有长梗。

⑥ 垂枝樱花　枝开展而且下垂，花粉红色，花瓣多至 50 枚以上。

⑦ 云南樱花　又称重瓣云南樱花，花深粉红色，每簇有花 2～4 朵，直径 2.5～3 厘米，着生于花枝上的花朵密度很大，挤成花球，形成红花满树的壮观景色，为樱花中的极品。

5.1.4.3　樱花嫁接砧木的种类与培养

樱花的砧木一般采用山樱桃、野樱桃、山樱花、冬樱花、甜樱桃的实生苗，甜樱桃种子一般发芽率不高，很少用于繁殖。

以上几类砧木的种子比较容易发芽，在 5～6 月份种子成熟后立即采收，堆沤 1 周，果皮和果肉腐烂后放置于清水中搓洗，然后将种子淘洗干净，捞出阴干备用。播种前用 0.5%的高锰酸钾溶液或 0.5%的福尔马林溶液浸泡 1～3 小时，然后用清水反复冲洗 3～4 次，再用清水浸泡 2 天，每天换 1 次水，控水后放置于箩筐或细沙中催芽，当 30%左右的种子露白后就可以播种。如果要到翌年春季播种，要用湿度为 40%左右的湿沙贮藏，否则发芽率会散失较大。播种可采用苗床和营养钵的方法。

5.1.4.4　樱花苗期嫁接技术

(1) 夏季芽接　砧木播种的当年因为种种原因达不到嫁接的粗度，不能够进行嫁接，到第二年春季进行平槎，砧木从根颈处重新萌发新枝，在几个新枝中保留生长旺盛的枝条。到 6 月份，新枝已经半木质化，粗度和接穗相当。樱花芽接方法一般采用方块芽接，也可以采用“T”字形芽接。嫁接后不要剪砧，只要对正在生长的砧木进行摘心，控制生长，保留砧木的叶片，接芽上下都留 5～6

片叶片，有利于接口的愈合。嫁接15天后就能够成活，就可以将接芽以上的砧木剪除，以促进接芽的萌发，接芽下面的叶片一直保留不清除，对砧木上萌发的枝条全部都要抹除。

（2）秋季芽接　当年播种育苗，在水肥管理较好的情况下，到8～9月份就能够达到嫁接的粗度，就可以进行嫁接。嫁接方法采用“T”字形芽接，在接穗离皮困难时，可以采用嵌芽接。两种芽接方法在绑扎时都以露芽和叶柄为好，也可以不露芽。嫁接之后不剪砧，也不摘心，不影响砧木的生长，可保证接芽不萌发，以利于安全越冬。到第二年春季，在接芽之上1厘米处剪砧，并抹除砧木的萌芽，促进接穗的生长。

接穗要从优良品种的成年健壮母树上剪取树冠外围的一年生营养枝，要求发育充实、芽体饱满。剪切下来之后，立即将叶片剪除掉，留下小段叶柄，用湿布包裹，随采随接。

（3）春季枝接　樱花的嫁接可以进行春季枝接，嫁接的时间在早春。嫁接的方法根据砧木的粗度决定，粗度较大的砧木，宜采用插皮接，嫁接的时期在砧木萌芽之后，这个时期已经能够离皮，接穗容易插入。插皮接比较容易操作，速度快，嫁接成活率高；对于砧木不太粗而略粗于接穗时，可采用切接法，砧木切口的宽度最好与接穗削面的宽度一致，嫁接时能够使砧穗双方两侧的形成层都能够对齐，有利于成活；对于砧木和接穗粗度相近时，可采用劈接法或合接法，嫁接时，使砧穗双方两侧的形成层都对齐。

接穗要从优良品种的成年健壮母树上剪取树冠外围的一年生营养枝，要求发育充实、芽体饱满的枝条。接穗的采集可以结合冬季修剪进行，采集的接穗要用湿沙埋藏保持或在冷库、地窖内低温贮藏，到嫁接的时期取出使用，根据每天的嫁接量随取随接。接穗嫁接之前先进行蜡封，接穗的蜡封在从贮藏地取出后进行，接多少蜡封多少，不要在贮藏之前蜡封，蜡被在贮藏过程中会剥落。

采用切接、劈接、合接三种方法嫁接，砧木不需要离皮，嫁接的时期可以提早，在砧木萌芽之前，提早嫁接便于劳力的安排，也可以使接穗提早萌发，延长生长期。成活后及时管理，抹除砧木上的萌芽，接穗上只留1个芽萌发的枝条，其他芽或枝条全部疏除，到生长季结束时嫁接苗可以生长到0.6～1米的高度。

5.1.5 海棠的嫁接技术

海棠花为蔷薇科苹果属一些观花种类及其栽培品种和变种变型的总称。主要包括海棠花（*Malus spectabilis* Borkh.）、西府海棠（*Malus micromalus* Mak.）、垂丝海棠（*Malus halliana* Koehne.）等种类及其种类的一些栽培品种和变型。

5.1.5.1 海棠部分种和品种介绍

（1）海棠花（*Malus spectabilis* Borkh.） 落叶小乔木，高8米，小枝红褐色，叶片椭圆形至长椭圆形，边缘具细密锯齿；花在蕾时甚是红艳，开放后粉红色近白色，单瓣或重瓣；果球形，黄色；花期4～5月份，果期9月份。海棠花有许多栽培变种和品种。

① 重瓣粉海棠（*Malus spectabilis cv.* Riversii） 花型大，花径5厘米左右，花粉红色，重瓣。树势强，叶片宽大。

② 重瓣白海棠（*Malus spectabilis cv.* Albiplena） 花型较大，花径4厘米左右，花白色或微有红晕，重瓣。

③ 紫花海棠（*Malus spectabilis var.*） 海棠花的一个变种，园林绿化及盆栽观花观果的新品种。春季萌发的新叶呈紫红色，随着生长逐步变为深绿色；小枝紫褐色；花蕾深红色，开放后呈淡粉红色。花期4～5月份，属于晚熟型海棠品种，具有二次开花现象。喜光、耐寒、耐旱，忌水湿。在我国南北各地均可栽培。

（2）西府海棠（*Malus micromalus* Mak.） 山荆子与海棠花的杂交种，又叫小果海棠。落叶小乔木或灌木，高3～5米；枝直立性强，小枝紫褐色或暗褐色；叶片长椭圆形，叶缘锯齿尖细，叶面有光泽；花梗短而不下垂；花初放时色浓如胭脂，开放后逐渐变淡为淡红色，半重瓣或重瓣；果小，红色；花期3～4月份，果期8～9月份。观花、观果效果好。

(3) 垂丝海棠（*Malus halliana* Koehne.）　落叶小乔木，高5米；树冠疏散开张，有枝刺，尤其基部较多，小枝细，紫褐色；叶片卵形至长卵形，边缘具细钝锯齿或全缘，叶质较厚硬，叶色暗绿色，有光泽，叶柄及中肋常带紫红色；花簇生于小枝端，鲜玫瑰红色，花梗细长而下垂；花期3～4月份；果期9～10月份。栽培品种和变种有以下两种。

① 白花垂丝海棠（*Malus halliana var. spontanea* Koidz.）　垂丝海棠的一个变种，叶片较小，椭圆形至椭圆状倒卵形；花较小，白色，花梗极短。

② 重瓣垂丝海棠（*Malus halliana cv.* Parkmanii）　垂丝海棠的一个栽培品种。花梗深红色，花半重瓣，颜色红艳。

5.1.5.2　海棠嫁接砧木的种类与培育

我国北方地区常用的海棠嫁接的砧木有山荆子、西府海棠、裂叶海棠和野生海棠；南方常用湖北海棠。秋季果实成熟后，采收果实，除去果肉，漂洗种子后稍晾干即可进行秋季播种，如果要到春季播种，要把种子进行沙藏。播种后覆土2厘米左右，加盖塑料膜或稻草等覆盖材料，保持土壤湿润，到4月下旬就能够萌发。出苗之后加强水肥管理，到生长季结束后能够生长到80厘米左右的高度。

5.1.5.3　海棠苗期嫁接技术

(1) 秋季芽接　在8～9月份，砧木和接穗都能够离皮，是芽接的最佳时期。接穗要从健壮的优良母树上采集一年生营养枝，采集之后剪去叶片，保留叶柄，用湿布包好备用。嫁接的位置在砧木离地面5厘米处，一般采用“T”字形芽接，如果到了9月份之后，接穗不容易离皮时，则采用嵌芽接法进行嫁接。嫁接之后，用塑料条绑扎，将叶柄和芽全部封裹，不必露出。嫁接之后不剪砧，到翌年春季芽萌发前，将接芽以上1厘米处的砧木剪去，促进接芽的萌发。

(2) 春季枝接　春季枝接，可利用1年生苗作为砧木，也可以用多年生苗作为砧木。接穗采用比较粗壮的营养枝，嫁接之前进行蜡封。嫁接的方法可以根据砧木粗细而定，粗度较大的采用插皮接，粗度略大于接穗的，用切接或劈接。接后用塑料条绑扎，将接口包严，露出已蜡封的接穗，接芽萌发之后，可以自由生长。

5.1.6 月季的嫁接技术

月季（*Rosa chuinensis* Jacq.）又名月月红、月季花，蔷薇科蔷薇属常绿或半常绿灌木，株高 1.5 米，茎常具钩刺；奇数羽状复叶，小叶 3 枚、5 枚、7 枚，宽卵形或卵状长圆形，先端渐尖，叶缘有锐锯齿，两面无毛，叶柄和叶轴疏生皮刺和腺毛；托叶大部附生在叶柄上。边缘有腺毛或羽裂；花单生或几朵簇生，深红色，粉红色至近白色，微香，常为重瓣；萼片有羽状裂片，边缘有腺毛；果实卵球形或梨形，萼片脱落，红色。花期 4～9 月份，果期 9～11 月份。变种月月红（*Rosa chuinensis var. semperflorens* Koehne)、小月季（*Rosa chuinensis var. minima* Voss)、绿月季(*Rosa chuinensis var. viridiflora* Dipp.）

月季是世界著名的花卉，为世界五大鲜切花之一，也是我国十大名花之一。花期长，花色多，艳丽，可以栽植于花坛、花径、绿篱，也可配置于草坪、园路、庭院、假山等，可以种植月季园，还可以作为鲜切花、盆栽等。

月季的繁殖方法主要有嫁接、扦插、压条、播种，也可以分株和组织培养。种植播种繁殖法，实生苗生长慢，不能够保持原种的特性，主要用于杂交的砧木培养；扦插繁殖，速度快，能够保持原种的特性，但需要大量的插穗，并且成活情况也受气候、湿度的影响较大。还有就是黄色品种的月季扦插往往不容易生根，成活率低，扦插的月季生长势较缓慢，植株形成较单一。嫁接繁殖有枝接和芽接两种方式，多采用芽接，方法简单，成活率高，一个芽就能够繁殖一株月季，尤其是在引进新品种及发展优良品种时，采用嫁接法最为有利。嫁接后的植株比较适合当地栽培，管理也容易。同时，通过嫁接，可以培养树状月季，使其直立，也可以在同一个植株上嫁接不同的品种，培养一枝多花的月季类型，提高观赏价值。

5.1.6.1 月季部分新优品种介绍

（1）月季品种的分类　月季的栽培品种全世界已超过20000多个，血统极复杂，根据植株生长状态以及开花情况分为以下7个类型。

① 芳香月季类　植株健壮优美，花梗直立，花形典雅多姿，花色丰富艳丽，芳香，花瓣常有茸毛。抗寒力强，花期长。

② 丰花月季类　花色丰富，花形优美，花朵成束而集中开放，多无香味。抗病力强，耐寒。

③ 壮花月季类　植株高度可达2米，花大，香味浓。

④ 中国月季类　植株开展，生长纤弱。花瓣多而密，有香味，四季或两季开花。

⑤ 微型月季类　植株矮小，高15～30厘米，多分枝，花朵小，花径1.5～4厘米，花色丰富，芳香，花期长。

⑥ 十姐妹月季类　株形圆整，花形直径2.5厘米，成束开放，色彩艳丽，多次开花，生长健壮，抗热力和抗寒力强。

⑦ 藤本月季类　攀援性藤本，枝条细长，3～6米。

还可以根据月季的颜色系列进行分类，可分为白色系、黄色系、橙色系、粉色系、红色系、黑红色系、蓝色系、复色系等。

（2）月季部分栽培品种

①人们喜爱和熟知的品种　和平、双喜、粉皇、明星、黑红等。

② 复色、双色花品种　摩纳哥公主：花乳白色带红边，大型；五彩缤纷：花初开时黄色，盛开时变橙色，最后成为深红色，中型；幻彩：花色淡粉、桃红混合色，随着开放时间的延长逐渐变成深粉红色，大花型；迷恋：花色金黄、杏粉混合色，大型；法国花边：花象牙白色，逐渐变淡粉和黄色，大型；绿袖：初开时淡粉色，盛开后逐渐变为淡绿色，中型；坎普希光荣：花淡乳黄色，瓣

边泛粉红色，中型；金婚纪念：花深黄色，瓣边泛红色，大型；金辉：花亮黄色，外瓣边缘泛红色，中型。

③ 优秀切花月季品种　特尼克：花纯白色，大型，高心卷边；雅典娜：花白色，大型，高心卷边；埃斯梅尔黄金：花金黄有红晕，中大型，高心翘角；黄金时代：花金黄色，中型；金徽章：花金黄色，大型，高心翘角；索尼亚：花珊瑚粉色，大型高心卷边；外交家：花粉红色，瓣质硬；女主角：花粉红色，大型高心卷边；唐娜小姐：花深桃红色，大型；婚礼粉：花粉红色，中型，高心卷边；玛德龙：又名红胜利，花大型，高心卷边；玛丽娜：花亮朱红色，中型；默西德斯：花亮朱红色，有茸毛感，中型，平头状，花瓣硬质；莫尼卡：花正面鲜朱红色，背面黄色，花瓣硬质；萨曼莎：花深红色，大型，有茸毛感；红成功：花大红至朱红色，瓣多，质硬；加布里拉：花大型，红色；红衣主教：花瓣鲜红色，有茸光，中大型，瓣硬。

5.1.6.2　月季嫁接砧木的种类与培养

(1) 月季嫁接砧木的种类　月季嫁接的砧木，由于各地气候条件、土壤质地以及野生植物资源的不同，世界各地在月季嫁接中都有自己习惯的砧木。例如，英国、美国广泛使用多刺玫瑰、多花蔷薇及狗玫瑰作为嫁接月季的砧木；北京地区传统采用白玉棠作为月季的砧木，白玉棠为灌木，开白色小花，茎基本无刺，便于嫁接操作，但白玉棠容易感染白粉病，嫁接月季后抗性较差。经过多年的实践证明，用粉团花蔷薇作为嫁接月季的砧木，非常适宜，粉团花蔷薇生长势健壮，直立性强，枝条光滑，近于无刺，抗病性强，基本不受白粉病的侵染，花为重瓣。嫁接月季之后，表现良好，成活率高，在生长过程中，砧穗双方能够相互促进。除了粉团花蔷薇之外，其他有刺的蔷薇（如花旗藤，七姐妹等）也适宜作为月季的砧木，但刺多，给嫁接带来一定的困难。

(2) 砧木的繁殖和培育　月季嫁接的砧木繁殖主要进行扦插繁殖，扦插时间可在春节、夏季和秋季三个时期进行。事实上，月季砧木的扦插非常容易生根，扦插的操作也非常简单。将插穗剪切为10～20厘米的小段，顶端可以留1～2枚叶片，也可以不留，为了区分上下，上剪口剪为平口，下剪口剪成斜口，剪好的插穗放入清水中浸泡30分钟，然后就可以扦插。扦插的基质可用采用各类细沙、蛭石、珍珠岩、腐殖土，也可以直接扦插在土壤中。插后前3天每天喷水3～4次，4～8天每天喷水2次，9～15天每天喷水1次，这样各管理15天就基本成活，以后可以每隔1～2天喷水1次。

5.1.6.3 月季苗期嫁接技术

(1) 生长季嫁接　月季的生长季嫁接，一般采用“T”字形芽接，也可以采用双开门方块芽接。嫁接时间在6月份的时候，接芽要求当年萌发，嫁接之后先不剪砧，将砧木的嫩梢剪掉或进行摘心，促进接芽的成活。嫁接之后10天，在接芽之上1厘米处，将砧木剪断2/3，保留1/3不剪，并从剪口处反向折倒，使接芽处于顶端位置，以促进接芽萌发。到接芽萌发生长之后，再把砧木折断处全部剪掉。如果嫁接时间在8～9月份，嫁接后不剪砧，也可以不摘心。到翌年春季，在接芽以上1厘米处剪砧，促进接芽的萌发生长。

(2) 春季枝接　春季枝接，适宜在砧木萌发之前进行。接穗可选用冬季修剪下来的充实的枝条，贮藏在低温、保湿的地窖或沙藏沟内。嫁接的方法可采用带木质部的嵌芽接，接后就将接芽以上1厘米处的砧木剪掉，促进接芽的萌发和生长。

5.1.6.4 树状月季的嫁接与培养

自然界中的月季，一般都是丛生灌木，没有主干，通过嫁接，可以培养出有主干的小乔木状的树形月季，使其枝繁叶茂、花大、花多、色艳、花期长，提高其观赏价值。

(1) 砧木的选择和培养　培养树形月季，嫁接的砧木可以选用粉团花蔷薇或花旗藤，美国多选用花蔷薇和950号蔷薇。要采用2年生以上生长旺盛的大砧木，干形较好的直接定干嫁接，干形不理想的在冬季平槎，从新萌发的枝条中选留 1 枝，其他全部剪掉，选留的枝条，用撑杆固定，生长到合适的高度后截干定干，一般定干高度在 1 米或 1.5 米，然后嫁接。

(2) 嫁接和培养　在定干位置处进行嫁接。6～9 月份采用“T”字形芽接、方块接芽，2～3 月份采用枝接、劈接、切接、合接和插皮接均可。芽接可在不同方位接 3～4 个接芽，枝接也可以嫁接 2～3 个接穗。接穗萌发生长后，要及时清除砧木上面的萌芽，在初见花蕾时，要摘掉花蕾，促进二次分枝，二次分枝生长到分化花蕾时，同样摘掉花蕾，再促进分枝。由于不让其开花，枝条生长比较旺盛，经过一个生长季，就能够形成伞状或冠状树形。

(3) 树状月季嫁接品种的选择　培养树状月季，嫁接的品种最好选用枝条比较柔弱的品种，如多花月季和复花月季，不要采用切花型月季。要使枝条舒展伸长，适当下垂，形成伞状或垂枝状。另外，也可以嫁接几个品种。如果几个品种的生长势强弱不同，要嫁接在同一株上，方法是：把弱势品种先嫁接，成活之后，过一段时间，再嫁接强势的品种。也可以在砧木上选择强枝嫁接生长势弱的品种，弱枝嫁接生长势强的品种，能够使不同品种的生长势达到平衡，培养出树势平衡、绚丽多彩的多色树形月季，具有极高的观赏价值。

5.1.6.5　玫瑰嫁接技术

玫瑰（*Rosa rugosa* Thunb.）与月季是同属不同种的植物，玫瑰是著名的观赏花卉，玫瑰花香气浓郁，也是重要的香料植物，花是食品工业的重要原料。玫瑰的栽培变种有：紫玫瑰，花玫瑰紫色；红玫瑰，花玫瑰红色，单瓣；白玫瑰，花白色，单瓣；重瓣紫玫瑰，重瓣花，玫瑰紫色，香气浓，栽培最广；重瓣白玫瑰，花白色，重瓣。

玫瑰扦插难以生根，传统的繁殖方法是根插，繁殖较慢。采用嫁接法是快速繁殖玫瑰的一种好方法，通过嫁接还能够提高玫瑰的抗逆性，生长势强，分蘖多，提高开花率，花的产量可以提高 1 倍以上。

玫瑰的嫁接方法除了可以采用和月季相同的嫁接方法之外，还可以采用嫁接与扦插相结合的方法。嫁接的方法可以采用合接法或舌接法，绑扎材料要采用能够自然腐烂的材料。嫁接的时间在春季萌芽之前，将玫瑰的枝条嫁接在花旗藤、白玉棠或粉团花蔷薇上，嫁接之后进行扦插。

5.1.7　木兰科观花树种的嫁接技术

5.1.7.1　木兰科主要观花树种介绍

木兰科有 15 属 250 多种，在园林绿化领域中广泛用于绿化、美化、观花树种。观花型和花色的树种主要是木兰属的广玉兰、白玉兰、紫玉兰、二乔玉兰，而著名的花香型的树种主要是含笑属的植物如白兰花、黄兰、含笑等。

(1) 广玉兰（*magnodia grandiflora* L.）　广玉兰又名荷花玉兰，木兰属常绿乔木，树冠卵状圆锥形；小枝及芽有锈色毛。单叶互生，厚革质，表面深绿色，有光泽，背面密生锈色毛；花单生枝顶，白色，芳香，大型，直径 20～23 厘米；花被片 12 枚，厚肉质，倒卵形；聚合果短圆柱形，长 7～10 厘米，密被灰褐色茸毛；花期 5～6 月份，果期 10 月份。原产于美国中南部，我国长江流域及其以南各城市广泛栽培。弱阳性树种，幼苗耐阴；喜温暖湿润气候，也能短期耐－19℃的低温；对土壤要求不严，最适于肥沃的酸性和中性土壤；根系发达，树种速度中等偏慢。对烟尘有较强的抗性。繁殖方法有播种繁殖和嫁接繁殖，但由于其种子成熟度不高，因而大多采用嫁接繁殖。

(2) 白玉兰（*magnodia denudata* Desr.）　又名玉堂春，木兰属落叶乔木，高 15 米；树冠卵形或近球形；花芽大而显著，密被锈色毛；叶片倒卵状长椭圆形，长 10～15 厘米；花单生枝顶，大型，直径 12～15 厘米，纯白色，芳香，花萼花瓣状，花被 3 轮 9 片，肉质聚合蓇葖果圆柱形，长 8～12 厘米，种子有红色假种皮，成熟时悬挂于丝状种柄上。花期 3～4 月份，先叶开放，花感最为强烈；果期9～10月份。栽培变种有紫花玉兰（cv. Purpurescens）又名应春花，花紫红色，花期较晚；重瓣玉兰（cv. Plena）花瓣12～18枚。主要分布于我国陕西、安徽、浙江、江西、湖南、广东等省。喜光，稍耐阴；喜温暖气候，但耐寒力较强，可耐－20℃的低温；喜肥沃、湿润而排水良好的弱酸性土壤，也能够在中性或微碱性（pH7～8）土壤中生长。根肉质，不耐水淹，耐旱性一般，抗二氧化硫。繁殖方法有播种、压条、嫁接，以嫁接为主。

（3）紫玉兰（*magnodia liliflora* Desr.） 又名辛夷、木笔、木兰，木兰属落叶大灌木，高3～5米，小枝紫褐色，无毛；叶片椭圆形或倒卵状椭圆形，长10～18厘米；花大，单生枝顶，花瓣6片，外面紫红色，内面浅紫色或近白色；花萼3枚，黄绿色，长度为花瓣的三分之一，早落。花期3～4月份，先叶开放，果期9～10月份。原产于我国中部，各地广泛栽培。喜光，稍耐阴；喜温暖湿润气候，比较耐寒，在黄河流域以南各地均可生长；对土壤要求不严，但过于干燥的黏土和碱土生长不良，肉质根，忌积水。萌蘖性强，耐修剪。繁殖方法为播种、分株、压条，以播种为主。

（4）二乔玉兰（*magnodia soulangcana* Soul-Bod.） 紫玉兰与白玉兰的杂交种，落叶小乔木或大灌木。花单生枝顶，花瓣6枚，外面玫瑰红色，内面白色，有香气；先叶后花，每年开花4次，分别在3月份、6月份、8月份、11月份。二乔玉兰变种较大，应选择花多、花色艳丽而且多次开花、香气浓的类型，通过嫁接可以大量繁殖。

（5）白兰花（*Michelia alba* DC.） 含笑属常绿乔木，树高17～20厘米；幼枝和芽绿色，初被绢毛，后脱落；叶片革质，卵形、长圆形或披针状长圆形，长14～25厘米。下面疏被柔毛；花单生当年生枝的叶腋，白色或略带黄色，极香；花瓣片10～14枚，披针形，长3～4厘米；聚合蓇葖果通常不发育或少量发育。原产于印度尼西亚、爪哇，我国福建、广东、广西、云南有栽培。喜日照充足、温暖湿润、通风良好的环境；怕寒冷，低于－5℃易发生冻害；根系肉质而肥嫩，既不耐旱也不耐涝，对二氧化硫、氯气等有毒气体比较敏感，抗性差。以嫁接繁殖为主，也可以扦插和播种。

（6）含笑［*Michelia figo*（Lour.）Spreng.］　又名含笑梅、山节子、香蕉花，含笑属常绿灌木或小乔木，株高 2～5 米；树冠圆球形，分枝紧密，小枝有环状的托叶痕；嫩枝、芽、花梗及叶柄均被褐色茸毛；叶革质，倒卵状椭圆形；花淡黄白而略带紫晕，具有浓郁的香蕉气味；蓇葖果卵圆形；花期 4～5 月份，果熟期 9 月份。原产于我国华南、福建等地，长江流域各地均有栽培。性喜温暖，有一定的耐寒性，在 −13℃ 的低温条件下，虽然有落叶现象，但不会被冻死。喜半阴环境，不耐烈日暴晒，不耐干燥瘠薄，要求肥沃、排水良好的微酸性和中性土壤，不耐盐碱，对氯气抗性较强。以扦插繁殖方式为主，也可以播种、压条和嫁接。

含笑属的树木还有大乔木类的黄心夜合（*Michelia martimii* Dandy）、乐昌含笑（*Michelia chapensis* Dandy）、深山含笑（*Michelia maudiae* Dunn）、苦梓含笑［*Michelia balansae*（DC.）Dandy］、金叶含笑（*Michelia foveolata* Merr. ex Dandy）、醉香含笑（*Michelia macclurei* Dandy）等，这些树种都为花香型的高大乔木，在园林上使用较多，同时，木质都比较好，因此是园林结合生产类型的优良树种。

5.1.7.2　木兰科主要观花树种嫁接砧木的种类与培养

木兰属的白玉兰、紫玉兰、广玉兰、二乔玉兰、黄玉兰等之间的相互嫁接都能够亲和，砧木一般都用种子较多的紫玉兰或白玉兰的实生苗，生产中多用山玉兰。山玉兰的种子成熟度最好，紫玉兰次之，白玉兰的种子成熟度较差，而且有较长的后熟期，广玉兰也能够部分结实。白兰花、黄兰、含笑等含笑属的树种，也可以采用紫玉兰或山玉兰作为砧木嫁接，在生产中已经应用，表现生长开花结果良好。故而紫玉兰、山玉兰可以作为木兰科的通用砧木。

当紫玉兰果树变红、部分裂开、露出鲜红色种子的时候，就可以采收种子。采收之后，阴干脱粒。种子外被有一层较厚的蜡质层，要用50～60℃的温水浸泡10分钟，掺入粗砂反复揉搓，破坏蜡质层，也可以用浓硫酸浸泡5～10分钟。处理过的种子与3倍的湿沙混合，放入背阴的沙藏沟内贮藏到翌年春季，气温回升的时候，种子开始发芽就可以播种。播种可采用苗床播种和营养钵播种的方法，现在，大多采用营养钵播种育苗的方法。紫玉兰沙藏后种子的发芽率较高，出苗后加强管理，一年生苗高就可以生长到80厘米以上。

5.1.7.3 木兰科主要观花树种苗期嫁接技术

木兰科的树种的嫁接方法基本相同，主要的嫁接方法有以下几种。

(1) 春季枝接　春季枝接一般采用上一年播种的一年生苗，也可以用大龄砧木。嫁接的时间一般在砧木芽萌动之前。接穗要用树冠上部粗壮充实、髓心较小的枝条，采集、剪切的方法与前面介绍的相同。嫁接的方法一般采用切接法，也可以采用劈接法，对于较大的砧木，要进行多头高接，接口粗度较大时可以采用插皮接。对于落叶树种，接穗要进行蜡封，而对于常绿树种，接穗不采用蜡封，嫁接之后套上塑料袋即可。

(2) 生长季嫁接　白兰花和含笑是常绿树种，也适合进行生长季嫁接，主要的嫁接方法有以下两种。

① 嫩枝劈接　砧木在冬季进行平槎，到春季砧木长出萌蘖后，保留1个萌蘖枝条，其余剪除，新梢树种粗壮，开始木质化时进行嫁接，一般在6月份。接穗采集当年生长的新梢，粗度最好与砧木粗度一致。剪截接穗时，上部要保留2片叶片，叶片大的情况下，剪掉一半。嫁接的方法用劈接法或切接法，砧木从离地面10厘米左右处剪断，并要保留剪口下面的叶片，接穗插入后用塑料条绑扎，套上塑料袋，注意适当遮阴，避免阳光直晒。嫁接7天后，将塑料袋剪开1个小通气孔，15天后就可以将塑料袋除去，要及时清除砧木的萌蘖，促进接穗的生长。

② 靠接　营养钵育苗法培育的苗木，到了适合嫁接的粗度就可以进行嫁接。嫁接的方法采用靠接法，在春季展叶之后就可以嫁接。嫁接时，将砧木苗连同营养钵一起固定在大树上适合进行嫁接的位置，与大树上的一年生枝条进行靠接。嫁接成活之后，要分 3 次剪断接穗与大树的连接，嫁接 20 天时剪断一半，同时将接口上面的砧木新梢剪断；嫁接 30 天时，再将接口下的接穗剪断三分之二；接后 40 天，将接穗全部剪断，将嫁接成活的嫁接苗移植苗圃进行培育。

(3) 秋季芽接　秋季进行芽接，一般在 8～9 月份，芽接的部位在砧木离地面 4～5 厘米处，一般采用"T"字形芽接，也可以采用方块芽接。嫁接之后用塑料条进行全封闭绑扎，不剪砧，翌年春季萌芽之前，在接芽之上 1 厘米处剪砧，促进接芽的萌发生长。

5.1.8　桂花的嫁接技术

5.1.8.1　桂花主要新优品种介绍

桂花［*Osmanthus fragans*（Thumb.）Lour.］又名木犀、岩桂，木犀科木犀属常绿灌木或小乔木，株高 12 米，树皮灰黑色，不裂；芽叠生；叶片椭圆形，长 5～12 厘米，全缘或上半部有细锯齿；花簇生于叶腋或成聚伞状，花小，黄白色，具浓香；核果椭圆形，紫黑色；花期 9～10 月份，果期翌年 4～5 月份。

变种有：① 丹桂（*var. auratiacus* Makino)，花橘红色或橙黄色，香味较淡；② 金桂（*var. thunbergii* Makino)，花黄色至深黄色，香味浓或极浓；③ 银桂（*var. latifolius* Makino)，花近白色，香味浓或极浓；④ 四季桂（*var. semperflorens* Hort.)，花白色或黄色，花期 5～9 月份，可连续开花数次，香味比较淡。

桂花是我国特有树种，原产于西南部，现长江流域广泛栽培。喜光，稍耐阴；喜温暖和通风良好的环境，不耐寒；宜在湿润、肥沃、微酸性、排水良好的沙质土壤上生长，忌积水和黏重土壤，怕煤烟。繁殖方法多采用嫁接法，也可采用扦插和压条的方法。

5.1.8.2 桂花嫁接砧木的种类与培养

桂花嫁接的砧木种类比较多，目前各地经常采用的砧木有小叶女贞、女贞、流苏树、小蜡、水蜡和小叶白蜡。不同种类的砧木嫁接桂花之后，苗期的生长发育存在明显的差异。

(1) 砧木的种类

① 小叶女贞　在湖北、江苏、浙江一带小叶女贞作为嫁接桂花的砧木应用最广。用小叶女贞嫁接桂花，嫁接成活率高，亲和力强，但后期出现积水生长快，而砧木生长慢，形成“小脚”现象。所以，在嫁接时，要尽量降低接口的位置，同时栽植的时候要深栽培土，使嫁接部位埋入土中，促使接穗萌发自生根，克服“小脚”现象。

② 女贞　女贞是桂花嫁接常用的砧木材料，嫁接成活率高，初期生长也快。但亲和力差，接口愈合不好，后期容易发生“回芽”现象，嫁接成活后，容易被风吹断。所以，女贞嫁接桂花的亲和力比小叶女贞差一些，但也可以采用接穗自生根的方法来弥补。

③ 流苏树　流苏树比较耐寒，是山东和苏北地区常用的桂花嫁接砧木。嫁接苗生长快，生命力强，能够增强抗寒力和耐盐碱的能力，流苏树嫁接桂花之后，不会出现“小脚”现象，而会出现“大脚”现象。

④ 桂花实生苗　有些桂花品种不结实，特别是名贵品种大多不结实，但也有一些品种以及野生种能够结实，例如大叶金桂、粉桂、山桂、铁桂等都能够生产种子。用桂花实生苗嫁接优良品种的桂花，亲和力强，嫁接口愈合良好，没有后期不亲和现象，生长势比较旺盛，但开花时间较晚。

(2) 砧木的繁殖方法　嫁接桂花的砧木的果实大多在 11 月中旬至 12 月中旬成熟，流苏树在 9～10 月份成熟。果实变为黑色时，就可以采收，采收后进行短期堆放，以便于种子成熟。然后搓去果肉，洗净阴干即可播种，也可以沙藏到翌年春季播种；如果不沙藏，也可以将果实直接阴干，放入冬季冷房内贮藏，到翌年春季播种，播前用清水浸泡 7～8 天，每天换水一次，使果皮软化，果核充分吸水后搓去果肉后进行播种。同样可采用苗床或营养钵育苗的方式。

5.1.8.3　桂花苗期嫁接技术

桂花的嫁接以枝接为主，嫁接的时间大多在春季 3 月下旬至 4 月上旬，砧木开始萌发新芽，树液开始流动，嫁接愈合快。

接穗应该以品种优良、已经开花、生长健壮并且无病虫害的青壮年母树上的 1～2 年生的枝条。由于桂花进入开花期较晚，为了提早开花，要选择发育年龄比较老，最好是已经有花芽的枝条作为接穗，不要采用徒长枝和内膛枝作为接穗。剪取接穗的时间，以清晨为好。接穗一旦剪离母体，要立即剪除叶片，留下叶柄，并用湿布包裹保持湿润。如果从外地剪切的接穗，要通过远距离运输，则要用湿润的青苔加以保护，以保证接穗新鲜。就地取材嫁接的，采用随采随接的方法为最好。

嫁接的方法，可以采用切接、劈接、插皮接和腹接等多种方法。桂花嫁接之后，要让其萌发自生根，所以嫁接部位不宜过高。而不落叶树种嫁接的时候，要求接口之下保留一定数量的叶片，有利于成活。所以，几种枝接的方法相比较起来，腹接法为最佳的方法。

嫁接的部位在离地面 3～5 厘米处，接穗插入之后，用超薄地膜，切成 10 厘米宽的塑料卷，取 30 厘米长，将接穗和嫁接口包上，使接穗顶着薄膜，然后逐步往下包至砧木的切口之下 2 厘米处后，将地膜合并成为一条绳，在接口下的裂口处绕几圈，然后扎紧。这种绑扎方法也可以用各种截头的嫁接方法，如切接法、劈接法。常绿树种的接穗不宜采用蜡封，因此用地膜包扎法是高效省工的方法。

嫁接之后，砧木的叶片要全部保留，只要摘心控制砧木树种即可。嫁接 10 天后，伤口愈合，在接口处砧木上留 3～5 枚叶片之后，将上部砧木剪除。再过一周接穗已经萌发，并将接口上面 1 厘米以上的砧木剪掉，包扎的塑料膜剪开，使接穗的芽能够生长出来。这样，通过逐步剪砧，一方面使砧木叶片制造的养分能够促进接穗的萌发和生长，另一方面，又能够刺激接穗芽的萌发和生长。

5.1.8.4 桂花高接换种嫁接技术

桂花实生苗往往开花较晚，另外，还有一些香味淡、开花少的不良品种，都需要进行高接换种，加以改造。

桂花的高接换种要根据砧木的情况来决定嫁接的头数，砧木一般都是小乔木，繁殖比较多，嫁接的头数也要多。每个接头的粗度在 2～3 厘米，嫁接的方法采用插皮接，每个头插一个接穗，接后用塑料条绑扎，然后套上塑料袋。也可以用前面介绍的用塑料地膜包裹的方法进行包扎。套塑料袋或地膜，对春季枝接有重要的作用，是提高嫁接成活率的有效方法和措施。多头高接时，对于接口以下的小枝和叶片，要先予以保留，待接穗成活并抽生新梢后，再逐步除去。

为了提高桂花的观赏价值和经济收益，可采用多头高接的方法，在同一株砧木上嫁接多种花色和不同花期的品种，使同一株桂花树开放出花色相异、花期不同的桂花。

5.1.8.5 桂花提早开花的靠接技术

桂花开花较迟，采用一般的育苗方法，包括前面介绍的嫁接育苗方法，大多需要 5 年的时间才能够开花，这样就会增加育苗成本。为了降低育苗成本，使桂花提早开花，在生产中采用靠接的方法可以实现当年靠接、当年开花，这是桂花提早开花的培育方法。而靠接是在砧木和接穗都有根的情况下进行，所以嫁接成活率很高，但是，这种方法的缺点就是比较费工，一般只用于发展高档的盆栽桂花时才采用这种方法。

5.1.9 山茶的嫁接技术

5.1.9.1 山茶主要新优品种介绍

山茶花是山茶科山茶属的一些观花种类的树种，主要是山茶和云南山茶两个种及其一些变种、变型及栽培品种。

山茶（*Camellia japonica* L.）又名红山茶、日本山茶、茶花，常绿灌木或小乔木，株高 15 米；花顶生，红色，无花梗，花瓣5～7 枚，或重瓣，直径 2～3 厘米，花期 2～4 月份。山茶在自然界的演化和栽培过程中，产生了很多的变种和栽培品种，已达 3000 多个，常见的变种有白山茶（var. alba Lodd.）、白洋茶（var. alba-plena Lodd.）、红山茶（var. anemoniflora Curtis）、紫山茶（var. lilifolia Mak.）、玫瑰山茶（var. magnoliaeflora Hort.）、重瓣红山茶（var. polypentala Mak.）、朱顶红山茶（var. chutinghung Yu）、鱼血红山茶（var. yuxieehung Yu）、十样锦山茶（var. shiyangchin Yu）、鱼尾山茶（var. trifida Mak.）等。

云南山茶（*Camellia reticulata* Lindl.）又名云南山茶花、滇山茶，常绿小乔木或灌木，高 15 米；花 2～3 朵生于叶腋，无花梗，花径 8～19 厘米，花瓣 15～20 枚，颜色自淡红色至深紫色；花期极长，早花者 12 月下旬开放，晚花者到翌年 4 月上旬开放。云南山茶的观赏价值和经济价值极高，具有许多优秀的观赏品种，如童子面、小桂叶、恨天高、狮子头、早桃红、大蝶翅、麻叶桃红、紫袍、大理茶等 300 多个品种。

近些年来，我国从美国引进了一些特大花型以及复色花的茶花品种，可供嫁接时选用。

(1) 贝拉大玫瑰　由美国加州西奥苗圃培育而成。花黑红色，花瓣品类整齐，泛蜡光，有清晰的黑色脉纹；完全重瓣型，巨型花，最大直径可达 18 厘米以上，是世界上迄今为止红山茶栽培品种中花径最大的重瓣品种。叶色浓绿，厚实，长椭圆形，先端钝；株形紧凑，叶密，生长旺盛，花期从 12 月到翌年 4 月中旬。该品种已有两个突变品种，一个是花瓣带白色出斑的花贝拉，另一个是嫩叶呈红色的红叶贝拉。

(2) 迷彩雅　美国加州培育的复色突变品种。花淡粉红色，花心叶色深，由里向外，渐渐变淡，偶尔出现红色斑块或条纹；花瓣 35～45 枚，边缘有间断性彩带状白边，外轮花瓣宽大，带红色脉纹，边缘皱褶；花朵中部的小花瓣呈白色牡丹型，有时花瓣间出现少量黄色雄蕊；花型为大型或巨型，直径12.5～14厘米；叶片椭圆形，浓绿。树势旺盛，株形开张，枝条较软，略下垂。花期12月份到翌年3月份。

(3) 闪烁　美国加州培育的复色杂交品种。花红色，大花瓣15～20枚，花瓣边缘有一条清晰的白边；花朵中部雄蕊散射，花丝粉红色，花丝间有数量不等的小花瓣；半重瓣到松散的牡丹型；花中到大型，花径10～12厘米；叶片中等大小，浓绿，叶面光亮；树势旺盛，株形紧凑。花期11月份到翌年3月下旬。

(4) 大菲丽丝　美国乔治亚州育成的一个奇特红山茶品种。花色深粉红色到紫红色，由基部呈散射状渐渐变为白色，使边缘形成一条宽窄不等的白边；花瓣宽扇贝状，直立，皱褶，边缘木耳状；牡丹型偶见于黄色雄蕊；花大型到巨型，花径12～13.5厘米。叶片卵圆形，黄绿色，叶齿尖，齿深而且不规则。树势开张，生长旺盛。花期3月份到4月中旬。

(5) 贝维莉小姐　美国乔治亚州杂交育成的变色茶花。花朵刚开时为肉粉红色，后期转变为深粉红色，进而变为淡紫色。由于树上的花开放时间有先有后，形成一株树上具有不同颜色的花；花瓣103枚，先端尖，稍微外卷，排列整齐；花瓣上有很细的淡紫色脉纹，为完全重瓣型；花中到大型，花径11厘米以上；叶片长椭圆形，浓绿；树势旺盛。花期2月上旬到3月下旬。

(6) 卡丽林　美国选育的山茶花品种。花白色，逐渐向花瓣边缘呈现淡粉红色；花瓣较宽大，30枚以上，先端边缘略皱褶；花心有黄色簇状雄蕊；半重瓣型到牡丹型，大型，花径12.5厘米；叶片长椭圆形，光亮，浓绿；树势生长旺盛，株形开张。花期2月份到4月中旬。

(7) 复色大峡谷　法国选育的复色山茶花品种，花朵为非常鲜艳的红色，花瓣有带有不规则的白色云斑或斑块，形成红白镶嵌的美丽色彩；花瓣50枚以上，宽卵圆形，先端圆整，覆瓦状排列，花朵中部的花瓣直立，形成突起的杯状；玫瑰重瓣型；花朵中到大型，花径 11～12 厘米，采取疏蕾措施培育的情况下，花径宽大 13 厘米以上。叶片窄卵圆形，叶面光亮，浓绿；树势旺盛，株形紧凑。花期 2 月下旬至 4 月底。

(8) 冬乐　美国马里兰州培育的抗寒茶花品种。花粉红色，花朵密而略带芳香；花瓣 15～18 枚，略扭曲外卷；花朵中有部分金黄色的雄蕊外露；半重瓣花，花径 10～11 厘米。叶片中等大小，椭圆形，叶柄有微毛，灰绿色。株形紧凑，植株直立。花期 10 月下旬至 12 月下旬。本品种抗寒性强，可忍耐－15℃的短时低温。

5.1.9.2　山茶嫁接砧木的种类与培养

山茶花的繁殖方法有嫁接、扦插和实生苗繁殖，实生苗繁殖的后代有明显的变异，而且大多数重瓣类的品种都不能够结实，所以，茶花优良品种的繁殖基本上都是采用嫁接的方法。嫁接的砧木以油茶为主，也可以采用单瓣的山茶花或野生的原生茶花的类型。

油茶或山茶花的种子收集后，最好随采随播，因为种子干旱时失水就会失去发芽力，如果冬季将种子进行沙藏到第二年播种，其发芽率则会随着沙藏时间增加而降低，所以，油茶和山茶花的种子以秋季或冬季播种为好。种子采收之后就立即播种，发根早，发芽快，抗旱力强，可以省去沙藏的手续。

油茶和山茶的种子的芽的顶土能力差，播种的苗圃地以沙壤土为好，浇足底水后 3～4 天，开沟播种，播后覆土要浅，约 3 厘米，最好直接用细沙覆盖，再盖上一层稻草保湿，有利于出苗。出苗之后加强管理，生长一年后就可以嫁接。

茶花嫁接的砧木也可以进行扦插繁殖。扦插的基质可以采用河沙、细沙、蛭石、珍珠岩、腐殖土、炉渣等。苗床整平后用 0.5% 的高锰酸钾溶液喷洒消毒，喷后覆膜一周后扦插。扦插时间在 5～6 月份，插穗采用 3 芽，长度 3～5 厘米，也可以采用 1 接 1 芽，长度在 2 厘米左右。扦插后遮阴并加强水分管理，温度控制在 30℃以下，扦插 40 天左右就能够生根。

5.1.9.3 山茶苗期嫁接技术

山茶花的传统的嫁接方法采用靠接的较多，靠接成活率高，但繁殖量小，所以可以采用其他的一些嫁接方法进行。山茶花苗期的嫁接方法较多，主要介绍以下几种。

(1) 腹接法　山茶花的嫁接在早春 3 月份，新梢萌动时是比较适合的嫁接时期，枝条和接穗贮藏的养分丰富，嫁接容易成活；在 6～8 月份，也是比较适合嫁接的时期，这时的气温较高，嫁接之后要注意适当遮阴。

在夏季嫁接时，可以采用腹接法。接穗应选择半木质化或刚木质化的当年健壮春梢，早春嫁接时，如果接穗上有花蕾，要将其抹去。山茶花是常绿树种，所以嫁接时是带叶片的，方法上有些特殊。接穗切削时，留 2 枚顶叶，下部按腹接的切削方法，一面削成长马耳形，另一面削成为小马耳形，两面成不对称的楔形。将接穗长马耳形削面朝里插入砧木的接口中，用塑料条将接口绑紧，然后用 20 厘米宽的地膜将接穗的叶片和接口包起来，两头捆紧。在夏季高温时节嫁接，为了防止太阳直晒，避免高温对嫁接部位的不良影响，要用一小张纸捆在接口处，起遮阴作用。苗圃中嫁接时，可以在嫁接完成之后将整个苗床用遮阳网进行覆盖遮阴。嫁接之后不要立即剪砧，要分两次完成，第一次在嫁接时将砧木幼嫩的顶梢剪掉，控制砧木的生长，促进接口和接穗的愈合；第二次在嫁接成活后，接穗新梢开始生长时，将接口以上的砧木剪掉，促进接穗的生长。腹接时，嫁接位置一般比较高，接口下面砧木上要保留叶片。

(2) 嫩枝劈接　嫁接的时期最好在春季 3～4 月份，砧木开始萌发生长时嫁接。接穗选自优良品种的一年生枝条，要求生长发育充实粗壮，芽体饱满，没有病虫害的枝条。嫁接的部位可以在砧木苗的中部或砧木苗分枝上，选自砧木和接穗粗度相近的部位进行嫁接。嫁接的方法采用嫩枝劈接的方法。接穗带 1～2 枚叶片，叶腋处有饱满的芽，劈接时要求左右两边砧穗的形成层都要对齐。接后用塑料条将接口捆紧，再套上一个塑料袋，接口之下把塑料袋扎紧，到嫁接成活后接穗萌发时，再将塑料袋除去。嫁接时，接口以下的叶片不要清除，保留这些老叶，能够进行光合作用，有利于接穗的萌发和生长，如果在砧木上出现萌芽，要及时抹去，以保证接穗的生长。

5.1.9.4　山茶高接换种嫁接技术

山茶和油茶寿命较长，对于一些单瓣和品质差的大树，可以采用高接换种的方法，将其改成优良品种。另外，对于引进的优良品种，也可以采用多头高接的方法来加速优良品种的繁殖，建立优良茶花的良种采穗母本园。嫁接方法可采用拉皮切接法。

拉皮切接，又称剥皮嫁接，在春季3～4月份新芽萌发生长期进行。接穗选用一年生充实的枝条，切成1叶1芽，削接穗时最好把枝条放在垫板上，一手压住接穗，使叶和芽在下面，另一手拿刀，在芽和叶的对面下方2～3厘米处起刀，随枝条向下拉切一刀，略带木质部，切面长2～3厘米，在长切面的对面，离芽2～3厘米处切削一个1厘米左右的短削面，最后在芽的上方切断枝条，成为1芽1叶的接穗。砧木的切削改为拉皮，就是在砧木上选择茎秆平滑处直径为2～4厘米处锯断，将锯口削平，用刀从锯口向下平行划切两刀，宽度与接穗粗度相近，用刀尖掀起皮层，把皮往下拉2～3厘米，将接穗大削面往里插入，使接穗的大削面贴紧砧木去皮部位的木质部，然后把砧木掀起的皮层拉上盖在接穗上，再用塑料条绑紧，最后用塑料袋套起来，在接口下面把塑料袋口扎紧。

拉皮切接也可以在5～6月份进行嫁接，要用当年的半木质化的春梢作为接穗。这种嫁接方法是嫁接在大小枝条的顶端，对于比较粗壮的砧木来说，下部还需要进行腹接来补充或增加接穗的头数。对于砧木下部的小枝条，可以将其保留，但要控制生长，到接穗萌发生长之后，就要逐步将这些小枝剪除。到第二年春季，可将这些小枝全部清除，没有嫁接成活的枝条要进行补接，一般2年就可以完成大树的高接换种。

5.1.10 蜡梅的嫁接技术

蜡梅［*Chimonanthus praecax*（L.）Link］又名黄梅花、香梅、腊梅、干枝梅，蜡梅科蜡梅属落叶灌木，温暖地带半常绿，株高3米；花单生，花梗极短，花被外轮蜡黄色，内轮红色、淡紫红色，先端圆或尖，有浓香；花期11月份至翌年3月份。蜡梅为我国特产，原产于湖北、陕西等地，现黄河流域枝长江流域各地普遍栽培。

蜡梅为冬季著名的花香型树种，也是插花的主要原料，以幽香沁人心脾而备受人们喜爱。在春节期间可以作为家居的节日观赏花卉，置于家中，满室幽香。蜡梅花瓣可提取香精，烘干后可入药，茎、叶也可以入药。

蜡梅的栽培品种繁多，有200多个，传统的优良品种素心蜡梅、磬口蜡梅等以及新繁育的一些优良品种，可以通过嫁接的方法迅速扩大优良品种的种群。

5.1.10.1 蜡梅主要新优品种介绍

（1）皇后蜡梅　蜡梅品种群中蜡梅型中的珍贵品种。花大型，花径3.5～4厘米；外部花瓣6～7枚，金黄色，匙状长椭圆形，长0.9～13.9厘米，宽5～12毫米，先端边缘波状起伏；内部花瓣6枚，匙状卵圆形，金黄色，长0.7～0.9厘米，先端钝尖，反曲，边缘波状起伏；雄蕊5～7枚，金黄色。该品种的特点是：花金黄色，具光泽，花被片先端外卷，香味极浓。

（2）虎蹄红丝蜡梅　为蜡梅品种群中的金红蜡梅型。花径2.5～3.5厘米；外部花瓣9枚，黄色透明，长椭圆形，长1.2～1.5厘米，宽5～9毫米，先端钝圆，波状皱褶；内瓣6枚，淡黄色，具红色条纹，卵圆形，外边起伏，基部具爪；雄蕊3～7枚，花丝花药等长。特点是：花形似虎蹄，具红色条纹，非常美观，清香味浓，为蜡梅中的珍品。

（3）蜡花丝蜡梅　蜡梅品种群中的金红蜡梅型。花大型，花径

3.0～4.5厘米，盘状；外部花瓣7～9枚，蜡黄色，匙状椭圆形，长1.7～2厘米，宽0.8～1.2厘米，先端钝圆；内部花瓣6枚，蜡黄色，卵圆形，长5～7毫米，宽3～6毫米，先端尖，具红色条纹，边缘有红晕，基部有爪；雄蕊5枚，花丝比花药长1倍。特点是花大型，蜡黄色，红黄色清晰，香味极浓，是盆栽的珍品。

(4) 金盘玉蕊蜡梅　蜡梅品种群金红蜡梅型。花径2～2.5厘米；外部花瓣6枚，金黄色，长椭圆形，长0.8～1.2厘米，宽4～5毫米，先端短尖，反卷或内卷；内部花瓣6枚，卵圆形，长0.4～0.8厘米，宽4～5毫米，先端钝圆，具红色条纹及边缘；雄蕊5～7枚，白色。特点是花金黄色，红黄分明，极为美观，清香四溢，单花期长达10～15天。

(5) 白莲蜡梅　白花蜡梅品种群中白花蜡梅型。花为莲花型，花径2.5～3.5厘米；外部花瓣6～7枚，白色，匙状宽卵圆形，长1.3～1.7厘米，宽8～10毫米，外部波状皱褶；内部花瓣8～9枚，白色，卵圆形，长0.5～1.4厘米，宽4～8毫米，先端短尖，反曲；雄蕊8枚，淡黄白色。特点是花白色，莲花状，花香甚浓，为蜡梅珍品。

(6) 剑红蜡梅　属白色蜡梅品种群银红蜡梅型。花小型，花径1～1.3厘米；外部花瓣16枚，白色，长椭圆形，长0.4～1.3厘米，宽3～7厘米，先端短尖，通常反卷；内部花瓣9枚，椭圆形，具红色条纹，长0.5～0.9厘米，宽3～5毫米，先端突尖；雄蕊5枚。

5.1.10.2　蜡梅嫁接砧木的种类与培养

(1) 种子繁殖　蜡梅的砧木都采用本砧。品种好的磬口蜡梅和素心蜡梅以及品种差的狗牙蜡梅都有种子，繁殖的实生苗都能够嫁接优良品种的蜡梅，制作盆景则以狗牙蜡梅为好。蜡梅的种子于7～8月份成熟，果实由绿转黄时就可以采收，种子没有休眠期，随采随播，10天之后就可以发芽，出苗率在90%以上。采收的种子如果要留到翌年春季播种，则要进行低温干藏。播种之前用

55℃温水浸种 24 小时，再进行播种，但出苗率不如秋季播种高。一年生小苗高度可达 20～30 厘米，2～3 年生的砧木就可以进行嫁接，多年生的大砧木也适合嫁接优良品种。

（2）压条繁殖　蜡梅属于灌木，主干基部会萌发许多分枝，在分枝的基部进行环割，生长势强的枝条进行环剥，然后在环割或环剥部位进行培土掩埋，经过一个生长季，伤口部位就会萌发许多不定根，可以将这些萌发不定根的枝条切下栽植。

另外一种方法是堆土压条法，在春季萌发之前将地上部分平楂，基部萌发出枝条后进行培土掩埋，随着新梢的生长，要不断增加土层厚度，到秋季生长季结束时，新梢基部能够长出新根，到翌年春季就可以切下进行培育。

采用以上压条方法，可在苗圃内不断进行繁殖，能够加速砧木苗的发展。

5.1.10.3　蜡梅苗期嫁接技术

（1）春季嫁接　在春节砧木芽开始萌动的时候进行嫁接，接穗要选择优良品种的上部粗壮的枝条，取枝条的中段最好。嫁接之前进行蜡封，嫁接的方法根据砧木接口的粗细而定，砧木接口较粗的，采用插皮接；砧木接口粗度略粗于接穗的，采用切接法；如果砧木和接穗粗度相同，则采用劈接法。接后用塑料条把接口捆紧包严。

（2）嫩枝劈接　嫁接的时间在 5～7 月份，砧木抽生的新梢生长到一定粗度的时候，就可以在保留 1～2 对叶片之后，从上面截断，从茎中间用劈接的切削方法切下 3 厘米左右的接口。接穗取生长健壮的新梢，剪取和砧木接口部位粗度相同的部位，上面留 2 片叶，其余叶片剪掉，下端按劈接的接穗切削法，削成两个相同的削面，将削面插入砧木接口中，砧穗两侧的形成层都要对齐。接后用塑料条将嫁接部位捆绑好，套上塑料袋，注意遮阴，并保留接口下面砧木的叶片。嫁接 15 天后就能够成活，然后除去塑料袋。

（3）靠接　适宜在 5 月份砧木和接穗生长旺盛的时期进行。将各种方法繁殖的砧木苗在营养钵中培养，达到嫁接粗度的时候，把营养钵固定在接穗树上适合于嫁接的部位，采用靠接的方法进行嫁接。切削接口时，不必切到砧穗双方的木质部，只需要削去一条长3～5厘米的树皮，宽度以砧穗双方的形成层能够相接为宜，将双方的削面贴合在一起，用塑料条捆紧。接后注意营养钵的浇水。靠接的成活率100%，只是比较费工。嫁接成活后1个月，要剪断接口上面的砧木，同时，还要分3次把接口以下的接穗剪断，7天剪1次，每次剪断三分之一。这样嫁接50天之后，接穗才能够脱离母体。

（4）多头高接　蜡梅为灌木，对于较大的砧木必须进行多头嫁接。嫁接的方法除了可以采用上述的方法将接穗嫁接在枝顶外，还可以采用腹接的方法，补充下部的枝条。多头高接之后，要特别注意清除砧木的萌蘖，因为是采用本砧嫁接贴木和接穗的叶片相似，容易混淆，清除砧木的时候务必要分清楚。一般来说，砧木的萌蘖枝条生长势比接穗要强，接穗很容易因为砧木萌蘖的生长而死亡，因此，一定要及时将砧木上的萌蘖清除掉，以免嫁接失败。

5.1.11　杜鹃的嫁接技术

杜鹃花（*Rhododendron simsii* Planch）又名映山红、照山白、野山红、山石榴、山踯躅，杜鹃花科杜鹃花属落叶或半常绿灌木。高2～3米，分枝多，枝条细而直，枝叶及花梗均密被黄褐色粗状毛；叶长椭圆形，叶背毛较密；花深红色有紫斑，2～6朵簇生于枝端。花期4～6月份。分布于我国长江流域及其以南各省区；喜半阴，忌烈日暴晒，喜温暖、湿润气候，喜酸性土壤，在石灰质土壤中不能生长；有一定的耐寒性，忌干燥。

杜鹃花是我国的十大传统名花之一，花色繁多，以绚丽多姿而著称于世界。杜鹃花的繁殖有播种、扦插、嫁接等，对于很多优良品种，特别是盆栽的品种，要通过嫁接的方法来进行繁殖，通过嫁接，可以使优良品种得到快速、广泛地发展。

5.1.11.1 杜鹃主要种类介绍

杜鹃的种类很多，我国是杜鹃花的起源中心，种类占全世界的50%以上，以云南省分布最多，有257种，栽培品种更是多得无法统计。我国杜鹃野生种比较多，国外以人工栽培品种为多，主要的品系有以下几种。

(1) 东洋杜鹃　原产于日本，高1～2米，分枝散，叶薄，花繁茂，或花萼花瓣状。主要品种有新天地、日之出等。

(2) 毛杜鹃　高2～3米，多为露地栽培。主要品种有玉蝴蝶、玉玲等。

(3) 西洋杜鹃　由荷兰和比利时等国杂交培育而成，我国已有大量引进。株型矮小，枝冠紧密，不耐寒，怕强光；叶形多样；花多重瓣，花色各异，并有复色花。适宜于盆栽。目前嫁接发展的主要是西洋杜鹃，花期在元旦或春节，可作为节日送礼的佳品。

(4) 夏杜鹃　原产于日本和印度，高约1米，枝叶纤细，花单瓣或重瓣，花色多样，花期5～6月份。

5.1.11.2 杜鹃嫁接砧木的种类与培养

(1) 砧木的选择　杜鹃嫁接的砧木基本上都采用本砧，一般采用生长势强的大叶毛杜鹃，砧木与接穗生长时不会形成“大脚”和“小脚”现象。如用夏杜鹃作砧木嫁接时，容易形成“小脚”。大叶毛杜鹃的繁殖方式可以采用播种和扦插，因为杜鹃的种子非常细小，播种繁殖的实生苗生长缓慢，所以一般采用扦插繁殖的方法，扦插成活率高，扦插苗生长速度快。

(2) 杜鹃砧木的扦插　扦插时期：在室外温度为20～30℃时为杜鹃扦插的最佳时期，一般在5～6月份及8～9月份，是扦插的好时期。如果有温室的条件，冬季控制温室内培育，则以秋季扦插为好；没有温室，扦插以5～6月份为好。

扦插基质：用半腐烂的松针和锯末以4∶6的比例混合而成；大量生产时，可用河沙加蛭石，按1∶1的比例混合。基质配制好后，用500倍液的多菌灵或甲基托布津溶液喷洒消毒，1～2天后扦插。

消毒后的基质装入营养钵中或者穴盘中扦插，有利于今后的移植。

插穗的选择：从生长旺盛的毛杜鹃上选择当年萌发、生长健壮的枝条，剪成5厘米的小段，留2～3片顶叶，其余叶片全部剪掉。随剪随插，不要过夜。

扦插和管理：扦插前在苗床或营养钵中先用与插穗粗度相近的竹签或木棍、铁棍等打孔，然后将插穗正向插入基质的孔眼中，插入深度为3厘米。扦插完成后立即浇1次透水，用遮阳网搭棚遮阴，一周后可逐步撤出遮阳网。扦插之后主要是水分管理，前5天需要每天浇水2次，喷湿插穗和表土即可，不要浇得太多；5～10天，每天浇水1次；10天之后，可以隔天加水1次，这时，插穗已经基本成活并萌发。

5.1.11.3　杜鹃的嫁接技术

（1）小苗嫁接　当扦插苗生长到15厘米高的时候就可以进行嫁接。嫁接的方法采用嫩枝劈接法。接穗采用需要繁殖的品种，剪成带1～2节带顶芽的小段，每段留顶叶2～3片，下部按劈接的接穗切削法，砧木在嫁接的位置剪断，用劈接的方法切削。砧木和接穗的粗度最好相同，把接穗插入砧木的劈口中，使两者两侧的形成层对准，用塑料条把接口绑扎，由于嫩梢比较幼嫩，绑扎时不要绑得过紧，也不宜太松，最后套上塑料袋。在苗圃内大规模嫁接时，不必套袋，可以在塑料大棚中进行，采用间歇喷雾保湿；也可以将露地的苗圃用遮阳网遮阴保湿。

（2）大苗嫁接　对于高度超过50厘米的大砧木，嫁接的时候不宜采用顶接方法，以免接口过高，下部空虚，降低观赏价值。嫁接方法宜采用腹接法，嫁接的位置在砧木离地面5厘米处。接穗采集当年的嫩枝，带2～3片叶片。嫁接之后的保湿方法与小苗的嫁接保湿法一样，砧木接口以下的叶片，一直可以保留，不会影响接穗的生长，接口上面的砧木要分2次剪除。

（3）老桩的嫁接　砧木的株型特大，年龄较老时的嫁接，先要在早春进行缩剪，新梢萌发生长到30厘米时进行多头腹接，可采用1个品种或多个品种嫁接。嫁接成活前，要保留砧木的叶片，但要控制其生长，砧木叶片的存在对于嫁接成活和砧木根系的生长十分有利。

5.1.12 牡丹的嫁接技术

牡丹（*Paeonia suffruticosa* Andr.）又名富贵花，芍药科芍药属落叶灌木，高达2米；花单生枝顶，大型，花径10～30厘米；花型多种，花色丰富，有紫色、深红色、粉红色、黄色、白色、绿豆色等；花期4月下旬到5月。原产于我国北部及中部，秦岭有野生种。喜温暖，不耐湿热，较耐寒，喜光，忌烈日暴晒，以侧方遮阴为好；深根性，有肉质直根，耐旱，忌积水；喜深厚肥沃、排水良好的沙质土壤；较耐碱，在pH8的土壤中能够正常生长。

牡丹是我国十大传统名花之一，很多学者以及广大国民建议将牡丹作为我国的国花。牡丹花色、香、形、美俱佳，素有“国色天香”之美誉，被誉为“花中之王”。

牡丹的繁殖可采用播种、分株、嫁接的方法，要保持牡丹优良品种的特性，并加速发展，嫁接是最理想的繁殖方法。

5.1.12.1 牡丹主要新优品种介绍

牡丹是我国古老的名花，长期以来深受人们的喜爱和重视，因而培育了大量的栽培品种，仅中原牡丹品种群，就已经达到700多个品种，由于牡丹的品种众多，无法逐一介绍，这里介绍几个不同花色的珍贵品种，供嫁接时选择使用。

（1）姚黄　花蕾圆形，端常开裂；花冠皇冠状，淡黄色，花径16厘米×10厘米（直径×高度）；外瓣3～4轮，瓣基部有紫斑，内瓣皱褶紧密，瓣端残存花药；雌蕊退化或瓣化。花朵单开，株形高且直立，生长势较强，成花率高，开花整齐，花形丰满。

（2）魏紫　花蕾扁圆形，花朵皇冠状，紫色；花径12厘米×8厘米；外瓣2轮，瓣基有紫色晕；内瓣细碎，密集皱卷，端部花药残留；雌蕊小至消失。花朵侧开，株型小，枝条细弱，节间短。晚花品种，成花率高。

(3) 豆绿 花蕾圆形，端常开裂；花朵皇冠形或绣球形，黄绿色；花径12厘米×6厘米；外瓣2～3轮，瓣基有紫斑，内瓣密集皱褶；雌蕊瓣化或退化。花枝下垂，开展，枝细，节间短。晚花品种，成花率高，萌蘖较多。

(4) 赵粉 花蕾大，圆尖形；花朵皇冠形，也有荷花形，粉色；花径18厘米×8厘米；外瓣2～3轮，形大质薄，内瓣整齐，瓣基有粉红晕；雌蕊小式瓣化，偶尔有结实，花朵侧开。株型中高，一年生枝较软而弯曲，节间长。成花率高，萌蘖枝多，根产量高。

(5) 二乔 花蕾扁圆形，花朵蔷薇形；复色，同株或同枝开紫红色和粉色两色花，也有同一朵花上紫色与粉红色镶嵌；花径16厘米×6厘米，花瓣质硬，排列整齐，瓣基有黑紫色斑；雌蕊稍有瓣化，雌蕊9～11枚，柱头紫红色；花开于叶上端，株型高，直立，节间短，成花率高。

(6) 胡红 又名大胡红，花蕾圆尖形，有时顶部开裂；花朵皇冠形，浅红色，瓣端粉色；花径16厘米×7厘米；外瓣大，2～3轮，基部有深红晕，内瓣皱褶紧密，瓣端常留花药；雌蕊瓣化成嫩绿色彩瓣；花直立或侧开。晚花品种，株型中高，半开展，节间短，生长势强；成花率高，花丰满。

(7) 霓虹焕彩 花蕾圆形，端常开裂；花朵彩瓣台阁形，洋红色；花径15厘米×7厘米，下方花花瓣多轮，瓣基有黑紫色斑；雄蕊少，雌蕊成嫩绿色彩瓣。花朵直立或侧开，花期中等，株型高，半开展，生长势强，成花率高，花形丰满，花色艳丽，萌蘖多。

(8) 冠世墨玉 花蕾圆尖形，花朵皇冠形，黑紫色，有光泽；花径17厘米×8厘米；外瓣3～4轮，质硬，瓣基有黑斑；内瓣皱褶紧密，雌蕊退化或瓣化；花朵直立，花期中等；植株中高偏矮，节间短，生长势中等，株型紧凑，繁殖少。

(9) 景玉 花蕾圆尖形，花朵皇冠形；初开时为粉白色，盛开时为白色；花径 17 厘米×9 厘米；外瓣 2 轮，瓣基有紫红晕，内瓣狭长折叠，内杂少量雄蕊；雌蕊柱头小，子房紫色；花朵直上，花期早；株型直立，节间长；生长势强，成花率高，花形丰满，抗逆性强。

5.1.12.2 牡丹嫁接砧木的特点和要求

牡丹产区（如山东菏泽和河南洛阳等地），牡丹的繁殖主要采用嫁接繁殖，嫁接繁殖能够确保优良性状，提高繁殖系数，提高抗性，扩大牡丹的栽培范围。嫁接的砧木主要是芍药和牡丹本砧。

（1）芍药　在生产上，牡丹嫁接一般多采用芍药的根砧。因为芍药的根比较软，嫁接操作容易，大多数牡丹品种用芍药作砧木嫁接后成活率高；另外，芍药嫁接牡丹有矮化的倾向，有利于盆栽；还有就是嫁接之后耐湿度增加，适于牡丹的南移。但是，采用芍药砧木嫁接的牡丹后期生长势弱，有不亲和的现象，容易感染病虫害。所以，用芍药嫁接牡丹，后期要求牡丹能够自生根，来克服后期不亲和的现象。

芍药的根砧，可使用观赏芍药在分株的时候切下的肉质根。嫁接的时候，对根的粗度有一定的要求，以粗度在 1.5～2 厘米、长 20 厘米以上，带有须根的为好，以 2～3 年的根嫁接成活率高。

（2）牡丹实生苗　如果采用牡丹的根砧，粗度较小，质地坚硬，对嫁接技术的要求比较高。采用牡丹的实生苗作为砧木，由于具有完整的根系，亲和力高，嫁接苗前期虽然没有芍药砧快，但后期生长旺盛，寿命长。用牡丹实生苗作砧木，一般用 2～3 年生的实生苗，须根多、肉质根的粗度在 1 厘米以上、根长度以 20 厘米以上的为好。

繁殖牡丹实生苗，可用牡丹种子在苗圃播种，牡丹的种子可以干藏。播前用 50℃左右的温水浸种 24～48 小时，使种皮软化，吸水膨胀。浸种后，用草木灰拌种后播种，播后用塑料膜覆盖，出苗后揭去地膜。幼苗当年较小移植，按 50 厘米×60 厘米的株行距培养成为 2～3 年生的大苗，有利于嫁接。也可以直接播种在营养钵里，更加方便管理，不需要移植。

5.1.12.3 牡丹苗期嫁接技术

(1) 根部劈接 采用芍药根砧，从 2～3 年生的芍药植株上挖取粗度为 1.5～2 厘米的根作为砧木。挖取后将其放置于阴凉处2～3 天，变软之后备用。如果挖取之后立即嫁接，根质地脆，不易嫁接。接穗要用优良品种牡丹基部的 1 年生萌蘖枝，节间短的好，长度为 5～10 厘米，带 1～2 个充实的芽。嫁接操作时，将接穗下部按劈接的切削法切削成两个相同的削面，长度为 3 厘米左右。将根砧顶部修平，从中部向下切一个直口，长度与接穗切面相同。插入接穗，如果砧木粗而接穗细，则要使形成层一侧对齐，如果粗度相同，要两侧对齐，用麻皮将嫁接部位绑缚好。嫁接好的苗栽植于事先准备好的苗床内或营养钵中。土壤下部稍湿，表土稍干，以防接口感染，栽植深度在接口以上约 2 厘米处。然后培土，高出接穗 8～10 厘米，防寒保湿。翌年春季气温回升后，逐渐扒开覆土，随着气温的升高，接口即完全愈合。

(2) 秋后枝接 这种嫁接方法在牡丹产区又叫居接法。秋后在离地面 2～3 厘米处，将牡丹实生砧木剪断。接穗选用粗壮繁育充实的萌蘖枝，髓心实。嫁接的方法根据接口的大小而定，如果砧木比接穗粗，可采用切接法进行嫁接；如果砧木接口和接穗的粗度相同，则可采用劈接法进行嫁接。嫁接后用麻皮捆扎，然后用湿润土壤将接穗全部都掩埋。这样既可以保持湿度，又可以保温，到翌年春季嫁接成活并发芽生长后，将土堆逐步除去，使接穗生长。

(3) 嵌芽接 砧木采用牡丹的实生苗，由于牡丹的芽很大，芽接时必须连木质部取芽，所以芽接时宜采用嵌芽接。嫁接的时期为 5～7 月份，嫁接时芽片必须大一些，以增加双方的接触面。接后用塑料条捆绑，芽和叶柄露出，不剪砧，但要控制砧木芽的萌发，到接芽萌发之后，在其上 1 厘米处剪砧，促进接芽的生长，翌年即可开花。

(4) 多色牡丹的嫁接 嫁接的砧木采用凤丹白等生长旺盛的牡

丹多年生实生苗，单干而且多分枝，并保留一些花枝。接穗选择花色、花形不同、花朵艳丽，花期基本一致的优良牡丹品种（如赵粉、白雪塔、二乔、姚黄和胡红等）。以充实、髓心极小的粗壮枝条作为接穗。嫁接的时期在春季芽萌动之前进行，接前对接穗进行蜡封。嫁接的方法可采用劈接法或合接法。成活后，要控制砧木的萌蘖，同时还要注意各个品种之间生长势的平衡，生长旺盛的要进行摘心控制。到了第二年，就可以形成一株多花的牡丹。

5.2 彩叶类树种的嫁接技术

彩叶类树种，有的可以通过播种繁殖，有的种子不能够成熟或不结实，不能够采用种子繁殖，还有一些类型，种子可以播种，但后代分离严重，不能够保持母本的优良性状。对于种子繁殖能够保留母本性状的彩叶类树种，一般采用播种繁殖；而对于不能够用种子播种繁殖的彩叶类树种以及播种后分离严重的树种，一般都要采用营养繁殖的方式（如扦插、压条、分株以及嫁接的方式）；而对于不能够播种，扦插又难以成活的彩叶类树种，就必须采用嫁接的方法进行繁殖。

5.2.1 红枫的嫁接技术

红枫（*Acer palmatum* cv. Atropurpureum）又名红叶鸡爪槭，槭树科槭树属鸡爪槭的栽培变种，落叶小乔木，枝条紫红色，细长，叶片常年红色或紫红色。为园林著名的常色彩叶树种，新叶血红色，艳丽美观。红枫不能够结实，繁殖都采用嫁接的方法。

5.2.1.1 砧木的种类和培育

红枫嫁接用的砧木为普通的鸡爪槭，种子 10 月份成熟，采收之后，稍晾晒去翅。播种可采用秋播或者春播。每亩播种量为 4～5 千克。3 月下旬种子发芽出土，幼苗在 7～8 月份需要短期的遮阴防日晒。当年幼苗就可以生长到 30～50 厘米，第二年再培育 1 年，生长 2～3 年即可以嫁接红枫。

5.2.1.2　嫁接技术

(1) 春季枝接　春季枝接，嫁接的时期在砧木萌动之前。接穗要选择树冠上部粗壮充实、髓心很小的枝条，接穗嫁接之前进行蜡封。嫁接部位在砧木离地面 5～10 厘米处，嫁接方法可采用切接法、劈接法、合接法和插皮接法。具体采用何种嫁接方法，要根据砧木与接穗粗度的差异大小，砧穗粗度相同时，采用劈接法和合接法；砧木比接穗稍粗的，采用切接法；砧木比接穗粗度大得多时，采用插皮接，但插皮接要在砧木树液开始流动后，可以离皮时才能够使用。嫁接之后用塑料条将接口包严，接穗或芽外露。

(2) 生长季嫁接　生长季一般采用芽接，嫁接时间在 6～7 月份。接穗可采用当年萌发的半木质化的枝条，采集后要立即将枝条树木的叶片剪掉，留下叶柄，并用湿布包裹备用。嫁接的方法采用“T”字形芽接或方块芽接、补片芽接均可，嫁接部位在砧木离地面 10～20 厘米处，接口下面的砧木要保留 5～10 片老叶。嫁接之后用塑料条绑扎时要将芽和叶柄露出，不剪砧，但要控制砧木的萌芽。嫁接之后 10 天左右，接芽就能够成活，在接芽之上留 5 片老叶后剪断砧木；也可以分 3 次剪砧，剪砧位置在接芽上面 1 厘米处，第一次在接后 10 天将砧木剪断三分之一，第二次在接后 15 天剪断三分之二，第三次在接后 20 天将砧木全部剪断。

(3) 秋季芽接　可以在 8 月下旬在砧木即将停止生长时进行芽接。此时，砧木和接穗都能够离皮，可采用“T”字形芽接；如果砧木和接穗离皮不容易，则可以采用嵌芽接。接后用塑料条将接口和接芽全部包裹，不露出芽和叶柄，不剪砧和摘心，接芽不萌发，有利于越冬。到翌年春季萌发之前，在接芽上面 1 厘米处将砧木剪断，并解开包裹的塑料条。注意及时除去砧木的萌蘖，以促进接芽的萌发和生长。

另外，还可以采用高接换种的方法进行嫁接，加速红枫的发展。

5.2.2 红叶黄栌的嫁接技术

红叶黄栌（*Cotimus coggygria* Scop. var. *cinerea* Engl.）又名红叶，为漆树科黄栌属黄栌的一个变种，落叶灌木或小乔木。近些年，北京地区推出新品种中华红栌，表现为叶片比普通黄栌大，叶色春季紫红色，夏季暗红色，秋季紫红色；幼叶表面被白色茸毛；当年生枝条也被白色茸毛，紫红色，多年生枝条紫褐色。

红叶黄栌基本不结实，繁殖主要采用嫁接的方法，也可以采用分根、压条和扦插的方法。

5.2.2.1 砧木的种类和培育

红叶黄栌嫁接的砧木采用普通黄栌。黄栌的种子在夏、秋之间成熟，成熟之后立即采收。播种前，种子要进行 70～90 天的低温沙藏催芽处理，到翌年 2～3 月份播种，当年苗生长高度可达 80～100 厘米，一般 2～3 年生的幼树就可以嫁接。中华黄栌嫁接之后，表现出较强的适应性。

中华黄栌，喜光，适合于向阳处生长，耐寒、耐旱、忌水湿，在北京地区，夏季最高气温 42℃，冬季最低气温 －22.8℃，能够正常生长发育。

5.2.2.2 嫁接技术

红叶黄栌的嫁接可以采用枝接和芽接，嫁接的时间可在春季、夏季和秋季，嫁接操作的方法参照红枫的嫁接技术（5.2.1.2）。

5.2.3 紫叶矮樱的嫁接技术

紫叶矮樱是目前世界上著名的观叶树种，20 世纪 90 年代初，由北京植物园从美国明尼苏达州贝雷苗圃引进的观叶品种。株高 1.8～2.5 米，冠幅 1.5～2.8 米；枝条紫褐色，叶片紫红色或深紫红色。紫叶矮樱生长旺盛，极耐修剪，可以培育成球形树种或彩色绿篱，也可以制作盆景。

5.2.3.1 砧木的种类和培育

紫叶矮樱不宜采用种子繁殖，主要用嫁接和扦插的方式繁殖。嫁接的砧木一般选用山杏或山桃，以杏砧木为最好。山桃、山杏实生苗的繁殖方法比较容易，参照杏（4.2.1.3）和桃（4.2.2.3）嫁接砧木的繁殖方法。

5.2.3.2 嫁接技术

紫叶矮樱的嫁接可以采用枝接和芽接，嫁接的时间可在春季、夏季和秋季，嫁接操作的方法参照红枫的嫁接技术（5.2.1.2）。

5.2.4 紫叶李的嫁接技术

紫叶李（*Prunus cerasifera* Ehrh. cv. Atropurpurea）为蔷薇科李属樱桃李的一个栽培变种。落叶小乔木，高8米，叶片紫红色；花淡粉红色。紫叶李叶色为紫红色，在我国园林中广泛使用。在大量的紫叶李中，叶色也有变异，大多为紫红色或暗红色，少数叶色艳丽，呈红色，个别为亮红色，鲜艳夺目。紫叶李主要采用嫁接繁殖，在嫁接的时候，要选择亮红色的优株作为接穗，以用山杏作为砧木为好，通过选优嫁接来提高紫叶李的质量。

5.2.4.1 砧木的种类和培育

紫叶李不宜采用种子繁殖，因为播种繁殖的后代表现性状不一致，而扦插很难成活，所以主要用嫁接方式繁殖。嫁接的砧木一般选用山杏或山桃。山桃、山杏实生苗的繁殖方法比较容易，参照杏（4.2.1.3）和桃（4.2.2.3）嫁接砧木的繁殖方法。

5.2.4.2 嫁接技术

紫叶李的嫁接可以采用枝接和芽接，嫁接的时间可在春季、夏季和秋季。嫁接操作的方法参照红枫的嫁接技术（5.2.1.2）。

还有一些彩叶类树种，如金叶刺槐、金叶国槐、金枝国槐、紫叶梓树、金叶皂荚、红叶臭椿、美国红橡树、紫叶桃等都是需要采用嫁接繁殖的彩色叶树种，嫁接方法与以上介绍的基本相同，在具体的嫁接操作过程中，可参照以上介绍的彩叶类树种的嫁接方法。

参考文献

[1] 高新一，王玉英．果树林木嫁接技术手册．北京：金盾出版社，2006.

[2] 高新一，王玉英．林木嫁接技术图解．北京：金盾出版社，2009.

[3] 李三玉等．20种果树高接换种技术．北京：中国农业出版社，2002.

[4] 张玉星．果树栽培学各论．北京：中国农业科技出版社，2006.

[5] 曲泽洲，孙云蔚．果树种类论．北京：中国农业出版社，1990.

[6] 王庆菊，孙新政．园林苗木繁育技术．北京：中国农业大学出版社，2007.

[7] 祁承经．树木学（南方本）．北京：中国林业出版社，1994.

[8] 叶要妹．160种园林绿化苗木繁育技术．北京：化学工业出版社，2011.

[9] 王秀娟．园林苗圃学．北京：中国农业大学出版社，2009.

[10] 俞禄生．园林苗圃．北京：中国农业出版社，2002.

[11] 赵彦杰．园林实训指导．北京：中国农业大学出版社，2007.

[12] 卓丽环．园林树木学．北京：中国农业出版社，2004.

[13] 蒋永明，翁智林．园林绿化树种手册．上海：上海科学技术出版社，2002.

[14] 李祖清．花卉园艺手册．成都：四川科学技术出版社，2003.

[15] 孟庆武，刘金．现代花卉．北京：中国青年出版社，2003.

[16] 江荣先，段东泰．树木风采．北京：农村读物出版社，2004.

[17] 张光旺．云南梨树栽培技术．昆明：云南科技出版社，2001.

[18] 才淑英．园林花木扦插育苗技术．北京：中国林业出版社，1998.

[19] 刘英汉．山茶花盆栽与育苗技术．北京：金盾出版社，1999.

[20] 宋清洲等．观果盆景．北京：中国林业出版社，2004.

[21] 彭春生，李淑萍．盆景学（第2版）．北京：中国林业出版社，2002.

化学工业出版社同类优秀图书推荐

ISBN	书名	定价(元)
11212	果树嫁接新技术	15
13724	蔬菜嫁接关键技术	23
17879	200 种常用园林苗木丰产栽培技术	29.8
13161	园林树木鉴赏	58
11692	160 种园林绿化苗木繁育技术	25
11760	园林树木选择与栽植	36
10003	园林绿化苗木培育与施工实用技术	39
5483	园林植物病虫害防治手册	69
4234	园林花境景观设计	128
19199	建筑环境立体绿化技术	49
19198	道路及防护工程立体绿化技术	49
14529	绿化景观设计丛书——风景名胜区植物景观设计	49
12669	绿化景观设计丛书——居住区植物景观设计	59
11692	160 种园林绿化苗木繁育技术	25
10424	绿化景观设计丛书——城市广场植物景观设计	49
10612	绿化景观设计丛书——美丽校园植物景观设计	49
10543	绿化景观设计丛书——优秀景观楼盘植物景观设计	49
10237	绿化景观设计丛书——城市公园植物景观设计	49
10003	园林绿化苗木培育与施工实用技术	39